Autodesk Inventor Professional 2018 中文版标准实例教程

三维书屋工作室

单春阳　魏杰　胡仁喜 等编著

机械工业出版社

Autodesk Inventor Professional 2018 中文版是美国 Autodesk 公司最新推出的三维设计软件，能够完成从二维设计到三维设计的转变，因其具有易用性和强大的功能，在机械、汽车、建筑等行业得到了广泛的应用。

本书系统介绍了 Autodesk Inventor Professional 2018 中文版的基本功能。本书共10章，分别介绍了计算机辅助设计与 Autodesk Inventor 简介、辅助工具、绘制草图、草图的尺寸标注和几何约束、基于草图的特征、放置特征、部件装配、工程图、表达视图以及齿轮泵设计综合实例等内容。

本书既可以作为高等院校机械类、机电类和其他相关专业的教材使用，也可以作为普通设计人员以及 Autodesk Inventor 爱好者的自学参考资料。

图书在版编目（CIP）数据

Autodesk Inventor Professional 2018 中文版标准实例教程/单春阳等编著.
—5 版.—北京：机械工业出版社，2018.10
ISBN 978-7-111-61204-9

Ⅰ. ①A… Ⅱ. ①单… Ⅲ. ①机械设计－计算机辅助设计－应用软件
Ⅳ. ①TH122

中国版本图书馆 CIP 数据核字(2018)第 243655 号

机械工业出版社（北京市百万庄大街 22 号　邮政编码 100037）
责任编辑：曲彩云　责任校对：刘秀华　责任印制：孙　炜
北京中兴印刷有限公司印刷
2019 年 1 月第 5 版第 1 次印刷
184mm×260mm・20 印张・487 千字
0001－3000 册
标准书号：ISBN 978-7-111-61204-9
定价：69.00 元

凡购本书，如有缺页、倒页、脱页，由本社发行部调换
电话服务　　　　　　　　　网络服务
服务咨询热线：010-88361066　机工官网：www.cmpbook.com
读者购书热线：010-68326294　机工官博：weibo.com/cmp1952
　　　　　　　010-88379203　金 书 网：www.golden-book.com
编辑热线：　　010-88379782　教育服务网：www.cmpedu.com
封面无防伪标均为盗版

前　言

　　Autodesk Inventor 是美国 Autodesk 公司于 1999 年底推出的中端三维参数化实体模拟软件。与其他同类产品相比，Autodesk Inventor 在用户界面简单、三维运算速度和显示着色功能方面取得了突破性的进展。Autodesk Inventor 建立在 ACIS 三维实体模拟核心之上，摒弃了许多不必要的操作而保留了最常用的基于特征的模拟功能。Autodesk Inventor 不仅简化了用户界面和缩短了学习周期，而且大大加快了运算及着色速度。从而缩短了用户设计意图的产生与系统反应时间之间的距离，可以最 Autodesk 小限度地影响设计人员的创意和发挥。

　　目前 Autodesk Inventor 的最新版本是 Autodesk Inventor Professional 2018。与以前版本相比，Autodesk Inventor Professional 2018 在与 DWG 文件数据交换、装配功能、协作设计、资源管理等方面的功能都有明显的提高。

　　本书以设计实例为主线，同时兼顾基础知识，图文并茂地介绍了 Autodesk Inventor Professional 2018 中文版的功能、使用方法以及进行零件设计、部件装配、创建二维工程图等基础内容。本书共 10 章，分别介绍了计算机辅助设计与 Autodesk Inventor 简介、辅助工具、绘制草图、草图的尺寸标注和几何约束、基于草图的特征、放置特征、部件装配、工程图、表达视图以及齿轮泵设计综合实例等内容。

　　本书具有较强的系统性，简明扼要地讲述了 Inventor 中大部分常用的功能，以及这些功能在造型实例中的具体应用，使得读者在完成了基础部分的学习外，还能够在实际的设计中应用这些基础技能，从而加深对所学知识的理解。光盘中附有实例的三维模型和详细的操作过程动画，方便读者学习，使读者在学习的过程中不仅可以开阔视野，还可以从中学习到更多的 Autodesk Inventor 的使用技巧，巩固所学习到的知识和技能。

　　本书既可以作为高等院校机械类、机电类和其他相关专业的教材使用，也可以作为普通设计人员以及 Autodesk Inventor 爱好者的自学参考资料。

　　本书由三维书屋工作室总策划，辽阳建筑职业学院的单春阳和魏杰老师主要编写，参加本书编写的还有胡仁喜、刘昌丽、康士廷、王敏、王玮、孟培、王艳池、闫聪聪、王培合、王义发、王玉秋、杨雪静、解江坤、卢园、孙立明、甘勤涛、李兵、路纯红、阳平华、李亚莉、张俊生、李鹏、周冰、董伟、李瑞、王渊峰等。

　　由于编者水平有限，时间仓促，所以本书在内容选材和叙述上难免有欠缺之处，欢迎广大读者在阅读过程中登录网站 www.sjzswsw.com 或联系 win760520@126.com 批评指正，也欢迎加入三维书屋图书学习交流群（QQ：488722285）交流探讨。

编　者

目　　录

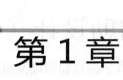

第 1 章
计算机辅助设计与AutodeskInventor简介

计算机辅助设计（CAD）技术是现代信息技术领域中设计及相关部门使用非常广泛的技术之一。Autodesk 公司的 Inventor 做为中端三维 CAD 软件，具有功能强大、易操作等优点，因此被认为是领先的中端设计解决方案。本章将对 CAD 和 Inventor 软件做简要介绍。

- 计算机辅助设计（CAD）入门
- 参数化造型简介
- Autodesk Inventor 的产品优势
- Autodesk Inventor 支持的文件格式
- Autodesk Inventor 工作界面介绍
- 工作界面定制与系统环境设置
- Autodesk Inventor 项目管理

1.1　计算机辅助设计（CAD）入门

CAD 技术集计算机图形学、数据库、网络通信以及相应的工程设计方面的技术于一身，被广泛应用在机械、电子、航天、化工、建筑等行业。CAD 技术的应用提高了企业的设计效率，减轻了技术人员的劳动强度，并且大大缩短了产品的设计周期，加强了设计的标准化水平。图 1-1 所示为利用 Autodesk 公司的三维 CAD 软件 Autodesk Inventor 所设计的产品样机。目前，CAD 技术已从二维时代走进三维时代，三维 CAD 具有二维 CAD 无法比拟的优势，在以下几个方面，三维 CAD 的表现十分卓越。

图1-1　利用Autodesk Inventor设计的产品样机

1. 曲面造型

三维 CAD 技术可根据给定的离散数据和工程问题的边界条件来定义、生成、控制和处理过渡曲面与非矩形域曲面的拼合能力，提供曲面造型技术。图 1-2 所示为利用 PTC 公司的三维 CAD 软件 Pro/Engineer 所设计的显示器外壳曲面。

图1-2　利用Pro/Engineer设计的显示器外壳曲面

2. 实体造型

三维 CAD 技术具有定义和生成几何体素的能力，以及用几何体素构造法 CSG 或连接表示法 B-rep 构造实体模型的能力，并且能提供机械产品总体、部件、零件以及用规则几何形体构造产品几何模型所需要的实体造型技术。图 1-3 所示为利用 Autodesk 公司的三维 CAD 软件 Autodesk Inventor 所设计的三维组装部件模型。

3. 物质质量特性计算

三维 CAD 技术具有根据产品几何模型计算相应物体的体积、表面积、质量、密度、重心、导线长度以及轴的转动惯量和回转半径等几何特性的能力，为系统对产品进行工程分析和数值计算提供必要的基本参数和数据。图 1-4 所示为利用 Autodesk 公司的三维 CAD 软件 Autodesk Inventor 所计算出的零件模型的物理特性。

4. 三维机构的分析和仿真功能

图1-3 利用Autodesk Inventor设计的三维 组装部件模型

图1-4 利用Autodesk Inventor计算出的零件模型 物理特性

三维 CAD 技术具有结构分析、运动学分析和温度分析等有限元分析功能，具有对一个机械机构进行静态分析、模态分析、屈曲分析、振动分析、运动学分析、动力学分析、干涉分析和瞬态温度分析等功能，即具有对机构进行分析和仿真等研究能力，从而可为设计师在设计运动机构时，提供直观的、可仿真的交互式设计技术。图 1-5 所示为利用 PTC 公司的三维 CAD 软件 Pro/Engineer 对构件进行应力分析得到的分析结果。

图1-5　利用Pro/Engineer分析模型应力

5. 三维几何模型的显示处理功能

三维 CAD 技术具有动态显示图形、消除隐藏线及彩色浓淡处理的能力，可以使设计师通过视觉直接观察、构思和检验产品模型，解决了三维几何模型在设计复杂空间布局的问题。图 1-6 所示为 Autodesk 公司的三维 CAD 软件 Autodesk Inventor 中的三种不同的模型显示方式。

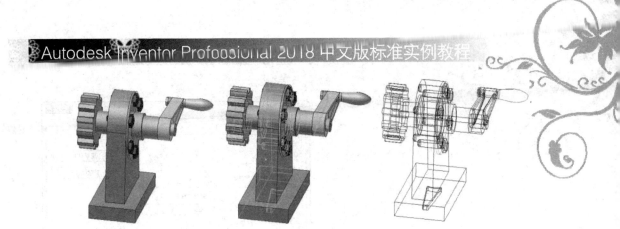

图1-6　Autodesk Inventor的模型显示方式

6．有限元法网络自动生成的功能

三维 CAD 技术具有利用有限元分析方法对产品结构的静态特性、动态特性、强度、振动、热变形、磁场强度和流场等进行分析的能力，以及自动生成有限元网格的能力，特别是复杂的三维模型有限元网格的自动划分。图 1-7 所示为利用 PTC 公司的三维 CAD 软件 Pro/Engineer 对零件进行有限元网格的划分。

图1-7　利用Pro/Engineer对零件进行有限元网格划分

7．优化设计功能

三维 CAD 技术具有用参数优化法进行方案优选的功能，优化设计是保证现代产品设计具有高速度、高质量及良好的市场销售的主要技术手段之一。

8．数控加工功能

三维 CAD 技术具有三、四、五坐标机床加工产品零件的能力，并能在图形显示终端上识别、校核刀具轨迹和刀具干涉，以及对加工过程的模态进行仿真。

9．信息处理和信息管理功能

三维 CAD 技术应具有统一处理和管理有关产品设计、制造以及生产计划等全部信息的能力，即建立一个与系统规模匹配的统一的数据库，以实现设计、制造、管理的信息共享，并达到自动检索、快速存取和不同系统间交换的传输目的。

1.2　参数化造型简介

1．线框造型

线框造型技术即由点、线集合方法构成线框式系统。这种方法符合人们的思维习惯，很多复杂的产品往往仅用线条来勾画出基本轮廓，然后逐步细化。这种造型方式数据存储量小，操作灵活，响应速度快，但是由于线框的形状只能用棱线表示，只能表达基本的几何信息，因此在使用中有很大的局限性。图1-8 所示为利用线框造型做出的模型。

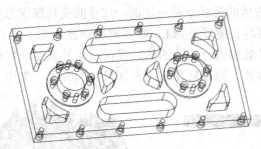

图1-8　线框模型

2．曲面造型

在飞机和汽车制造行业中经常需要进行大量的复杂曲面的设计，如飞机的机翼和汽车的外形曲面设计。由于以前只能够采用多截面视图和特征纬线的方法来进行近似设计，因此设计出来的产品和设计者最初的构想往往存在很大的差别。从法国人提出了贝赛尔算法后，人们开始使用计算机来进行曲面的设计，法国的达索飞机制造公司首先推出了第一个三维曲面造型系统 CATIA，它是 CAD 发展历史上一次重要的革新，标志着 CAD 技术有了质的飞跃。

3．实体造型

曲面造型技术只能表达形体的表面信息，在表达实体的其他物理信息（如质量、重心、惯量矩等信息）的时候就无能为力了。如果对实体模型进行各种分析和仿真，模型的物理特征是不可缺少的。在这一趋势下，SDRC 公司于 1979 年发布了第一个完全基于实体造型技术的大型 CAD/CAE 软件——I-DESA。实体造型技术完全能够表达实体模型的全部属性，给设计以及模型的分析和仿真打开方便之门。实体造型技术代表着 CAD 技术发展的方向，它的普及也是 CAD 技术发展史上的一次技术革命。

4．参数化实体造型

线框造型、曲面造型和实体造型技术都属于无约束自由造型技术。进入 20 世纪 80 年代中期，CV 公司内部提出了一种比无约束自由造型更新颖、更好的算法——参数化实体造型方法。从算法上来说，这是一种很好的设想。它主要的特点是：

（1）基于特征：指在参数化造型环境中，零件是由特征组成的，所以参数化造型也可成为基于特征的造型。参数化造型系统可把零件的结构特征十分直观地表达出来，因为零件本身就是特征的集合。图 1-9 所示为用 Autodesk Inventor 软件做的零件图，左边是零件的浏览器，显示了这个零件的所有特征。浏览器中的特征是按照特征的生成顺序排列的，最先生成的特征排在浏览器的最上面，这样模型的构建过程就会一目了然。

（2）全尺寸约束：指特征的属性全部通过尺寸来进行定义。例如，在 Autodesk Inventor 软件中进行打孔，需要确定孔的直径和深度，如果孔的底部为锥形，则需要确定锥角的大小，如果是螺纹孔，那么还需要指定螺纹的类型、公称尺寸和螺距等相关参数。如果将特征的所有尺寸都设定完毕，那么特征就可成功生成，并且以后可任意地进行修改。

(3)全数据相关：指模型的数据（如尺寸数据等）不是独立的，而是具有一定的关系。例如设计一个长方体，要求其长 length、宽 width 和高 height 的比例是一定的（如 1:2:3），这样长方体的形状就是一定的，尺寸的变化仅仅意味着其大小的改变，那么在设计的时候，可将其长度设置为 L，将其宽度设置为 2L，高度设置为 3L。这样，如果以后对长方体的尺寸数据进行修改的话，仅仅改变其长度参数就可以了。如果分别设置长方体的三个尺寸参数，则以后在修改设计尺寸的时候，工作量会增加 3 倍。

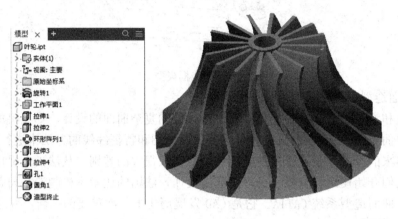

图1-9 用Autodesk Inventor中的零件图

(4)尺寸驱动设计修改：指在修改模型特征的时候，由于特征是尺寸驱动的，所以可针对需要修改的特征，确定需要修改的尺寸或者关联的尺寸。在某些 CAD 软件中，零件图的尺寸和工程图的尺寸是关联的，改变零件图的尺寸，工程图中对应的尺寸会自动修改，一些软件甚至支持从工程图中对零件进行修改，也就是说修改工程图中的某个尺寸，则零件图中的对应特征会自动更新为修改过的尺寸。

1.3 Autodesk Inventor 的产品优势

在基本实体零件和装配模拟功能之上，Autodesk Inventor 提供了一系列更深化的模拟技术：

1）Autodesk Inventor中二维图案布局可用来试验和评估一个机械原理。

2）有了二维的设置布局更有利于三维零件的设计。

3）Autodesk Inventor首次在三维模拟和装配中使用自适应的技术。

4）通过应用自适应的技术，一个零件及其特征可自动去适应另一个零件及其特征，从而保证这些零件在装配的时候能够相互吻合。

5）在Autodesk Inventor中可用扩展表来控制一系列实体零件的尺寸集。实体的特征可重新使用，一个实体零件的特征可转变为设计清单中的一个设计元素而使其可在其他零件的设计过程中得以采用。

6）为了充分利用互联网和局域网的优势，一个设计组的多个设计师可使用一个共同的设计组搜索路径和共用文件搜索路径来协同工作。Autodesk Inventor在这方面与其他软件相比具有很大的优势，它可直接与微软的网上会议相联进行实时协同设计。在一个现代化的工厂中，实体零件及装配件的设计资料可直接传送到后续的加工和制造部门。

7）为了满足在许多情况下设计师和工程师之间的合作和沟通，Autodesk Inventor还充分考虑到了二维的投影工程图的重要性，提供了简单而充足的从三维的实体零件和装配件来产生工程图的功能。

8）Autodesk Inventor中的功能以设计支持系统的方式提供，用户界面以视觉方式快速引导用户，各个命令的功能一目了然并要求用最少的键盘输入；

9）Autodesk Inventor 与3DStudio和AutoCAD等其他软件兼容性强，其输出文件可直接或间接转化成为快速成型"STL"文件和"STEP"等文件。

1.4 Autodesk Inventor 支持的文件格式

1.4.1 Autodesk Inventor 的文件类型

每个软件都有一套属于自己的文件系统，Autodesk Inventor 也不例外。Autodesk Inventor 主要的文件格式有：

（1）零件文件 ：以.ipt 为扩展名，文件中只包含单个模型的数据，可分为标准零件和钣金零件。

（2）部件文件 ：以.iam 为扩展名，文件中包含多个模型的数据，也包含其他部件的数据，也就是说部件中不仅仅可包含零件，也可包含子部件。

（3）工程图文件 ：以.idw 为扩展名，可包含零件文件的数据，也可包含部件文件的数据。

（4）表达视图文件 ：以.ipn 为扩展名，可包含零件文件的数据，也可包含部件文件的数据，由于表达视图文件的主要功能是表现部件装配的顺序和位置关系，所以零件一般很少用表达视图来表现。

（5）设计元素文件 ：以.ide 为扩展名，包含了特征、草图或子部件中创建的"iFeature"信息。用户可打开特征文件来观察和编辑"iFeature"。

（6）设计视图 ：以.idv 为扩展名，包含了零部件的各种特性，如可见性、选择状态、颜色和样式特性、缩放以及视角等信息。

（7）项目文件 ：以.ipj 为扩展名，包含了项目文件路径和文件之间的链接信息。

（8）草图文件 ：以.dwg 为扩展名，文件中包含草绘图案的数据。

Autodesk Inventor 在创建文件的时候，每一个新文件都是通过模板创建的。可根据自己具体设计需求选择对应的模板，如创建标准零件可选择标准零件模板（Standard.ipt），创建钣金零件可选择钣金零件模板（Sheet Metal.ipt）等。用户可修改任何预定义的模板，也可创建自己的模板。

1.4.2 与 Autodesk Inventor 兼容的文件类型

Autodesk Inventor 具有很强的兼容性，具体表现在它不仅可打开符合国际标准的"IGES"文件和"SEPT"格式的文件，甚至还可打开 Pro/Engineer 文件。另外，它还可打开 AutoCAD 和"MDT"的"DWG"格式文件。同时，Autodesk Inventor 还可将本身的文件转换为其他各种格式的文件，也可将自身的工程图文件保存为"DXF"和"DWG"格式文件等。下面对其主要的兼容文件类型做简单介绍。

1. AutoCAD 文件

Autodesk Inventor 2018 可打开 R12 版本以后的 AutoCAD（DWG 或 DXF）文件。在 Autodesk Inventor 中打开 AutoCAD 文件时，可指定要进行转换的 AutoCAD 数据。

1）可选择模型空间、图纸空间中的单个布局或三维实体，可选择一个或多个图层。

2）可放置二维转换数据；可放置在新建的或现有的工程图草图上，作为新工程图的标题栏，也可作为新工程图的略图符号；也可放置在新建的或现有的零件草图上。

3）如果转换三维实体，每一个实体都成为包含"ACIS"实体的零件文件。

4）当在零件草图、工程图或工程图草图中输入 AutoCAD（DWG）图形时，转换器将从模型空间的 XY 平面获取图元并放置在草图上。图形中的某些图元不能转换，如样条曲线。

2. Autodesk MDT 文件

在 Autodesk Inventor 中，将工程图输出到"AutoCAD"时，将得到可编辑的图形。转换器创建新的 AutoCAD 图形文件，并将所有图元置于"DWG"文件的图纸空间。如果 Autodesk Inventor 工程图中有多张图纸，则每张图纸都保存为一个单独的"DWG"文件。输出的图元成为 AutoCAD 图元，包括尺寸。

Autodesk Inventor 可转换 Autodesk Mechanical Desktop 的零件和部件，以便保留设计意图。可将 Mechanical Desktop 文件作为"ACIS"实体输入，也可进行完全转换。要从 Mechanical Desktop 零件或部件输入模型数据，必须在系统中安装并运行 Mechanical Desktop。Autodesk Inventor 所支持的特征将被转换，不支持的特征则不被转换。如果 Autodesk Inventor 不能转换某个特征，它将跳过该特征，并在浏览器中放置一条注释，然后完成转换。

3."STEP"文件

"STEP"文件是国际标准格式的文件，这种格式是为了克服数据转换标准的一些局限性而开发的。过去，由于开发标准不一致，导致各种不统一的文件格式，如 IGES（美国）、VDAFS（德国）、IDF（用于电路板）。这些标准在 CAD 系统中没有得到很大的发展。"STEP"转换器使 Autodesk Inventor 能够与其他 CAD 系统进行有效的交流和可靠的转换。当输入"STEP（*.stp、*.ste、*.step）"文件时，只有三维实体、零件和部件数据被转换，草图、文本、线框和曲面数据不能用"STEP"转换器处理。如果"STEP"文件包含一个零件，则会生成一个 Autodesk Inventor 零件文件。如果"STEP"文件包含部件数据，则会生成包含多个零件的部件。

4."SAT"文件

"SAT"文件包含非参数化的实体。它们可是布尔实体或去除了相关关系的参数化实体。"SAT"文件可在部件中使用。用户可以将参数化特征添加到基础实体中。输入包含单个实体的"SAT"文件时，将生成包含单个零件的 Inventor 零件文件。如果"SAT"文件包含多个实体，则会生成包含多个零件的部件。

5."IGES"文件

"IGES（*.igs、*.ige、*.iges）"文件是美国标准。很多"NC/CAM"软件包需要"IGES"格式的文件。Inventor 可输入和输出"IGES"文件。

如果要将 Autodesk Inventor 的零部件文件转换成为其他格式的文件，如"BMP""IGES""SAT"文件等，将其工程图文件保存为"DWG"或"DXF"格式的文件时，可利用主菜单中的【保存副本为】选项，在打开的【保存副本为】对话框中选择好所需要的文件类型和文件名即可，如图 1-10 所示。

图1-10　【保存副本为】对话框

1.5　Autodesk Inventor 工作界面介绍

Autodesk Inventor 工作界面包括主菜单、快速工具栏、功能区、浏览器、ViewCube、导航栏和状态栏等，如图 1-11 所示。

（1）主菜单：通过单击工具按钮旁边的下移方向键，可以扩展以显示带有附加功能的弹出菜单，如图 1-12 所示。

（2）快速工具栏：包括最常用的工具。

（3）功能区：功能区以选项卡形式组织，按任务进行标记。每个选项卡均包含一系列面板。可以同时打开零件、部件和工程图文件。在这种情况下，功能区会随着激活窗口中文件的环境而变化。

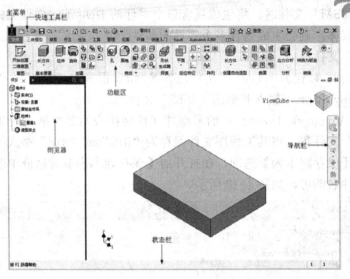

图1-11　Autodesk Inventor工作界面

图1-12　主菜单

（4）浏览器：浏览器显示了零件、部件和工程图的装配层次。浏览器对每个工作环境而言都是唯一的，并总是显示激活文件的信息。

（5）ViewCube：ViewCube 工具是一种始终显示的可单击、可拖动的界面，可用于在模型的标准视图和等轴测视图之间切换。显示 ViewCube 工具时，其显示在模型上方窗口的一角，且处于不活动状态。ViewCube 工具可在视图变化时提供有关模型当前视点的视觉反馈。将光标放置到 ViewCube 工具上时，该工具会变为活动状态。可以拖动或单击 ViewCube、切换至一个可用的预设视图、滚动当前视图或更改至模型的主视图。

（6）导航栏：默认情况下，导航栏显示在图形窗口的右上方。可以从导航栏访问和查看导航命令。

（7）状态栏：状态栏位于Autodesk Inventor 窗口底端的水平区域，提供关于当前正在窗口中编辑的内容的状态，以及草图状态等信息等内容。

（8）绘图区：绘图区是指在标题栏下方的大片空白区域，绘图区域是用户建立图形的区域，用户完成一幅设计图形的主要工作都是在绘图区域中完成的。

1.6　工作界面定制与系统环境设置

在 Autodesk Inventor 中，需要自己设定的环境参数很多，工作界面也可由用户自己定制，这样会使用户可根据自己的实际需求对工作环境进行调节。一个方便高效的工作环境不仅仅使用户有良好的感觉，还可大大提高工作效率。本节将介绍如何定制工作界面，如何设置系统环境。

1.6.1　文档设置

在 Autodesk Inventor 2018 中，可通过【文档设置】对话框来改变度量单位、捕捉间距等。在零部件造型环境中，要打开【文档设置】对话框，可单击【工具】标签栏【选项】面板中的【文档设置】选项，打开的对话框如图 1-13 所示。

（1）【单位】选项卡可设置零件或部件文件的度量单位。

（2）【草图】选项卡可设置零件或工程图的捕捉间距、网格间距和其他草图设置。

（3）【造型】选项卡可为激活的零件文件设置自适应或三维捕捉间距。

（4）【默认公差】选项卡可设定标准输出公差值。

工程图环境中的【文档设置】对话框如图 1-14 所示。

图1-13　零件环境中的【文档设置】对话框　　图1-14　工程图环境中的【文档设置】对话框

1.6.2　系统环境常规设置

单击【工具】标签栏【选项】面板中的【应用程序选项】按钮，打开【应用程序选项】对话框,【常规】选项卡如图 1-15 所示。

(1)【启动】栏:用来设置默认的启动方式。在此栏中可设置是否【启动操作】。还可以启动后默认操作方式,包含"打开文件""新建文件""从模板新建"三种默认操作方式。

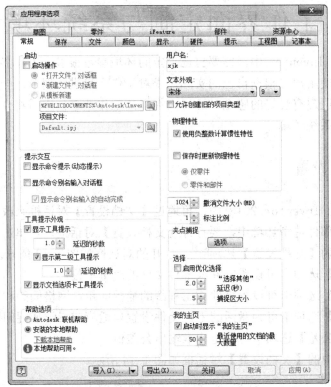

图1-15 【应用程序选项】对话框

(2)【提示交互】栏:控制工具栏提示外观和自动完成的行为。其中有两个选项。【显示命令提示(动态提示)】: 选中此框后,将在光标附近的工具栏提示中显示命令提示。【显示命令别名输入对话框】:选中此框后,输入不明确或不完整的命令时将显示"自动完成"列表框。

(3)【工具提示外观】栏

【显示工具提示】:控制在功能区中的命令上方悬停光标时工具提示的显示。从中可设【延迟的秒数】,还可以通过选择【显示工具提示】复选框来禁用工具提示的显示。

【显示第二级工具提示】:控制功能区中第二级工具提示的显示。

【显示文档选项卡工具提示】:控制光标悬停时工具提示的显示。

(4)【用户名】选项:设置 Autodesk Inventor 2018 的用户名称。

(5)【文本外观】选项:设置对话框、浏览器和标题栏中的文本字体及大小。

(6)【允许创建旧的项目类型】选项:选中此框后,Autodesk Inventor 将允许创建共享和半隔离项目类型。

(7)【物理特性】选项:选择保存时是否更新物理特性以及更新物理特性的对象是零件还是零部件。

（8）【撤消文件大小】选项：可通过设置【撤消文件大小】选项的值来设置撤消文件的大小，即用来跟踪模型或工程图改变临时文件的大小，以便撤消所做的操作。当制作大型或复杂模型和工程图时，可能需要增加该文件的大小，以便提供足够的撤消操作容量，文件大小以"MB"为单位输入大小。

（9）【标注比例】选项：还可通过设置【标注比例】选项的值来设置图形窗口中非模型元素（如尺寸文本、尺寸上的箭头和自由度符号等）的大小。可将比例从 0.02 调整为 5.0。默认值为 1.0。

1.6.3　用户界面颜色设置

可通过【应用程序选项】对话框中的【颜色】选项卡设置图形窗口的背景颜色或图像，如图 1-16 所示。在该选项卡中既可设置零部件设计环境下的背景色，也可设置工程图环境下的背景色，两种环境可通过左上角的【设计】、【绘图】按钮来切换。

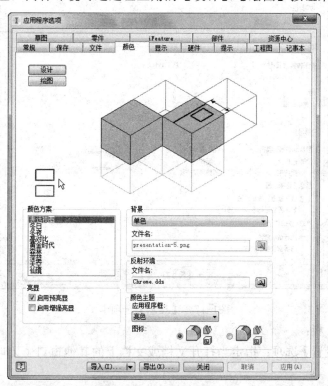

图1-16　【颜色】选项卡

（1）【颜色方案】栏：在【颜色方案】中，Autodesk Inventor 提供了 9 种配色方案，当选择某一种方案时，上面的预览窗口会显示出该方案的预览图。

（2）【背景】选项：选择每一种方案的背景色是单色还是梯度图像，或以图像作为背景。如果选择单色则将纯色应用于背景，选择梯度则将饱和度梯度应用于背景颜色，选择背景图像则在图形窗口背景中显示位图。

（3）【文件名】选项：用来选择存储在硬盘或网络上作为背景图像的图片文件。为避免图像失真，图像应具有与图形窗口相同的大小（比例以及宽高比）。如果与图形窗口大小不匹配，图像将被拉伸或裁剪。

1.6.4　显示设置

可通过【应用程序选项】对话框中的【显示】选项卡设置模型的线框显示方式，渲染显示方式以及显示质量，如图 1-17 所示。

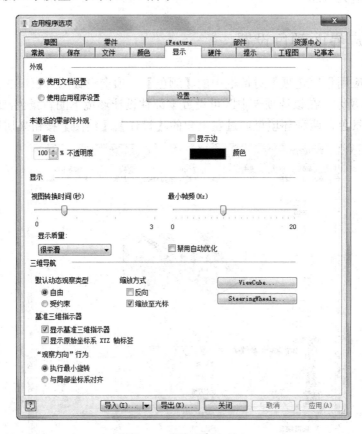

图1-17　【显示】选项卡

（1）【外观】栏：

【使用文档设置】选项：指定当打开文档或文档上的其他窗口（又叫视图）时使用文档显示设置。

【使用应用程序设置】：指定当打开文档或文档上的其他窗口（又叫视图）时使用应用程序选项显示设置。

（2）【未激活的零部件外观】栏：可适用于所有未激活的零部件，而不管零部件是否已启用。这样的零部件又叫后台零部件。

【着色】选项：指定未激活的零部件面显示为着色。

【不透明度】选项：若选择【着色】选项，可以设定着色的不透明度。

【显示边】选项：设定未激活的零部件的边显示。选中该选项后，未激活的模型将基于模型边的应用程序或文档外观设置显示边。

（3）【显示质量】：设置模型显示分辨率。

（4）【显示基准三维指示器】选项：在三维视图中，在图形窗口的左下角显示 XYZ 轴指示器。选中该复选框可显示轴指示器，清除该复选框可关闭此项功能。红箭头表示 X 轴，绿箭头表示 Y 轴，蓝箭头表示 Z 轴。在部件中，指示器显示顶级部件的方向，而不是正在编辑的零部件的方向。

（5）【显示原始坐标系 XYZ 轴标签】选项：关闭和开启各个三维轴指示器方向箭头上的 XYZ 标签的显示。默认情况下为打开状态。开启【显示基准三维指示器】时可用。注意在"编辑坐标系"命令的草图网格中心显示的 XYZ 指示器中，标签始终为打开状态。

1.7　Autodesk Inventor 项目管理

在创建项目以后，可使用项目编辑器来设置某些选项，例如设置保存文件时保留的文件版本数等。在一个项目中，可能包含专用于项目的零件和部件，专用于用户公司的标准零部件以及现成的零部件，如紧固件、连接件或电子零部件等。

Autodesk Inventor 使用项目来组织文件，并维护文件之间的链接。项目的作用是：

1）用户可使用项目向导为每个设计任务定义一个项目，以便更加方便地访问设计文件和库，并维护文件引用。

2）可使用项目指定存储设计数据的位置、编辑文件的位置、访问文件的方式、保存文件时所保留的文件版本数以及其他设置。

3）可通过项目向导逐步完成选择过程，以指定项目类型、项目名称、工作组或工作空间（取决于项目类型）的位置以及一个或多个库的名称。

1.7.1　创建项目

1. 打开项目编辑器

在 Inventor 中，可利用项目向导创建 Autodesk Inventor 新项目，并设置项目类型、项目文件的名称和位置，关联工作组或工作空间，指定项目中包含的库等。关闭 Inventor 当前打开的任何文件，然后单击【快速入门】标签栏【启动】面板中的【项目】按钮，打开【项目】对话框，如图 1-18 所示。

2. 新建项目

单击【新建】按钮，打开如图 1-19 所示的【Inventor 项目向导】对话框。在该对话框中，用户可新建几种类型的项目，分别简述如下：

（1）新建 Vault 项目：只有安装"Autodesk Vault"之后，才可创建新的"Vault"项目，然后指定一个工作空间、一个或多个库，并将多用户模式设置为"Vault"。

（2）新建单用户项目：这个是默认的项目类型，它适用于不共享文件的设计者。在该类型的项目中，所有设计文件都放在一个工作空间文件夹及其子目录中，但从库中引用的文件除外。项目文件（.ipj）存储在工作空间中。

图1-18　【项目】对话框

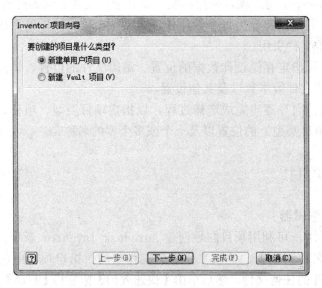

图1-19　【Inventor 项目向导】对话框

3．以单用户项目为例讲述创建项目的基本过程

1）在图 1-19 所示的对话框中首先选择【新建单用户项目】选项，单击【下一步】按钮，出现如图 1-20 所示的对话框。

2）在该对话框中需要设定关于项目文件位置以及名称的选项。项目文件是以 .ipj 为扩展名的文本文件。项目文件指定到项目中的文件的路径。要确保文件之间的链接正常工作，必须在使用模型文件之前将所有文件的位置添加到项目文件中。

3）在【名称】一栏里输入项目的名称，在【项目（工作空间）文件夹】一栏中设定所创建的项目或用于个人编辑操作的工作空间的位置。必须确保该路径是一个不包含任何数据的新文件夹。默认情况下，项目向导将为项目文件（.ipj）创建一个新文件夹，但如果浏览到其他位置，则会使用所指定的文件夹名称。【要创建的项目文件】一栏显示指向表示工作组或工作空间已命名子文件夹的路径和项目名称，新项目文件（*.ipj）将存储在该子文件夹中。

4）如果不需要指定要包含的库文件，单击图 1-20 所示对话框中的【完成】按钮，即可完成项目的创建。如果要包含库文件，单击【下一步】按钮，在图 1-21 所示的对话框中指定需要包含的库的位置即可。最后单击【完成】按钮，一个新的项目就建成了。

图1-20　新建项目向导　　　　　　　　图1-21　选择项目包含的库

1.7.2　编辑项目

在 Inventor 中可编辑任何一个存在的项目，如可添加或删除文件位置，可添加或删除路径，更改现有的文件位置或更改它的名称。在编辑项目之前，请确认已关闭所有 Autodesk Inventor 文件。如果有文件打开，则该项目将是只读的。

编辑项目也需要通过项目编辑器来实现。在图 1-22 所示的【项目】对话框中，选中某个项目，然后在下面的项目属性选项中选中某个属性，如【选项】中的【包含文件】选项，这时可看到右侧的【编辑所选项】按钮是可用的。单击该按钮，则【包含文件】属性旁边出现一个显示当前包含文件的路径和文件名的下拉框，还有一个浏览文件按钮，如图 1-22 所示，用户可自行通过浏览文件按钮选择新的包含文件以进行修改。如果某个项目属性不可编辑，则【编辑所选项】按钮是灰色不可用的。一般来说，项目的包含文件、工作空间、本地搜索路径、工作组搜索路径和库都是可编辑的，如果没有设定某个路径属性，可单击右侧的【添加新路径】按钮添加。【选项】项目中可编辑的属性有保存时是否保留旧版本、Streamline 观察文件夹、项目名称和是否可快速访问等。

图1-22　【项目】对话框

第 2 章

辅助工具

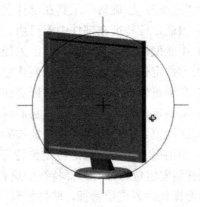

在建模过程中，单一的特征命令有时不能完成相应的建模，需要利用辅助平面和辅助直线等手段来完成模型的绘制。

- 定位特征
- 模型的显示
- 模型的动态观察
- 获得模型的特性
- 设置模型的物理特性
- 选择特征和图元

2.1 定位特征

在 Autodesk Inventor 中，定位特征是指可作为参考特征投影到草图中并用来构建新特征的平面、轴或点。定位特征的作用是在几何图元不足以创建和定位新特征时，为特征创建提供必要的约束，以便于完成特征的创建。定位特征抽象地构造几何图元，本身是不可用来进行造型的。在 Autodesk Inventor 的实体造型中，定位特征的重要性值得引起重视，许多常见的形状的创建都离不开定位特征。

一般情况下，零件环境和部件环境中的定位特征是相同的，但以下情况除外：

1）中点在部件中时不可选择点。

2）"三维移动/旋转"工具在部件文件中不可用于工作点上。

3）内嵌定位特征在部件中不可用。

4）不能使用投影几何图元，因为控制定位特征位置的装配约束不可用。

5）零件定位特征依赖于用来创建它们的特征。

6）在浏览器中，这些特征被嵌套在关联特征下面。

7）部件定位特征从属于创建它们时所用部件中的零部件。

8）在浏览器中，部件定位特征被列在装配层次的底部。

9）当用另一个部件来定位定位特征，以便创建零件时，便创建了装配约束。设置在需要选择装配定位特征时选择特征的选择优先级。

前面提到内嵌定位特征，略做解释。在零件中使用定位特征工具时，如果某一点、线或平面是所需要的输入，可创建内嵌定位特征。内嵌定位特征用于帮助创建其他定位特征。在浏览器中，它们显示为父定位特征的子定位特征。例如，可在两个工作点之间创建工作轴，而在启动"工作轴"工具前这两个点并不存在。当工作轴工具激活时，可动态创建工作点。定位特征包括工作平面、工作轴和工作点。下面分别讲述。

2.1.1 工作点

工作点是参数化的构造点，可放置在零件几何图元、构造几何图元或三维空间中的任意位置。工作点的作用是用来标记轴和阵列中心，定义坐标系，定义平面（三点）和定义三维路径。工作点在零件环境和部件环境中都可使用。

单击【三维模型】标签栏【定位特征】面板上的【工作点】按钮◆ 点 ·后边的黑色三角，弹出如图 2-1 所示的创建工作点方式菜单。下面介绍各种创建工作点的方式。

（1）◆点：选择合适的模型顶点、边和轴的交点、三个非平行面或平面的交点来创建工作点。

（2）固定点：单击某个工作点、中点或顶点创建固定点。例如，在视图中选择如图 2-2 所示的边线中点，弹出小工具栏，可以在对话框中重新定义点的位置，单击【确定】按钮，在浏览器中显示图钉光标符号，创建的固定点如图 2-3 所示。

（3）在顶点、草图点或中点上：选择二维或三维草图点、顶点、线或线性边的端点或中点创建工作点。图 2-4 所示是在模型顶点处创建的工作点。

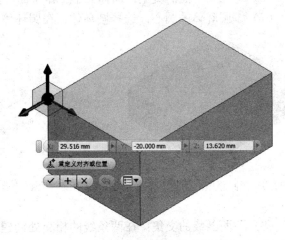

图2-1 创建工作点方式菜单　　　　　　　　　　图2-2 定位工作点

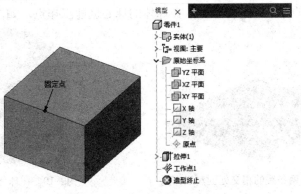

图2-3 创建固定点

（4）■平面/曲面和线的交集：选择平面（或工作平面）和工作轴（或直线），或者选择曲面和草图线、直边或工作轴，在交集处创建工作点。图 2-5 所示为一条直线与工作平面的交集处创建的工作点。

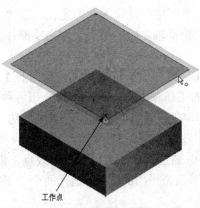

图2-4 在顶点处创建工作点　　　　　　图2-5 在直线与工作平面的交集处创建工作点

（5）■边回路的中心点：选择封闭回路的一条边，在回路中心创建工作点，如图 2-6 所示。

（6）三个平面的交集：选择三个工作平面，在交集处创建工作点，如图 2-7 所示。

（7）圆环体的圆心：选择圆环体，在圆环体的圆心创建工作点，如图 2-8 所示。

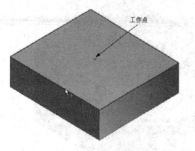
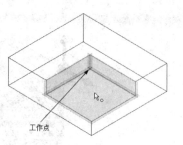

图2-6　在回路中心创建工作点　图2-7　在三个平面交集处创建工作点　　图2-8　在圆环体的圆心创建工作点

（8）两条线的交集：在两条线的相交处创建工作点。这两条线可以是线性边、二维或三维草图线或工作轴的组合，如图 2-9 所示。

（9）球体的球心：选择球体，在球体的球心创建工作点，如图 2-10 所示。

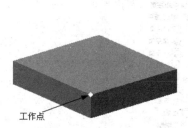
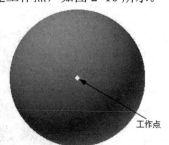

图2-9　在两条线的相交处创建工作点　　　　图2-10　在球体的球心创建工作点

2.1.2　工作轴

工作轴是参数化附着在零件上的无限长的构造线，在三维零件设计中，辅助创建工作平面、辅助草图中的几何图元的定位、创建特征和部件时常用来标记对称的直线、中心线或两个旋转特征轴之间的距离，作为零部件装配的基准，创建三维扫掠时作为扫掠路径的参考等。

单击【三维模型】标签栏【定位特征】面板上的【工作轴】按钮 轴 ，弹出如图2-11 所示的工作轴创建方式。下面介绍各种创建工作轴的方式。

（1）在线或边上：选择一个线性边、草图直线或三维草图直线，沿所选的几何图元创建工作轴，如图 2-12 所示。

（2）通过两点：选择两个有效点，创建通过它们的工作轴，如图 2-13 所示。

（3）两个平面的交集：选择两个非平行平面，在其相交位置创建工作轴，如图 2-14 所示。

（4）垂直于平面且通过点：选择一个工作点和一个平面（或面），创建与平面（或面）垂直并通过该工作点的工作轴，如图 2-15 所示。

（5）通过圆形或椭圆形边的中心：选择圆形或椭圆形边，也可以选择圆角边，创建与圆形、椭圆形或圆角的轴重合的工作轴，如图2-16所示。

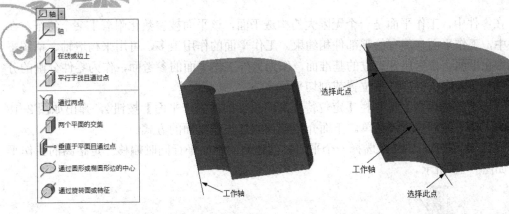

图2-11 工作轴创建方式菜单　　图2-12 在线或边上创建工作轴　　图2-13 通过两点创建工作轴

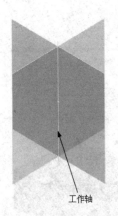

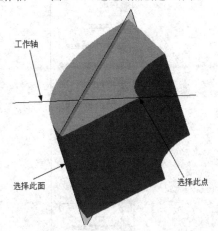

图2-14 通过两个平面的交集创建工作轴　　　　　　图2-15 通过平面和点创建工作轴

（6）🖰通过旋转特征或面：选择一个旋转特征（如圆柱体），沿其旋转轴创建工作轴，如图2-17所示。

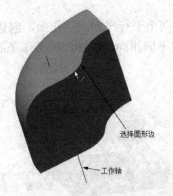

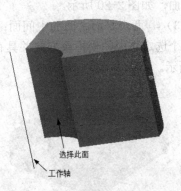

图2-16 选择圆形边创建工作轴　　　　　图2-17 通过旋转特征或面创建工作轴

2.1.3 工作平面

在零件中，工作平面是一个无限大的构造平面，该平面被参数化附着于某个特征；在部件中，工作平面与现有的零部件相约束。工作平面的作用很多，可用来构造轴、草图平面或中止平面，作为尺寸定位的基准面，作为另外工作平面的参考面，作为零件分割的分割面以及作为定位剖视观察位置或剖切平面等。

单击【三维模型】标签栏【定位特征】面板上的【工作平面】按钮 ，弹出如图 2-18 所示的工作平面创建方式菜单。下面介绍各种创建工作平面的方式。

（1） 从平面偏移：选择一个平面，创建与此平面平行同时偏移一定距离的工作平面，如图 2-19 所示。

图2-18　工作平面创建方式菜单

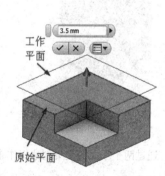

图2-19　平面偏移创建工作平面

（2） 平行于平面且通过点：选择一个点和一个平面，创建过该点且与平面平行的工作平面，如图 2-20 所示。

（3） 两个平面之间的中间面：在视图中选择两个平行平面或工作面，创建一个采用第一个选定平面的坐标系方向并具有与第二个选定平面相同的外法向的工作平面，如图 2-21 所示。

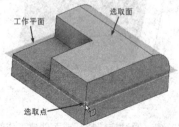

图 2-20　平行于平面且通过点创建工作平面

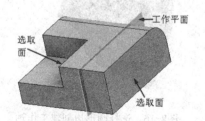

图 2-21　在两平面之间的中间面创建工作平面

（4） 圆环体中间面：选择一个圆环体，创建一个通过圆环体中心或中间面的工作平面，如图2-22所示。

（5）平面绕边旋转的角度：选择一个平面和平行于该平面的一条边，创建一个与该平面成一定角度的工作平面，如图2-23所示。

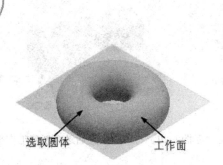

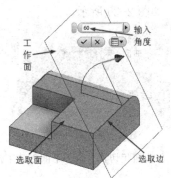

图2-22 通过圆环体中间面创建工作平面　　图2-23 通过平面绕边旋转角度创建工作平面

（6）三点：选择不共线的三点，创建一个通过这三个点的工作平面，如图2-24所示。

（7）两条共面边：选择两条平行的边，创建通过这两条共面边的工作平面，如图2-25所示。

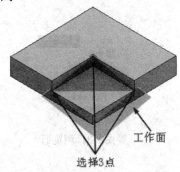

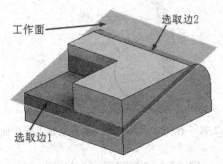

图2-24 通过提供三点创建工作平面　　　　图2-25 通过两条共面边创建工作平面

（8）与曲面相切且通过边：选择一个圆柱面和一条边，创建一个过这条边并且和圆柱面相切的工作平面，如图2-26所示。

（9）与曲面相切且通过点：选择一个圆柱面和一个点，创建在该点处与圆柱面相切的工作平面，如图2-27所示。

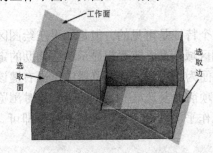

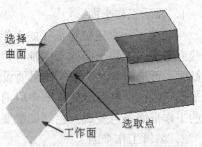

图2-26 与曲面相切且通过边创建工作平面　　图2-27 与曲面相切且通过点创建工作平面

（10）与曲面相切且平行于平面：选择一个曲面和一个平面，创建一个与曲面相切并且与平面平行的曲面，如图 2-28 所示。

（11）与轴垂直且通过点：选择一个点和一条轴，创建一个过点并且与轴垂直的工作平面，如图 2-29 所示。

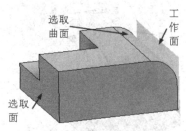

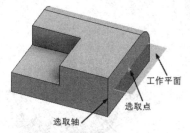

图2-28　与曲面相切且平行于平面创建工作平面　　　图2-29　与轴垂直且通过点创建工作平面

（12）在指定点处与曲线垂直：选择一条非线性边或草图曲线（圆弧、圆、椭圆或样条曲线）和曲线上的顶点、边的中点、草图点或工作点创建平面，如图 2-30 所示。

在零件或部件造型环境中，工作平面表现为透明的平面。工作平面创建以后，在浏览器中可看到相应的符号，如图 2-31 所示。

图2-30　在指定点处与曲线垂直创建工作平面　　　　图2-31　浏览器

2.1.4　显示与编辑定位特征

定位特征创建以后，在左侧的浏览器中会显示出定位特征的符号，在这个符号上单击右键，弹出的快捷菜单如图 2-32 所示。定位特征的显示与编辑操作主要通过右键快捷菜单中提供的选项进行。下面以工作平面为例，说明如何显示和编辑工作平面。

1．显示工作平面

当新建了一个定位特征（如工作平面）后，这个特征是可见的。但是如果在绘图区域内建立了很多工作平面或工作轴等特征而使得绘图区域杂乱，或不想显示这些辅助的定位特征时，可选择将其隐藏。如果要设置一个工作平面为不可见，在浏览器中单击右键该工作平面符号，在右键快捷菜单中取消【可见性】选项前面复选框的勾号即可，这时浏览器中的工作平面符号变成灰色。如果要重新显示该工作平面，选中【可见性】选项即可。

2．编辑工作平面

如果要改变工作平面的定义尺寸，可在快捷菜单中选择【编辑尺寸】选项，打开【编辑尺寸】对话框，输入新的尺寸数值，然后单击即可。

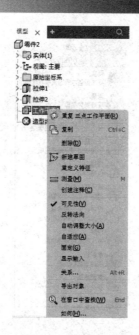

图2-32 快捷菜单

如果现有的工作平面不符合设计的需求，则需要进行重新定义。此时选择右键快捷菜单中的【重定义特征】选项即可。这时已有的工作平面将会消失，可重新选择几何要素以建立新的工作平面。如果要删除一个工作平面，选择右键快捷菜单中的【删除】项，则工作平面即被删除。对于其他的定位特征（如工作轴和工作点），可进行的显示和编辑操作与对工作平面进行的操作类似。

2.2　模型的显示

模型的图形显示可以视为模型上的一个视图，还可以视为一个场景。视图外观将会根据应用于视图的设置而变化，起作用的元素包括视觉样式、地平面、地面反射、阴影、光源和相机投影。

2.2.1　视觉样式

在 Autodesk Inventor 中提供了多种视觉样式：着色显示、隐藏边显示和线框显示等，打开功能区中的【视图】标签，单击【外观】面板中的视觉样式下拉按钮，如图 2-33 所示。选择一种视觉样式。

（1）真实：显示高质量着色的逼真带纹理模型，如图 2-34 所示。

（2）着色：显示平滑着色模型，如图 2-35 所示。

（3）带边着色：显示带可见边的平滑着色模型，如图 2-36 所示。

（4）带隐藏边着色：显示带隐藏边的平滑着色模型，如图 2-37 所示。

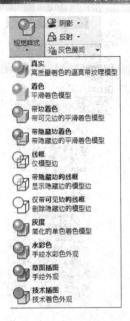

图2-33　视觉样式模式

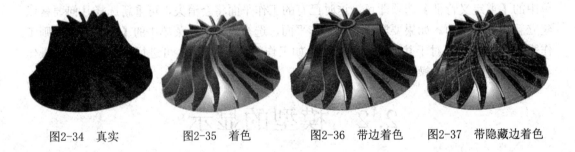

図2-34　真实　　　　図2-35　着色　　　　图2-36　带边着色　　　图2-37　带隐藏边着色

（5）线框：显示用直线和曲线表示的边界对象，如图 2-38 所示。

（6）带隐藏边的线框：显示用线框表示的对象并用虚线表示后向面不可见的边线，如图 2-39 所示。

（7）仅带可见边的线框：显示用线框表示的对象并隐藏表示后向面的边线，如图 2-40 所示。

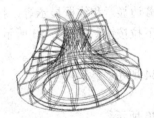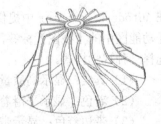

图2-38　线框　　　　　　图2-39　带隐藏边的线框　　　　　图2-40　仅带可见边的线框

（8）灰度：使用简化的单色着色模式产生灰色效果，如图 2-41 所示。

（9）水彩色：手绘水彩色的外观显示模式，如图 2-42 所示。

（10）草图插图：手绘外观显示模式，如图 2-43 所示。

（11）技术插图：使用着色技术工程图外观来显示可见零部件，如图 2-44 所示。

图2-41 灰度

图2-42 水彩色

图2-43 草图插图

图2-44 技术插图

2.2.2 观察模式

1. 平行模式

在平行模式下，模型以所有的点都沿着平行线投影到它们所在的屏幕上的位置来显示，也就是所有等长平行边以等长度显示。在此模式下，三维模型平铺显示，如图 2-45 所示。

2. 透视模式

在透视模式下，三维模型的显示类似于现实世界中观察到的实体形状。模型中的点线面以三点透视的方式显示，这也是人眼感知真实对象的方式，如图 2-46 所示。

图2-45 平行模式

图2-46 透视模式

2.2.3 投影模式

投影模式增强了零部件的立体感，使得零部件看起来更加真实，同时还可显示出光源的设置效果。

单击【视图】标签栏【外观】面板中的【阴影】下拉按钮,如图 2-47 所示。

(1)地面阴影:将模型阴影投射到地平面上。该效果不需要让地平面可见,如图 2-48 所示。

(2)对象阴影:有时称为自己阴影,根据激活的光源样式的位置投射和接收模型阴影,如图 2-49 所示。

(3)环境光阴影:在拐角处和腔穴中投射阴影以在视觉上增强形状变化过渡,如图 2-50 所示。

地面阴影、对象阴影和环境光阴影可以一起应用或单独应用,以增强模型视觉效果。

图2-47　投影模式工具　　　　　　图2-48　地面阴影　　　　　　图2-49　对象阴影

图2-50　环境光阴影

2.3　模型的动态观察

在 Autodesk Inventor 中,模型的动态观察主要依靠导航栏上的模型动态观察工具来实现,如图 2-51 所示。也可以通过【视图】标签栏【导航】面板(见图 2-52)中的工具来实现动态观察。

图2-51　模型动态观察工具　　　　　　图2-52　【导航】面板

(1)全导航控制盘 ：可以在特定导航工具之间快速切换的控制盘集合

(2)平移 ：单击此按钮,当鼠标变成 时,在绘图区域内任何地方按下鼠标左键,移动鼠标便可移动当前窗口内的模型或者视图。

(3)缩放 ：单击此按钮,当鼠标变成 时,在绘图区域内按下鼠标左键,上下移动鼠标便可实现当前窗口内模型或者视图的缩放。

（4）全部缩放🔍：单击此按钮，模型中所有的元素都显示在当前窗口中。该工具在草图、零件图、装配图和工程图中都可使用。

（5）窗口缩放🔍：单击此按钮，当鼠标变成⬚时，在某个区域内拉出一个矩形，则矩形内的所有图形会充满整个窗口。当某个局部尺寸很小，给图形的绘制以及标注等操作带来不便时，可以利用这个工具将其局部放大。

（6）缩放选定实体🔍：单击此按钮，当鼠标变成⬚🔍时，在绘图区域内用鼠标左键选择要放大的图元，选择以后，该图元自动放大到整个窗口，便于用户观察和操作。

（7）动态观察✛：该工具用来在图形窗口内旋转零件或者部件，以便于全面观察实体的形状。单击此按钮，弹出三维旋转符号，如图2-53所示。可以实现几种功能：

➢　左右移动鼠标以围绕竖直屏幕轴旋转视图。

➢　将鼠标移走或朝向自己以围绕水平屏幕轴旋转视图。

➢　旋转围绕屏幕中心进行。

（8）受约束的动态观察✛：在图形窗口中绕轴旋转模型，相当于以维度和经度围绕模型移动视线。

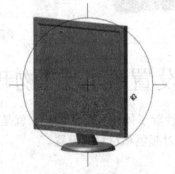

图2-53　三维旋转符号

（9）观察方向▢：单击此按钮，鼠标变成⬚，当在模型上选择一个面时，模型会自动旋转到该面正好面向用户的方向；如果选择一条直线，则模型会旋转到该直线在模型空间处于水平的位置。

2.4　获得模型的特性

Autodesk Inventor 允许用户为模型文件指定特性（如物理特性），这样可方便在后期对模型进行工程分析、计算和仿真等。获得模型特性可通过选择主菜单中的【iProperty】选项来实现，也可在浏览器上选择文件图标，单击右键，在弹出的快捷菜单中选择【特性】选项。图2-54所示为传动轴模型，图2-55所示为其特性对话框中的物理特性。

其中物理特性是工程中最重要的。从图2-55可看出，Autodesk Inventor 已经分析出了模型的质量、体积、重心以及惯性信息等。在计算惯性时，除了可计算模型的主轴惯性矩外，还可计算出模型相对于 XYZ 轴的惯性特性。

除了物理特性以外，特性对话框中还包括模型的概要、项目、状态等信息，用户可根据自己的实际情况填写，以方便以后查询和管理。

31

图2-54　传动轴模型　　　　　　　　　　　图2-55　传动轴的物理特性

2.5　设置模型的物理特性

　　三维模型最重要的物理特性除了体积和形状之外，就是颜色和材料了。模型在外形设计完成之后，主要的设置就是对颜色和材料的设置。

2.5.1　材料

　　Autodesk Inventor 中的材料代表实际材料，如混凝土、木材和玻璃。可以将这些材料应用到设计的各个部分，为对象提供真实的外观和行为。在某些设计环境中，对象的外观是最重要的，因此材料需具有详细的外观特性，如反射率和表面粗糙度。在其他环境下，材料的物理特性更为重要，因为材料必须支持工程分析。

　　材料库是一组材料和相关资料。材料库可以通过添加类别进行细分。Autodesk Inventor 提供的材料库包含许多按类型组织的材料类别，如混凝土、金属和玻璃。

　　单击【工具】标签栏【材料和外观】面板中的【材料】按钮，打开【材料浏览器】对话框，如图 2-56 所示。

　　（1）文档材料设置工具栏：修改文档中的材料视图。

　　（2）库设置工具栏：修改其中的库和材料视图。

　　（3）文档材料列表：显示当前文档中的材料。是否应用于对象，要访问常用任务菜单，在材料上单击右键。

　　（4）库列表：显示库中打开的库和类别。

　　（5）库材料列表：显示库中的材料或库列表中选定的类别。

　　（6）材料浏览器工具栏：提供控件来管理器库和类别，并在当前文档中创建默认新

材料。

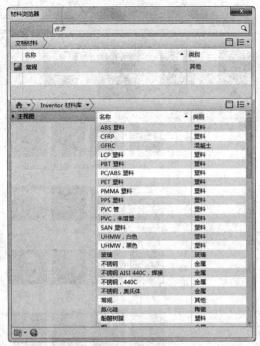

图2-56　【材料浏览器】对话框

2.5.2　外观

外观可以精确地表示零件中使用的材料。外观可按类型列出，且每种类型都有唯一的特性。外观定义包含颜色、图案、纹理图像和凸纹贴图等特性，将这些特性结合起来，即可提供唯一的外观。指定给材料的外观是材料定义的一个资源。

1．外观浏览器

外观分为不同的类别，如金属、塑料和陶瓷。类别包含各种类别的相关外观。

单击【工具】标签栏【材料和外观】面板中的【外观】按钮，打开【外观浏览器】对话框，如图 2-57 所示。

此对话框提供访问权限来创建和修改文档外观资源，并可用于访问库中的外观。

2．颜色编辑器

颜色栏显示了轮廓颜色与方案中计算得出的应力值或位移之间的对应关系。用户可以编辑颜色栏以设置彩色轮廓，从而使应力/位移按照用户所需的方式来显示。

单击【工具】标签栏【材料和外观】面板中的【外观】按钮，打开颜色编辑器，如图 2-58 所示。

Autodesk Inventor Publisher 中导入 Autodesk Inventor 部件后，颜色处理将遵循下面的规则：

➢ 如果 Inventor 中给定了材料，则颜色为给定材料的颜色。

➢ 如果 Inventor 中给定了材料，并给了一个与给定材料不同的颜色，则使用新颜色。

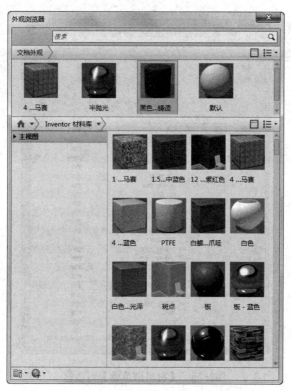

图2-57　"外观浏览器"对话框

图2-58　颜色编辑器

➢ 如果已经导入到 Publisher 后，通过修改材料又给了一个新的颜色，则这个新的颜色覆盖前面的两个颜色。

➢ Publisher 中修改的颜色、材料无法返回到 Inventor 中。

➢ 在 Publisher 中存档后，Autodesk Inventor 修改了颜色/材料，通过检查存档状态，Publisher 可以自动更新颜色和材料。

➢ 如果在 Publisher 中修改过颜色/材料，则不会更新。

所以比较好的工作流程是：

1）Autodesk Inventor 设计部件，同时导入到 Publisher 中做固定模板。

2）Autodesk Inventor 更改设计，Publisher 更新文件。

3）Autodesk Inventor 完成材料、颜色的定义后，Publisher 更新。

4）如果有不满足需求的，在 Publisher 中进行颜色、材质的更改。

2.6　选择特征和图元

Autodesk Inventor 2018 在工具栏中提供了选择特征和图元的工具。在零件和部件环境下，选择工具是不相同的。下面分别介绍。

2.6.1　零件环境的选择工具

零件环境下的选择工具在 Autodesk Inventor 2018 界面最上面的快速工具栏上，如图 2-59 所示。可以看到，在零件环境下，可选择以特征为优先的选择组、选择特征、选择面和边以及选择草图特征。

1）选择特征、选择面和边工具可直接在模型环境下对面、边和特征进行选择。

2）选择草图特征工具则需要进入草图环境中对草图元素进行选择。

2.6.2　部件环境下的选择工具

部件环境下的选择工具如图 2-60 所示。部件环境下由于包含较多的零部件，所以选择模式更加复杂。下面对各种选择模式分别介绍。

图2-59　零件环境下的选择工具　　　　图2-60　部件环境下的选择工具

（1）选择零部件优先：在这种选择模式下，可选择完整的零部件。需要注意的是可选择子部件，但是不可选择子部件中的零件。

（2）选择零件优先：在这种选择模式下可选择零件，无论是添加到部件中单独的零件还是子部件中的零部件都可。不能给一个零件选择特征和草图几何图元。

（3）选择特征优先：在该选择模式下可选择任何一个零件上的特征，包括定位特征。

（4）选择面和边：在该选择模式下可选择零部件的上表面和单独的边，包括用于定义面的曲线。

（5）选择草图特征：在该选择模式下可进入草图环境中对草图元素进行选择，与在零件环境下选择草图元素类似。

零部件选择菜单的子菜单中还提供了几种更加完善的选择模式：

（1）选择约束到：随意选择部件中的一个零件或子部件，则与该零件或子部件存在约束关系的零件或子部件都将同时选定。

（2）选择零部件规格：打开一个如图 2-61 所示的【按大小选择】对话框，该对话框中有一个文本框可填入具体的数值，也可以填入比例数值，然后不小于（选择最小时）或不大于(选择最大时)这个数值的零件就会自动被选择并亮显，同时其大小将显示出来，并由选定零部件的边框的对角点来确定。如果需要，可单击箭头按钮选择一个零部件以测量其大小。选中相应的选项，以选择大于或小于零部件大小的零部件。

（3）选择零部件偏移：打开如图 2-62 所示的【按偏移选择】对话框，包含在选定零部件偏移距离范围内的零部件将会亮显。可在【按偏移选择】对话框中设置偏移距离，也可单击并拖动某个面，以调整其大小。如果需要，可单击箭头按钮以使用【测量】工具。选中【包括部分包含的内容】复选框，还将亮显部分包含的零部件。

图2-61　【按大小选择】对话框　　　图2-62　【按偏移选择】对话框

（4）选择球体偏移：打开如图 2-63 所示的【按球体选择】对话框，可亮显位于选定零部件周围球体内的零部件。可在【按球体选择】对话框中设置球体大小，也可单击并拖动球体边界，以调整其大小。如果需要，可单击箭头按钮以使用【测量】工具。选中此复选框，还将亮显部分包含的零部件。

图2-63　【按球体选择】对话框

第 3 章

绘制草图

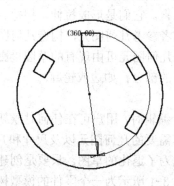

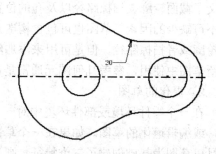

　　Inventor 中的大部分特征是由草图绘制开始的，草图绘制在该软件使用中占重要地位，本章将详细介绍草图的绘制方法和编辑方法。

- 草图综述
- 进入草图环境
- 草图绘制工具
- 草图编辑工具
- 综合实例——底座草图

3.1 草图综述

在 Autodesk Inventor 的三维造型中，草图是创建零件的基础，所以在 Autodesk Inventor 的默认设置下，新建一个零件文件后，会自动转换到草图环境。草图的绘制是 Autodesk Inventor 的一项基本技巧，没有一个实体模型的创建可以完全脱离草图环境。草图为将设计思想转换为实际零件铺平了道路。

1. 草图的组成

草图由草图平面、坐标系、草图几何图元和几何约束以及草图尺寸组成。在草图中，定义了截面轮廓、扫掠路径以及孔的位置等造型元素，它们是形成拉伸、扫掠、打孔等特征不可缺少的因素。草图也可包含构造几何图元或者参考几何图元，构造几何图元不是界面轮廓或者扫掠路径，但是可用来添加约束。参考几何图元可由现有的草图投影而来，并在新草图中使用，参考几何图元通常是已存在特征的部分，如边或轮廓。

2. 退化的草图

在一个零件环境或部件环境中对一个零件进行编辑时，用户可在任何时候新建一个草图，或编辑退化的草图。如果在一个草图中创建了需要的几何图元以及尺寸和几何约束，并且以草图为基础创建了三维特征，则该草图就成为了退化的草图。只要是创建了一个基于草图的特征，就一定会存在一个退化的草图。图3-1所示为一个零件的模型树，其中清楚地反映了这一点。

3. 草图与特征的关系

1）退化的草图依然是可编辑的，如果对草图中的几何图元进行了尺寸以及约束方面的修改，那么退出草图环境以后，基于此草图的特征也会随之更新，草图是特征的母体，特征是基于草图的。

2）特征只受到属于它的草图的约束，其他特征草图的改变不会影响到本特征。

3）如果两个特征之间存在某种关联关系，那么两者的草图就可能会影响到对方。例如，在一个拉伸生成的实体上打孔，拉伸特征和打孔特征都是基于草图的特征，如果修改了拉伸特征草图，使得打孔特征草图上孔心位置不在实体上，那么孔是无法生成的，Autodesk Inventor 也会在实体更新时给出错误信息。

图3-1 零件的模型树

3.2　进入草图环境

在 Autodesk Inventor 中，绘制草图是创建零件的第一步。草图是截面轮廓特征和创建特征所需的几何图元（如扫掠路径或旋转轴），可通过投影截面轮廓或绕轴旋转截面轮廓来创建草图三维模型。图 3-2 所示为草图及由草图拉伸创建的实体。

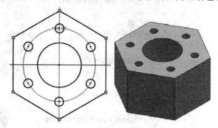

图3-2　草图及由草图拉伸创建的实体

可由两种途径进入到草图环境：

1）当新建一个零件文件时，在 Autodesk Inventor 的默认设置下，草图环境会自动激活【草图】面板为可用状态。

2）在现有的零件文件中，如果要进入草图环境，应该首先在浏览器中激活草图。这个操作会激活草图环境中的工具面板，这样就可为零件特征创建几何图元。由草图创建模型之后，可再次进入草图环境，进行特征修改，或者绘制新特征的草图。

3.2.1　由新建零件进入草图环境

（1）运行 Autodesk Inventor 2018，出现如图 3-3 所示的启动界面。

（2）单击【启动】面板中的【新建】按钮，弹出如图 3-4 所示的"新建文件"对话框。

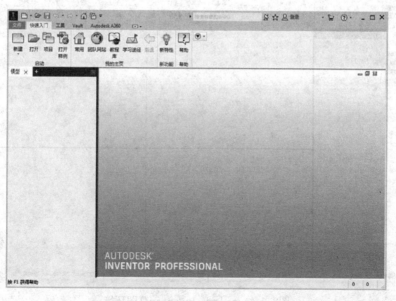

图3-3　Autodesk Inventor 2018 启动界面

图3-4 【新建文件】对话框

3)选择【Standard. ipt】选项,新建一个标准零件文件,进入如图 3-5 所示的 Autodesk Inventor 草图环境。

用户界面主要由 ViewCube(绘图区右上部)、导航栏(绘图区右中部)快速工具栏(上部)、功能区、浏览器(左部)、状态栏(下部)以及绘图区域构成。草图功能区如图 3-6 所示。草图功能区包括创建、约束、阵列和修改等面板,使用草图功能区与使用工具栏相比效率会有所提高。

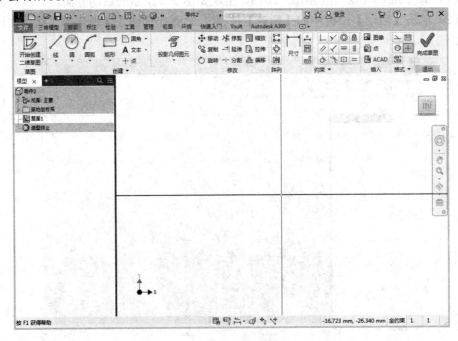

图3-5 Autodesk Inventor草图环境

图3-6 草图功能区

注意

　　系统默认创建标准零件时，不会进入草图环境。可在零件环境中选择平面后单击【创建二维草图】按钮，进入草图环境。可以单击【工具】标签内【选项】面板上的【应用程序选项】按钮，打开【应用程序选项】对话框，选择【零件】选项卡，在【新建零件时创建草图】选项中选择【在 X-Y 平面创建草图】选项，如图 3-7 所示。所有的实体建模默认都是在 XY 平面上创建草图。

图3-7 "应用程序选项"对话框

3.2.2　编辑退化的草图以进入草图环境

　　如果要在一个现有的零件图中进入草图环境，首先应该找到属于某个特征的曾经存在的草图（也叫退化的草图），选择该草图，单击右键，在打开菜单中选择【编辑草图】选项即可重新进入草图环境，如图 3-8 所示。当编辑某个特征的草图时，该特征会消失。

　　如果想从草图环境返回到零件（模型）环境下，只要在草图绘图区域内单击右键，从菜单中选择【完成二维草图】选项或者单击【草图】标签上的【完成草图】按钮，即可退出草图环境。被编辑的特征也会重新显示，并且根据重新编辑的草图自动更新。

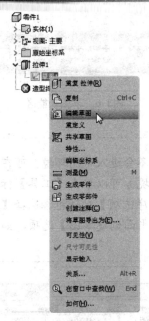

图3-8 【编辑草图】选项

3.3 定制草图工作区环境

本节主要介绍草图环境选项设置。读者可以根据自己的习惯定制自己需要的草图工作环境。

草图工作环境的定制主要依靠【工具】标签栏内【选项】面板中的【应用程序选项】来实现，打开【选项】对话框以后，选择【草图】标签栏，如图 3-9 所示。

图 3-9 【草图】标签栏

选项说明如下：

（1）约束设置：单击"设置"按钮，打开如图 3-10 所示的【约束设置】对话框。该对话框可用于控制草图约束和尺寸标注的显示、创建、推断、放宽拖动和过约束的设置。

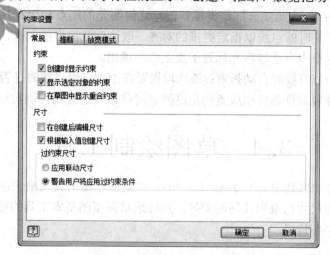

图3-10 【约束设置】对话框

（2）样条曲线拟合方式：设定点之间的样条曲线过渡，确定样条曲线识别的初始类型。

1）标准：设定该拟合方式可创建点之间平滑连续的样条曲线。适用于 A 类曲面。

2）AutoCAD：设定该拟合方式以使用 AutoCAD 拟合方式来创建样条曲线。不适用于 A 类曲面。

3）最小能量默认张力：设定该拟合方式可创建平滑连续且曲率分布良好的样条曲线。适用于 A 类曲面。选取最长的进行计算，并创建最大的文件。

（3）显示：设置绘制草图时显示的坐标系和网格的元素。

1）网格线：设置草图中网格线的显示。

2）辅网格线：设置草图中次要的或辅网格线的显示。

3）轴：设置草图平面轴的显示。

4）坐标系指示器：设置草图平面坐标系的显示。

（4）捕捉到网格：可通过设置【捕捉网格】来设置草图任务中的捕捉状态，选中复选框以打开网格捕捉。

（5）在创建曲线过程中自动投影边：启用选择功能，并通过"擦洗"线将现有几何图元投影到当前的草图平面上，此直线作为参考几何图元投影。选中复选框则使用自动投影，清除复选框则抑制自动投影。

（6）自动投影边以创建和编辑草图：当创建或编辑草图时，将所选面的边自动投影到草图平面上作为参考几何图元。选中复选框为新的和编辑过的草图，创建参考几何图元，清除复选框则抑制创建参考几何图元。

（7）创建和编辑草图时，将观察方向固定为草图平面：勾选此复选框，指定重新定位图形窗口，以使草图平面与新建草图的视图平行。取消此复选框的勾选，则在选定的草图平面上创建一个草图，而不考虑视图的方向。

（8）新建草图后，自动投影零件原点：勾选此复选框，指定新建的草图上投影的零件原点的配置。取消此复选框的勾选，则需手动投影原点。

（9）点对齐：勾选此复选框，类推新创建几何图元的端点和现有几何图元的端点之间的对齐。将显示临时的点线以指定类推的对齐。取消此复选框的勾选，相对于特定点的类推对齐在草图命令中可通过将光标置于点上临时调用。

（10）新建三维直线时自动折弯：该选项设置在绘制三维直线时是否自动放置相切的拐角过渡。选中该复选框则自动放置拐角过渡，清除该复选框则抑制自动创建拐角过渡。

3.4 草图绘制工具

本节主要讲述如何利用 Autodesk Inventor 提供的草图工具正确快速地绘制基本的几何元素，并且添加尺寸约束和几何约束等。熟练地掌握草图基本工具的使用方法和技巧，是绘制草图前的必备技能。

3.4.1 绘制点

【操作步骤】

1）单击【草图】标签栏【创建】面板上的【点】按钮➕，然后在绘图区域内任意处单击，出现一个点。

2）如果要继续绘制点，可在要创建点的位置再次单击左键；要结束绘制可单击右键，在弹出的如图 3-11 所示的快捷菜单中选择【确定】选项，绘制的点如图 3-12 所示。

3.4.2 直线

直线分为三种类型：水平直线、竖直直线和任意角度直线。在绘制过程中，不同类型的直线显示方式不同。

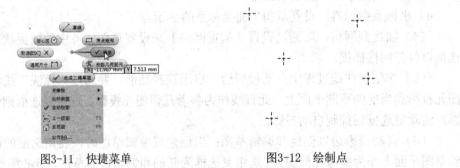

图3-11 快捷菜单　　　　　图3-12 绘制点

➢　水平直线：在绘制直线过程中，光标附近会出现水平直线图标符号▨，如图 3-13a 所示。

➢　竖直直线：在绘制直线过程中，光标附近会出现竖直直线图标符号▥，如图 3-13b 所示。

➢ 任意直线：绘制的直线如图 3-13c 所示。

a）水平直线   b）竖直直线   c）任意直线

图3-13 绘制直线

【操作步骤】

1）单击【草图】标签栏【创建】面板中的【直线】按钮 ，开始绘制直线。

2）在绘图区域内某一位置单击左键，然后在另外一个位置再单击，在两次单击的点的位置之间会出现一条直线，单击右键，在弹出的快捷菜单中选择【确定】选项或按下 Esc 键，直线绘制完成。

3）也可选择【重新启动】选项以接着绘制另外的直线。否则继续绘制，将绘制出首尾相连的折线，如图 3-14 所示。

直线命令还可创建与几何图元相切或垂直的圆弧。如图 3-15 所示，首先移动鼠标到直线的一个端点，然后按住左键，在要创建圆弧的方向上拖动鼠标，即可创建圆弧。

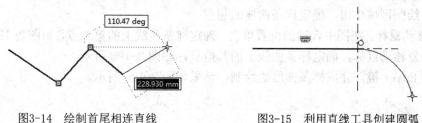

图3-14 绘制首尾相连直线   图3-15 利用直线工具创建圆弧

3.4.3 样条曲线

通过选定的点来创建样条曲线。

1. 样条曲线（插值）

【操作步骤】

1）单击【草图】标签栏【创建】面板中的【样条曲线（插值）】按钮 ，开始绘制样条曲线。

2）在绘图区域单击，确定样条曲线的起点。

3）移动鼠标，在图中合适的位置单击，确定样条曲线上的第二点，如图 3-16a 所示。

4）重复移动鼠标，确定样条曲线上的其他点，如图 3-16b 所示。

5）单击 按钮，完成样条曲线的绘制，结果如图 3-16c 所示。

当要改变样条曲线的形状时，选择关键点的控制线，如图 3-17 所示，拖动控制线调节样条曲线的形状，如图 3-18 所示。单击左键，完成样条曲线的更改。

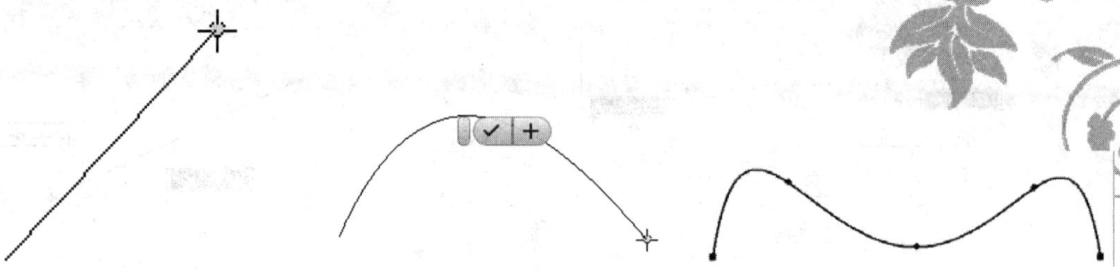

a）确定第二点　　　　　　　　b）确定其他点　　　　　　　c）完成样条曲线

图3-16　绘制样条曲线

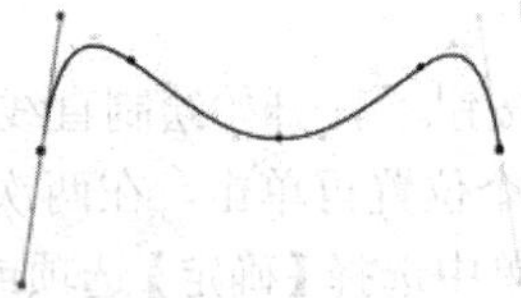

图3-17　选择控制线 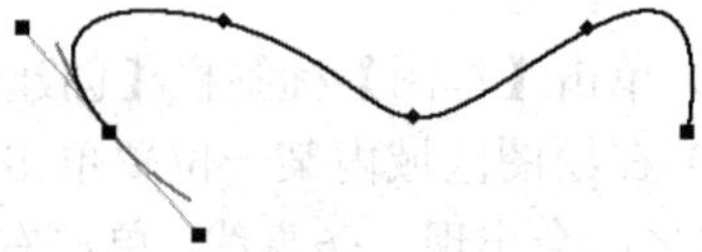　　　　　　　　　　　　　图3-18　拖动控制线

2．样条曲线（控制顶点）

1）单击【草图】标签栏【创建】面板上的【样条曲线（控制顶点）】按钮，开始绘制样条曲线。

2）在绘图区域单击，确定样条曲线的起点。

3）移动鼠标，在图中合适的位置单击，确定样条曲线上的第二点，如图 3-19a 所示。

4）重复移动鼠标，确定样条曲线上的其他点，如图 3-19b 所示。

5）按 Enter 键，完成样条曲线的绘制，结果如图 3-19c 所示。

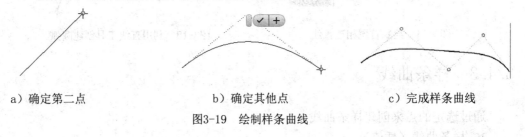

a）确定第二点　　　　　　　　b）确定其他点　　　　　　　c）完成样条曲线

图3-19　绘制样条曲线

3.4.4　圆

圆也可以通过两种方式来绘制：一种是绘制基于中心的圆；另一种是绘制基于周边的圆。

1．圆心圆

【操作步骤】

1）执行命令。单击【草图】标签栏【创建】面板中的【圆】按钮，开始绘制圆。

2）绘制圆心。在绘图区域单击，确定圆的圆心，如图 3-20a 所示。

3）确定圆的半径。移动鼠标拖出一个圆，然后单击，确定圆的半径，如图 3-20b 所示。

4）确认绘制的圆。单击左键，完成圆的绘制，结果如图 3-20c 所示。

a）确定圆心　　　　　　　　b）确定圆半径　　　　　　　　c）完成圆绘制

图3-20　绘制圆心圆

2．相切圆

【操作步骤】

（1）执行命令。单击【草图】标签栏【创建】面板中的【相切圆】按钮，开始绘制圆。

（2）确定第一条相切线。在绘图区域选择一条直线确定第一条相切线，如图 3-21a 所示。

（3）确定第二条相切线。在绘图区域选择一条直线确定第二条相切线，如图 3-21b 所示。

（4）确定第三条相切线。在绘图区域选择一条直线确定第三条相切线。

（5）确认绘制的圆。单击左键，完成圆的绘制，结果如图 3-21c 所示。

a）确定第一条切线　　　　　b）确定第二条切线　　　　　c）完成圆绘制

图3-21　绘制相切圆

3.4.5　椭圆

根据中心点和长轴与短轴创建椭圆。

【操作步骤】

1）执行命令。单击【草图】标签栏【创建】面板中的【椭圆】按钮，绘制椭圆。

2）绘制椭圆的中心。在绘图区域合适的位置单击，确定椭圆的中心。

3）确定椭圆的长半轴。移动鼠标，在鼠标附近会显示椭圆的长半轴。在图中合适的位置单击，确定椭圆的长半轴，如图 3-22a 所示。

4）确定椭圆的短半轴。移动鼠标，在图中合适的位置单击，确定椭圆的短半轴。如图 3-22b 所示。

5）确认绘制的椭圆。单击左键，完成椭圆的绘制，结果如图 3-22c 所示。

a）确定长半轴　　　　　　　b）确定短半轴　　　　　　c）完成椭圆绘制

图3-22　绘制椭圆

3.4.6　圆弧

圆弧可以通过三种方式来绘制：第一种是通过三点绘制圆弧；第二种是通过圆心半径来确定圆弧；第三种是绘制基于周边的圆弧。

1．三点圆弧

【操作步骤】

1）执行命令。单击【草图】标签栏【创建】面板中的【三点圆弧】按钮，绘制三点圆弧。

2）确定圆弧的起点。在绘图区域合适的位置单击，确定圆弧的起点。

3）确定圆弧的终点。移动光标在绘图区域合适的位置单击，确定圆弧的终点，如图 3-23a 所示。

4）确定圆弧的半径和方向。移动光标在绘图区域合适的位置单击，确定圆弧的半径和方向，如图 3-23b 所示。

5）确认绘制的圆弧。单击左键，完成圆弧的绘制，结果如图 3-23c 所示。

a）确定终点　　　　　　　b）确定圆弧方向　　　　　　c）完成圆弧绘制

图3-23　绘制三点圆弧

2．圆心圆弧

【操作步骤】

1）执行命令。单击【草图】标签栏【创建】面板中的【圆心圆弧】按钮，绘制圆弧。

2）确定圆弧的圆心。在绘图区域合适的位置单击，确定圆弧的中心。

3）确定圆弧的起点。移动光标在绘图区域合适的位置单击，确定圆弧的起点，如图3-24a 所示。

4）确定圆弧的终点。移动光标在绘图区域合适的位置单击，确定圆弧的终点，如图3-24b 所示。

5）确认绘制的圆弧。单击左键，完成圆弧的绘制，结果如图 3-24c 所示。

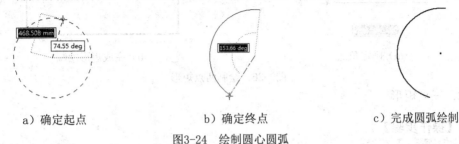

　　　a）确定起点　　　　　　　　b）确定终点　　　　　　　c）完成圆弧绘制

图3-24　绘制圆心圆弧

3. 相切圆弧

【操作步骤】

1）执行命令。单击【草图】标签栏【创建】面板中的【相切圆弧】按钮，绘制圆弧。

2）确定圆弧的起点。在绘图区域中选取曲线，自动捕捉曲线的端点。

3）确定圆弧的终点。移动光标在绘图区域合适的位置单击，确定圆弧的终点，如图3-25a 所示。

4）确认绘制的圆弧。单击左键，完成圆弧的绘制，结果如图 3-25b 所示。

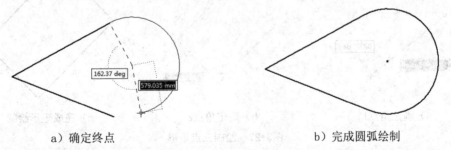

　　　　a）确定终点　　　　　　　　　　　b）完成圆弧绘制

图3-25　绘制相切圆弧

3.4.7　矩形

矩形可以通过四种方式来绘制：一是通过两点绘制矩形；二是通过三点绘制矩形；三是通过两点中心绘制矩形；四是通过三点中心绘制矩形。

1. 两点矩形

【操作步骤】

1）执行命令。单击【草图】标签栏【创建】面板中的【两点矩形】按钮，绘制矩形。

2）绘制矩形角点。在绘图区域单击，确定矩形的一个角点，如图 3-26a 所示。

3）绘制矩形的另一个角点。移动鼠标，单击左键，确定矩形的另一个角点，完成矩形的绘制，结果如图 3-26b 所示。

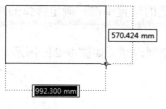

a）确定角点

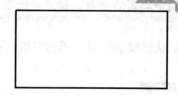

b）完成矩形绘制

图3-26 绘制两点矩形

2. 三点矩形

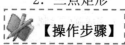【操作步骤】

1）执行命令。单击【草图】标签栏【创建】面板中的【三点矩形】按钮◇，绘制矩形。

2）绘制矩形角点。在绘图区域单击，确定矩形的一个角点 1，如图 3-27a 所示。

3）绘制矩形角点 2。移动鼠标，单击左键，确定矩形的另一个角点 2，如图 3-27b 所示。

4）绘制矩形角点 3。移动鼠标，单击左键，确定矩形的另一个角点 3，完成矩形的绘制，结果如图 3-27c 所示。

a）确定角点1   b）确定角点2   c）完成矩形绘制

图3-27 绘制三点矩形

3. 两点中心矩形

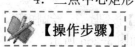【操作步骤】

1）执行命令。单击【草图】标签栏【创建】面板中的【两点中心矩形】按钮，绘制矩形。

2）确定中心。在图形窗口中单击第一点，以确定矩形的中心，如图 3-28a 所示。

3）确定对角点。移动鼠标，单击左键，以确定矩形的对角点，完成矩形的绘制，结果如图 3-28b 所示。

4. 三点中心矩形

【操作步骤】

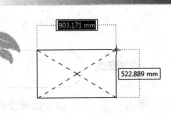
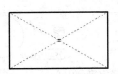

a) 确定中心 　　　　　　　　b) 完成矩形绘制

图3-28　绘制两点中心矩形

（1）执行命令。单击【草图】标签栏【创建】面板中的【三点中心矩形】按钮◇，绘制矩形。

（2）确定中心。在图形窗口中单击第一点，以确定矩形的中心，如图 3-29a 所示。

（3）确定长度。然后单击第二点，以确定矩形的长度，如图 3-29b 所示。

（4）确定宽度。拖动鼠标，单击左键，以确定矩形相邻边的长度，完成矩形的绘制，结果如图 3-29c 所示。

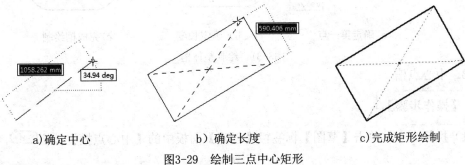

a) 确定中心 　　　　　　b) 确定长度 　　　　　　c) 完成矩形绘制

图3-29　绘制三点中心矩形

3.4.8　槽

槽包括五种方式，即中心到中心槽、槽整体、槽中心点、槽三点圆弧和槽圆心圆弧。

1．中心到中心槽

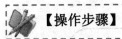【操作步骤】

1）执行命令。单击【草图】标签栏【创建】面板中的【中心到中心槽】按钮⬭，绘制槽。

2）确定第一个中心。在图形窗口中单击任意一点，以确定槽的第一个中心，如图 3-30a 所示。

3）确定第二个中心。单击第二点，以确认槽的第二个中心，如图 3-30b 所示。

4）确定宽度。拖动鼠标，单击确定槽的宽度，完成槽的绘制，结果如图 3-30c 所示。

2．整体槽

【操作步骤】

1）执行命令。单击【草图】标签栏【创建】面板中的【整体槽】按钮⬭，绘制槽。

2）确定第一点。在图形窗口中单击任意一点，以确定槽的第一个点，如图 3-31a 所示。

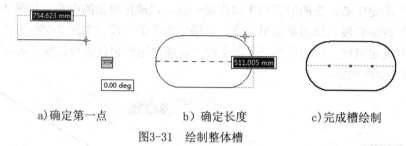

a) 确定第一中心　　　　　　b) 确定第二中心　　　　　c) 完成槽绘制

图3-30　绘制中心到中心槽

3）确定长度。拖动鼠标，单击左键，以确定槽的长度，如图 3-31b 所示。

4）确定宽度。拖动鼠标，单击左键，以确定槽的宽度。完成槽的绘制，结果如图 3-31c 所示。

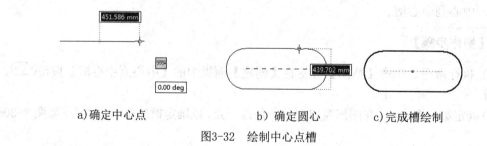

a) 确定第一点　　　　　　　b) 确定长度　　　　　　　c) 完成槽绘制

图3-31　绘制整体槽

3．中心点槽

【操作步骤】

1）执行命令。单击【草图】标签栏【创建】面板中的【中心点槽】按钮⬭，绘制槽。

2）确定中心点。在图形窗口中单击任意一点，以确定槽的中心点。

3）确定圆心。单击第二点，以确定槽圆弧的圆心。

4）确定宽度。拖动鼠标，单击左键，以确定槽的宽度，完成槽的绘制，结果如图 3-32 所示。

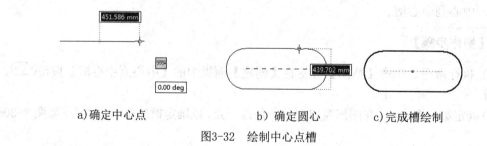

a) 确定中心点　　　　　　　b) 确定圆心　　　　　c) 完成槽绘制

图3-32　绘制中心点槽

4．三点圆弧槽

【操作步骤】

1）执行命令。单击【草图】标签栏【创建】面板中的【三点圆弧槽】按钮⬭，绘制槽。

2）确定圆弧起点。在图形窗口中单击任意一点，以确定槽圆弧的起点，如图 3-33a 所示。

3）确定圆弧终点。单击任意一点，以确定槽圆弧的终点，如图 3-33b 所示。

4）确定圆弧大小。单击任意一点，以确定槽圆弧的大小，如图 3-33c 所示。

5）确定槽宽度。拖动鼠标，单击左键，以确定槽的宽度。完成槽的绘制，结果如图 3-33d 所示。

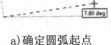  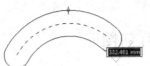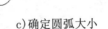 

a)确定圆弧起点　　　b）确定圆弧终点　　　c)确定圆弧大小　　　d)完成槽绘制

图3-33　绘制三点圆弧槽

5. 创建圆心圆弧槽

【操作步骤】

1）执行命令。单击【草图】标签栏【创建】面板中的【圆心圆弧槽】按钮，绘制槽。

2）确定圆弧圆心。在图形窗口中单击任意一点，以确定槽的圆弧圆心，如图 3-34a 所示。

3）确定圆弧起点。单击任意一点，以确定槽圆弧的起点，如图 3-34b 所示。

4）确定圆弧终点。拖动鼠标到适当位置，单击确定圆弧的终点，如图 3-34b 所示。

5）确定槽的宽度。拖动鼠标，单击左键，以确定槽的宽度，如图 3-33c 所示，结果完成槽的绘制，如图 3-34d 所示。

a)确定圆弧圆心　　　b）确定圆弧起点和终点　　　c)确定宽度　　　d)完成槽绘制

图3-34　绘制圆心圆弧槽

3.4.9　多边形

可以通过多边形命令创建最多包含 120 条边的多边形。可通过指定边的数量和创建方法来创建多边形。

【操作步骤】

1）单击【草图】标签栏【创建】面板中的【正多边形】按钮，弹出如图 3-35 所示的【多边形】对话框。

2）确定多边形的边数。在【多边形】对话框中输入多边形的边数。也可以使用默认的边数，在绘制以后再修改多边形的边数。

3）确定多边形的中心。在绘图区域单击，确定多边形的中心。

4）设置多边形参数。在【多边形】对话框中选择是内切圆模式还是外切圆模式。

5）确定多边形的形状。移动鼠标，在合适的位置单击，确定多边形的形状，结果如图 3-36 所示。

3.4.10　投影几何图元

【操作步骤】

1）选择添加草图的基准面。在浏览器中选择要添加草图的工作平面，单击鼠标右键，在弹出的如图 3-37 所示的快捷菜单中选取【新建草图】选项，进入草图绘制环境。

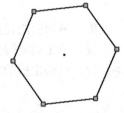

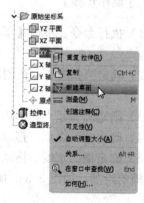

图3-35　"多边形"对话框　　　　图3-36　创建多边形　　　　图3-37　快捷菜单

2）执行命令。单击【草图】标签栏【创建】面板中的【投影几何图元】按钮，执行投影几何图元命令。

3）选择要投影的轮廓。在视图中选择要投影的面或者轮廓线，投影几何前的图形如图 3-38a 所示。

4）确认投影实体。退出草图绘制状态，投影几何后的图形如图 3-38b 所示。

a）投影几何前的图形　　　　　　　　b）投影几何后的图形

图3-38　投影几何图元过程

3.4.11 插入 AutoCAD 文件

用户可将二维数据的 AutoCAD 图形文件（*.DWG）转换为 Autodesk Inventor 草图文件，并用来创建零件模型。

【操作步骤】

1）执行命令。单击【草图】标签栏【插入】面板上的【插入 AutoCAD 文件】按钮，弹出【打开】对话框，如图 3-39 所示。

2）选择插入文件。在该对话框中选择要插入的 DWG 文件，然后单击【打开】按钮。

3）弹出如图 3-40 所示的【图层和对象导入选项】对话框，将文件全部导入，单击【下一步】按钮。

图3-39 【打开】对话框

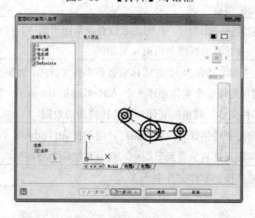

图3-40 【图层和对象导入选项】对话框

4）弹出如图 3-41 所示的【导入目标选项】对话框，单击【完成】按钮，导入的 CAD 图如图 3-42 所示。

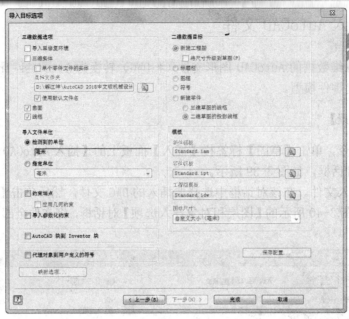

图3-41 "导入目标选项"对话框

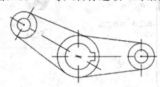

图3-42 插入CAD图

表 3-1 列出了 AutoCAD 数据转换为 Autodesk Inventor 数据的规则。

表3-1 AutoCAD数据转换为Autodesk Inventor数据的规则

AutoCAD 数据	Autodesk Inventor 数据
模型空间	几何图元放置在草图中,尺寸和注释不被转换,用户可指定在转换后的草图中是否约束几何图元的端点
布局(图纸)空间	一次只能转换一个布局,几何图元放置在草图平面中,尺寸和注释不被转换,用户可决定是否在被转换的草图中约束几何图元
三维实体	AutoCAD 三维实体做为 ACIS 实体放置到零件文件中,如果在 AutoCAD 文件中有多个三维实体,则将为每一个实体创建一个 Autodesk Inventor 零件文件,并引用这些零件文件创建部件文件。转换的时候,不能转换布局数据
图层	用户可指定要转换部分或全部图层,由于在 Autodesk Inventor 中没有图层,所以所有的几何图元都被放置到草图中,尺寸和注释不被转换
块	块不会被转换到零件文件中

3.4.12 创建文本

在工程图中的激活草图或工程图资源(如标题栏格式、自定义图框或略图符号)中添加文本框,所添加的文本既可作为说明性的文字,又可作为创建特征的草图基础。

【操作步骤】

1）单击【草图】标签栏【创建】面板上的【文本】按钮**A**，创建文字。

2）在草图绘图区域内要添加文本的位置单击左键，弹出【文本格式】对话框，如图3-43所示。

3）在该对话框中用户可指定文本的对齐方式，指定行间距和拉伸的百分比，还可指定字体、字号等。

4）在文本框中输入文本，如图3-44所示。

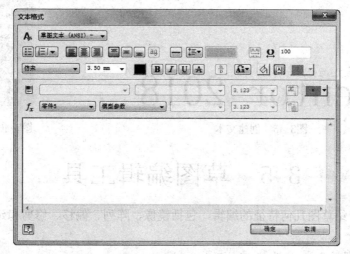

图3-43　"文本格式"对话框

5）单击【确定】按钮完成文本的创建，如图3-45所示。

如果要编辑已经生成的文本，可在文本上单击右键，在弹出的如图3-46所示的快捷菜单中选择【编辑文本】选项，打开【文本格式】对话框，用户便可自行修改文本的属性。

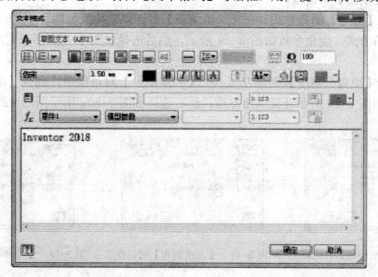

图3-44　输入文本

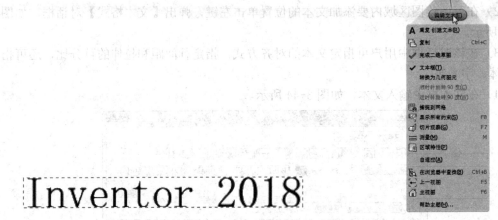

Inventor 2018

图3-45　创建文本

图3-46　快捷菜单

3.5　草图编辑工具

本节主要介绍草图几何特征的编辑，包括镜像、阵列、偏移、修剪和延伸等。

3.5.1　倒角

【操作步骤】

1）执行命令。单击【草图】标签栏【创建】面板中的【倒角】按钮，弹出如图 3-47 所示的【二维倒角】对话框。

2）设置【等边】倒角方式。在【二维倒角】对话框，按照如图 3-48 所示以【等边】选项设置倒角方式，倒角参数如图 3-49 所示，然后选择如图 3-50a 所示图形中的直线 1 和直线 4。

3）设置【距离－角度】倒角方式。在【二维倒角】对话框中，选择【距离－角度】选项，按照如图 3-49 所示设置倒角参数，然后选择如图 3-50a 所示图形中的直线 2 和直线 3。

图 3-47　【二维倒角】对话框 1　　图 3-48　【二维倒角】对话框 2　　图 3-49　【二维倒角】对话框 3

4）确认倒角。单击【二维倒角】对话框中的【确定】按钮，完成倒角的绘制，结果如图 3-50b 所示。

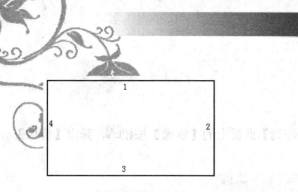

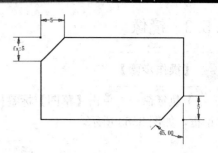

a）倒角前的图形　　　　　　　　　　　　　　b）倒角后的图形

图3-50　倒角绘制过程

：放置对齐尺寸来指示倒角的大小。

：倒角的距离和角度设置与当前命令中创建的第一个倒角的参数相等。

：等边选项，即通过与点或选中直线的交点相同的偏移距离来定义倒角。

：不等边选项，即通过每条选中的直线指定到点或交点的距离来定义倒角。

：距离和角度选项，即由所选的第一条直线的角度和从第二条直线的交点开始的偏移距离来定义倒角。

3.5.2　圆角

【操作步骤】

1）执行命令。单击【草图】标签栏【创建】面板中的【圆角】按钮，弹出如图 3-51 所示的【二维圆角】对话框。

2）设置圆角半径。在【二维圆角】对话框中输入圆角半径为 5mm。

图3-51　【二维圆角】对话框

3）选择绘制圆角的直线。设置好【二维圆角】对话框后单击，选择如图 3-52a 所示图形中的直线 1 和 2、直线 2 和 3、直线 3 和 4、直线 4 和 1。

4）确认绘制的圆角。关闭【二维圆角】对话框完成圆角的绘制，结果如图 3-52b 所示。

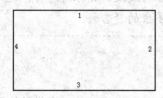

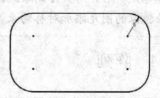

a）圆角前的图形　　　　　　　　　　　　　　b）圆角后的图形

图3-52　圆角绘制过程

3.5.3 镜像

【操作步骤】

1）执行命令。单击【草图】标签栏【阵列】面板上的【镜像】按钮，弹出【镜像】对话框，如图 3-53 所示。

图3-53 【镜像】对话框

2）选择镜像图元。单击【镜像】对话框中的【选择】按钮，选择要镜像的几何图元，如图 3-54a 所示。

3）选择镜像线。单击【镜像】对话框中的【镜像线】按钮，选择镜像线，如图 3-54b 所示。

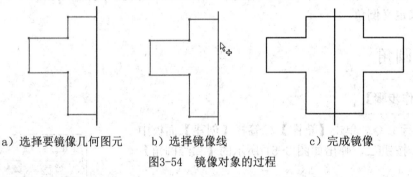

a）选择要镜像几何图元　　b）选择镜像线　　　　　c）完成镜像

图3-54 镜像对象的过程

4）完成镜像。单击【应用】按钮，镜像草图几何图元，结果如图 3-54c 所示。单击【完毕】按钮，关闭【镜像】对话框。

注 意

草图几何图元在镜像时，使用镜像线作为其镜像轴，相等约束自动应用到镜像的双方，但在镜像完毕后，用户可删除或编辑某些线段，同时其余的线段仍然保持对称。这时候请不要给镜像的图元添加对称约束，否则系统会给出约束多余的警告。

3.5.4 阵列

如果要线性阵列或圆周阵列几何图元，就会用到 Autodesk Inventor 提供的矩形阵列和环形阵列工具。矩形阵列可在两个互相垂直的方向上阵列几何图元，环形阵列则可使得某个几何图元沿着圆周阵列。

1. 矩形阵列

1）执行命令。单击【草图】标签栏【阵列】面板上的【矩形阵列】按钮，弹出【矩形阵列】对话框，如图3-55所示。

图3-55 "矩形阵列"对话框

2）选择阵列图元。利用几何图元选择工具 选择要阵列的草图几何图元，如图3-56a所示。

3）选择阵列方向1。单击【方向1】下面的【路径选择】按钮，选择几何图元，定义阵列的第一个方向。如果要选择与选择方向相反的方向，可单击【反向】按钮。

4）设置参数。在【数量】框 中指定要阵列的元素数量，在【间距】框 中，指定元素之间的间距。

5）选择阵列方向2。【方向2】下面的设置与【方向1】相同，如图3-56b所示。

6）完成阵列。单击【确定】按钮以创建阵列，结果如图3-56c所示。

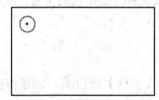
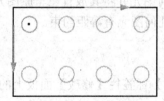
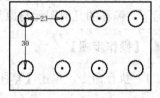

a）选择阵列图元　　　　　　b）选取阵列方向　　　　　　c）完成矩形阵列

图3-56 矩形阵列过程

【选项说明】

➤ 抑制：抑制单个阵列元素，将其从阵列中删除，同时该几何图元将转换为构造几何图元。

➤ 关联：勾选此复选框，当修改零件时，会自动更新阵列。

➤ 范围：勾选此复选框，则阵列元素均匀分布在指定间距范围内。取消复选框的勾选，阵列间距将取决于两元素之间的间距。

2．环形阵列

【操作步骤】

1）执行命令。单击【草图】标签栏【阵列】面板上的【环形阵列】按钮，打开【环形阵列】对话框，如图3-57所示。

2）选择阵列图元。利用几何图元选择工具  几何图元 选择要阵列的草图几何图元，如图 3-58a 所示。

3）选择旋转方向。利用旋转方向选择工具选择旋转方向，如果要选择相反的旋转方向（如顺时针方向变逆时针方向排列），可单击【反向】按钮 ，如图 3-58b 所示。

图3-57　【环形阵列】对话框

4）设置阵列参数。选择好旋转方向之后，再输入要复制的几何图元的个数 6 以及旋转的角度 360 deg 即可。

5）完成阵列。单击【确定】按钮完成环形阵列特征的创建，结果如图 3-58c 所示。

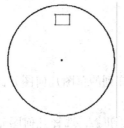
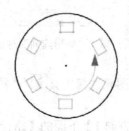
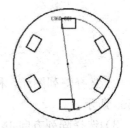

a）选择阵列图元　　　　　　b）选取阵列方向　　　　　　c）完成环形阵列

图3-58　环形阵列过程

3.5.5　偏移

偏移是指复制所选草图几何图元并将其放置在与原图元偏移一定距离的位置。在默认情况下，偏移的几何图元与原几何图元有等距约束。

【操作步骤】

1）执行命令。单击【草图】标签栏【修改】面板上的【偏移】按钮 ，创建偏移图元。

2）选择图元。在视图中选择要复制的草图几何图元，如图 3-59a 所示。

3）在要放置偏移图元的方向上移动光标，此时可预览偏移生成的图元，如图 3-59b 所示。

4）单击左键以创建新几何图元，即完成偏移，如图 3-59c 所示。

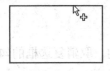
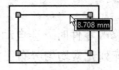
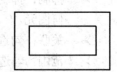

a）选择要偏移的图元　　　　　　b）偏移图元　　　　　　c）完成偏移

图3-59　偏移过程

5）如果需要，可使用尺寸标注工具设置指定的偏移距离。

6）在移动鼠标以预览偏移图元的过程中，如果单击右键，可打开快捷菜单，如图 3-60 所示，在默认情况下，【回路选择】和【约束偏移量】两个选项是选中的，也就是说软件

会自动选择回路（端点连在一起的曲线）并将偏移曲线约束为与原
曲线距离相等。

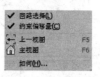

7）如果要偏移一个或多个独立曲线，或要忽略等长约束，清除
【回路选择】和【约束偏移量】选项上的复选标记即可。

图3-60　快捷菜单

3.5.6　延伸

延伸命令用来清理草图或闭合处于开放状态的草图。

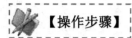

1）单击【草图】标签栏【修改】面板上的【延伸】按钮 ，将曲线延伸到图元上，
如图3-61a所示。

2）将鼠标指针移动到要延伸的曲线上，此时，该功能将所选曲线延伸到最近的相交
曲线上，用户可预览到延伸的曲线，如图3-61b所示。

3）单击左键即可完成延伸，结果如图3-61c所示。

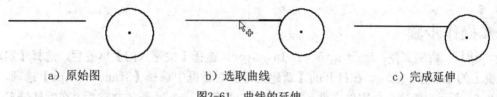

a）原始图　　　　　　　b）选取曲线　　　　　　c）完成延伸

图3-61　曲线的延伸

4）曲线延伸以后，在延伸曲线和边界曲线端点处创建重合约束。如果曲线的端点具
有固定约束，那么该曲线不能延伸。

3.5.7　修剪

修剪将选中曲线修剪到与最近曲线的相交处。该工具可在二维草图、部件和工程图中
使用。在一个具有很多相交曲线的二维图环境中，该工具可很好地除去多余的曲线部分，
使得图形更加整洁。

1）单击【草图】标签栏【修改】面板中的【修剪】按钮 ，修剪多余线段。

2）将鼠标指针移动到要修剪的曲线上，此时将被修改的曲线变成虚线，如图 3-62a
所示。

3）单击左键则曲线被删除，如图3-62b所示。

在曲线中间进行选择会影响离光标最近的端点。可能有多个交点时，将选择最近的一
个。在修剪操作中，删除掉的是光标下面的部分。

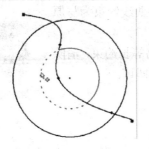 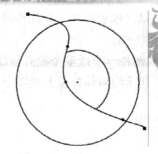

a）选取要修剪的曲线　　　　　　　　b）完成修剪

图3-62　曲线的修剪

3.6　综合实例——底座草图

思路分析

本节主要通过具体实例讲解草图绘制和编辑工具的综合使用方法。底座草图如图 3-63 所示。

操作步骤

01 新建文件。运行 Autodesk Inventor，选择【快速入门】标签栏，选择【启动】面板上的【新建】选项，在打开的【新建文件】对话框中选择【Standard.ipt】选项，如图 3-64 所示；新建一个零件文件，将其命名为"底座.ipt"。新建文件后，在默认情况下，进入系统自动建立的草图中。

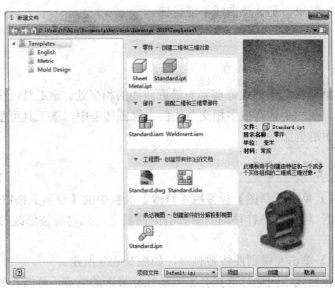

图3-63　底座草图　　　　　　　　图3-64　【新建文件】对话框

02 绘制中心线。单击【草图】标签栏【格式】面板中的【中心线】按钮 ，再单击【草图】标签栏【创建】面板中的【直线】按钮 ，绘制一条水平中心线，如图 3-65

所示。

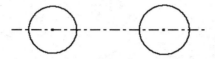

图3-65 绘制中心线

03 绘制圆 1。单击【草图】标签栏【创建】面板中的【圆】按钮⊙，在中心线上绘制两个圆，如图 3-66 所示。

图3-66 绘制圆1

04 绘制同心圆。单击【草图】标签栏【创建】面板中的【圆】按钮⊙，绘制与上步同心的圆，如图 3-67 所示。

05 绘制直线。单击【草图】标签栏【创建】面板中的【直线】按钮✓，沿着右侧大圆顶部绘制与左侧大圆相交的切线，然后连接大圆顶端端点，如图 3-68 所示。

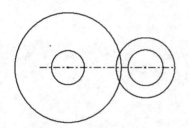

图3-67 绘制圆2

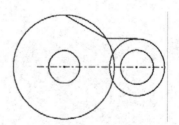

图3-68 绘制直线

06 镜像直线。单击【草图】标签栏【阵列】面板上的【镜像】按钮🔲，弹出如图 3-69 所示的【镜像】对话框；镜像刚绘制的两根直线，选择中心线为镜像轴线，如图 3-70 所示。

图3-69 【镜像】对话框

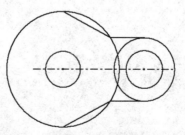

图3-70 镜像直线

07 修剪草图。单击【草图】标签栏【修改】面板中的【修剪】按钮✂，剪裁草图实体中多余的线条，结果如图 3-71 所示。

08 倒圆角。单击【草图】标签栏【创建】面板中的【圆角】按钮🔲，弹出如图 3-72 所示的"二维圆角"对话框，输入适当的圆角半径，在视图中选择步骤 **05** 和 **06** 创建的直线进行圆角，结果如图 3-73 所示。

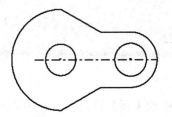

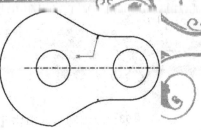

图3-71　剪裁多余的线条　　　图3-72　【二维圆角】对话框　　　图3-73　绘制圆角

第4章

草图的尺寸标注和几何约束

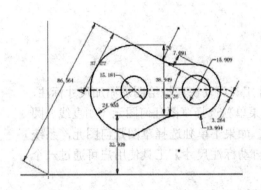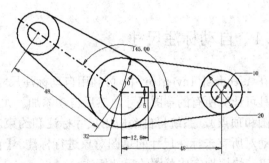

　　草图绘制完成以后，在特征建模之前需要标注草图尺寸。只有标注了草图尺寸，才能准确地确定草图实体自身和相互间的尺寸关系。

　　本章将介绍如何添加用于确定草图实体之间以及草图实体与工作平面、工作轴、边线或顶点之间的几何关系。

- ■ 标注尺寸
- ■ 草图几何约束
- ■ 综合实例——曲柄草图

4.1 标注尺寸

给草图添加尺寸标注是草图设计过程中非常重要的一步。草图几何图元需要尺寸信息来保持大小和位置，以满足设计意图的需要。一般情况下，Autodesk Inventor 中的所有尺寸都是参数化的，这意味着用户可通过修改尺寸来更改已进行标注的项目大小，也可将尺寸指定为计算尺寸，它反映了项目的大小却不能用来修改项目的大小。向草图几何图元添加参数尺寸的过程也是用来控制草图中对象的大小和位置的约束的过程。在 Autodesk Inventor 中，如果对尺寸值进行更改，则草图也将自动更新，基于该草图的特征也会自动更新。

4.1.1 自动标注尺寸

在 Autodesk Inventor 中，可利用自动标注尺寸工具自动快速地给图形添加尺寸标注，该工具可计算所有的草图尺寸，然后自动添加。如果单独选择草图几何图元（如直线、圆弧、圆和顶点），系统将自动应用尺寸标注和约束。如果不单独选择草图几何图元，系统将自动对所有未标注尺寸的草图对象进行标注。【自动标注尺寸】工具使用户可通过一个步骤迅速快捷地完成草图的尺寸标注。

通过【自动标注尺寸】工具，用户可完全标注和约束整个草图；可识别特定曲线或整个草图，以便进行约束；可仅创建尺寸标注或约束，也可同时创建两者；可使用【尺寸】工具来提供关键的尺寸，然后使用【自动尺寸和约束】工具来完成对草图的约束；在复杂的草图中，如果不能确定缺少哪些尺寸，可使用【自动尺寸和约束】工具来完全约束该草图，用户也可删除自动尺寸标注和约束。

【操作步骤】

1）要标注尺寸的草图图形如图 4-1 所示。单击【草图】标签栏【约束】面板中的【自动尺寸和约束】按钮 ✍，打开如图 4-2 所示的【自动标注尺寸】对话框。

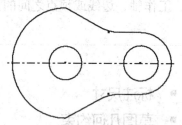

图4-1 要标注尺寸的草图图形　　图4-2 【自动标注尺寸】对话框

2）选择要标注尺寸的曲线。

3）如果【尺寸】和【约束】选项都选中，那么对所选的几何图元应用自动尺寸和约束。 ![12 所需尺寸] 显示要完全约束草图所需的约束和尺寸的数量。如果从方案中排除了约束或尺寸，则在显示的总数中也会减去相应的数量。

4）单击【应用】按钮，即可完成几何图元的自动标注。

5）单击【删除】按钮则从所选的几何图元中删除尺寸和约束。标注完毕的草图如图 4-3 所示。

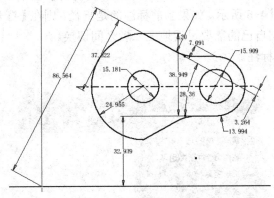

图4-3 标注完毕的草图

4.1.2 手动标注尺寸

虽然自动标注尺寸功能强大，省时省力，但是很多设计人员在实际工作中仍采用手动标注尺寸。手动标注尺寸的一个优点就是可很好地体现设计思路，设计人员可选择在标注过程中体现重要的尺寸，以便于加工人员更好地掌握设计意图。

1. 线性尺寸标注

线性尺寸标注用来标注线段的长度，或标注两个图元之间的线性距离，如点和直线的距离。

【操作步骤】

1）单击【草图】标签栏【约束】面板上的【尺寸】按钮，然后选择图元即可。

2）要标注一条线段的长度，单击该线段即可。

3）要标注平行线之间的距离，分别单击这两条线即可。

4）要标注点到点或点到线的距离，单击这两个点或该点与线即可。

5）移动鼠标预览标注尺寸的方向，最后单击左键以完成标注。图 4-4 所示为线性尺寸标注的几种样式。

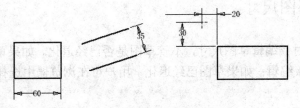

图4-4 线性尺寸标注样式

2. 圆弧尺寸标注

【操作步骤】

1）单击【草图】标签栏【约束】面板上的【尺寸】按钮，然后选择要标注的圆或

圆弧，这时会出现标注尺寸的预览。

2）如果当前选择标注半径，那么单击右键，在【打开】菜单中可看到【直径】选项，选择可标注直径，如图 4-5 所示。如果当前标注的是直径，则在【打开】菜单中会出现【半径】选项。读者可根据自己的需要灵活地在二者之间切换。

3）单击左键完成标注。

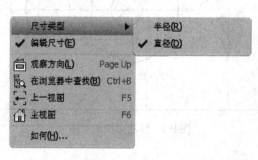

图4-5　圆弧尺寸标注

3．角度标注

角度标注可标注相交线段形成的夹角，也可标注不共线的三个点之间的角度，也可对圆弧形成的角进行标注，标注的时候只要选择好形成角的元素即可。

1）如果要标注相交直线的夹角，只要依次选择这两条直线即可。

2）要标注不共线的三个点之间的角度，依次选择这三个点即可。

3）要标注圆弧的角度，只要依次选取圆弧的一个端点、圆心和圆弧的另外一个端点即可。

图 4-6 所示为角度标注范例。

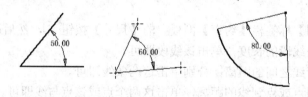

图4-6　角度标注范例

4.1.3　编辑草图尺寸

用户可在任何时候编辑草图尺寸，不管草图是否已经退化。如果草图未退化，它的尺寸是可见的，可直接编辑；如果草图已经退化，用户可在浏览器中选择该草图并将其激活进行编辑。

【操作步骤】

1）在草图绘制环境中双击要修改的尺寸数值，如图 4-7a 所示。

2）打开【编辑尺寸】对话框，直接在数据框里输入新的尺寸数据，如图 4-7b 所示。

3）在对话框中单击 接受新的尺寸，结果如图 4-7c 所示。

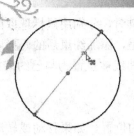  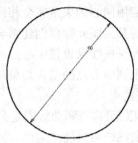

　　a）选取尺寸并双击　　　b）输入新的尺寸　　　c）修改后的图形

图4-7　编辑尺寸

4.2　草图几何约束

　　在草图几何图元绘制完毕以后，往往需要对草图进行约束，如约束两条直线平行或垂直，约束两个圆同心等。

　　约束的目的就是保持图元之间的某种固定关系，这种关系不受被约束对象的尺寸或位置因素的影响。如在设计开始时绘制一条直线和一个圆相切，当圆的尺寸或位置在设计过程中发生改变时，这种相切关系将不会自动维持，但是如果给直线和圆添加了相切约束，则无论圆的尺寸和位置怎么改变，这种相切关系都会始终维持下去。

4.2.1　添加草图几何约束

　　1. 重合约束

　　重合约束 可将两点约束在一起或将一个点约束到曲线上。当此约束被应用到两个圆、圆弧或椭圆的中心点时，得到的结果与使用同心约束相同。使用时，分别用鼠标选取两个或多个要施加约束的几何图元即可创建重合约束。这里的几何图元要求是两个点或个点和一条线。

　　创建重合约束时需要注意：

　　1）约束在曲线上的点可能会位于该线段的延伸线上。

　　2）重合在曲线上的点可沿线滑动，因此这个点可位于曲线的任意位置，除非其他约束或尺寸阻止它移动。

　　3）当使用重合约束来约束中点时，将创建草图点。

　　4）如果两个要进行重合约束的几何图元都没有其他位置，则添加约束后二者的位置由第一条曲线的位置决定。

　　2. 共线约束

　　共线约束 可使两条直线或椭圆轴位于同一条直线上。使用该约束工具时，分别用鼠标选取两个或多个要施加约束的几何图元即可创建共线约束。如果两个几何图元都没有添加其他位置约束，则由所选的第一个图元的位置来决定另一个图元的位置。

　　3. 同心约束

　　同心约束 可将两段圆弧、两个圆或椭圆约束为具有相同的中心点，其结果与在曲线

71

的中心点上应用同心约束是完全相同的。使用该约束工具时，分别用鼠标选取两个或多个要施加约束的几何图元即可创建重合约束。需要注意的是，添加约束后的几何图元的位置由所选的第一条曲线来设置中心点，未添加其他约束的曲线被重置为与已约束曲线同心，其结果与应用到中心点的重合约束是相同的。

4．固定约束

固定约束🔒可将点和曲线固定到相对于草图坐标系的位置。如果移动或转动草图坐标系，则固定曲线或点将随之运动。固定约束将点相对于草图坐标系固定。

5．平行约束

平行约束∥将两条或多条直线（或椭圆轴）约束为互相平行。使用时，分别用鼠标选取两个或多个要施加约束的几何图元即可创建平行约束。

6．垂直约束

垂直约束✓可使所选的直线、曲线或椭圆轴相互垂直。使用时，分别用鼠标选取两个要施加约束的几何图元即可创建垂直约束。需要注意的是，要对样条曲线添加垂直约束，约束必须应用于样条曲线和其他曲线的端点处。

7．水平约束

水平约束━可使直线、椭圆轴或成对的点平行于草图坐标系的 X 轴，添加了该几何约束后，几何图元的两点（如线的端点、中心点、中点或点等）被约束到与 X 轴相等距离。使用该约束工具时，分别用鼠标选取两个或多个要施加约束的几何图元即可创建水平约束，这里的几何图元是直线、椭圆轴或成对的点。注意：要快速使几条直线或轴水平，可先选择它们，然后单击【水平约束】工具。

8．竖直约束

竖直约束┃可使直线、椭圆轴或成对的点平行于草图坐标系的 Y 轴，添加了该几何约束后，几何图元的两点（如线的端点、中心点、中点或点等）被约束到与 Y 轴相等距离。使用该约束工具时分别用鼠标选取两个或多个要施加约束的几何图元即可创建竖直约束。这里的几何图元是直线、椭圆轴或成对的点。注意：要快速使几条直线或轴竖直，可先选择它们，然后单击【竖直约束】工具。

9．相切约束

相切约束◯可将两条曲线约束为彼此相切，即使它们并不实际共享一个点（在二维草图中）。相切约束通常用于将圆弧约束到直线，也可使用相切约束指定如何约束与其他几何图元相切的样条曲线。在三维草图中，相切约束可应用到三维草图中的其他几何图元共享端点的三维样条曲线，包括模型边。使用时，分别用鼠标选取两个或多个要施加约束的几何图元即可创建相切约束，这里的几何图元是直线和圆弧、直线和样条曲线、圆弧和样条曲线等。

10．平滑约束

平滑约束⌒可在样条曲线和其他曲线（如线、圆弧或样条曲线）之间创建曲率连续的曲线。

11．对称约束

对称约束[]可将使所选直线或曲线或圆相对于所选直线对称。应用这种约束时，约束到所选几何图元的线段也会重新确定方向和大小。使用该约束工具时，依次用鼠标选取两条直线或曲线或圆，然后选择它们的对称直线即可创建对称约束。注意：如果删除对称直线，将随之删除对称约束。

12．等长

等长——可将所选的圆弧和圆调整到具有相同半径，或将所选的直线调整到具有相同的长度。使用该约束工具时，分别用鼠标选取两个或多个要施加约束的几何图元即可创建等长约束。这里的几何图元是直线、圆弧和圆。需要注意的是，要使几个圆弧或圆具有相同半径或使几条直线具有相同长度，可同时选择这些几何图元，接着单击【等长约束】工具。

4.2.2　显示和删除草图几何约束

1．显示所有几何约束

在给草图添加几何约束以后，默认情况下这些约束是不显示的，但是用户可自行设定是否显示约束。如果要显示全部约束，可在草图绘图区域内单击右键，在弹出的如图 4-8 所示的快捷菜单中选择【显示所有约束】选项；相反，如果要隐藏全部约束，则在快捷菜单中选择【隐藏所有约束】选项。

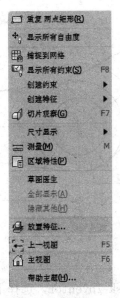

图4-8　快捷菜单

2．显示单个几何约束

单击【草图】标签栏【约束】面板上的【显示约束】按钮，在草图绘图区域选择某几何图元，则该几何图元的约束会显示，如图 4-9 所示。当鼠标位于某个约束符号的上方时，与该约束有关的几何图元会变为红色，以方便用户观察和选择。在显示约束的小窗口右部有一个关闭按钮，单击可关闭该约束窗口。另外，还可用鼠标移动约束显示窗口，用户可把它拖放到任何位置。

3．删除某个几何约束

在约束符号上单击右键，在弹出的快捷菜单中选择【删除】选项可删除约束。如果多条曲线共享一个点，则每条曲线上都显示一个重合约束。如果在其中一条曲线上删除该约束，此曲线将可被移动，其他曲线仍保持约束状态，除非删除所有重合约束。

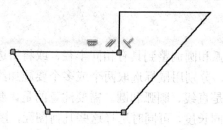

图4-9　显示对象的几何约束

4.3　综合实例——曲柄草图

思路分析

本例绘制的曲柄草图如图 4-10 所示。首先绘制中心线，然后绘制圆和直线并添加几何约束，最后标注尺寸。

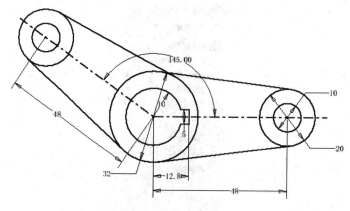

图4-10　曲柄草图

操作步骤

01 新建文件。运行 Autodesk Inventor，选择【快速入门】标签栏，选择【启动】面板上的【新建】选项，在打开的【新建文件】对话框中选择【Standard.ipt】选项，新建一个零件文件，命名为"曲柄.ipt"。新建文件后，在默认情况下，进入系统自动建立的草图中。

02 绘制中心线。单击【草图】标签栏【格式】面板中的【中心线】按钮 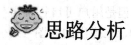，再单击【草图】标签栏【创建】面板中的【直线】按钮，绘制斜的和水平的中心线，如图4-11 所示。再次单击【草图】标签栏【格式】面板中的【中心线】按钮，取消中心线的绘制。

03 绘制圆。单击【草图】标签栏【创建】面板中的【圆】按钮，绘制如图 4-12所示的圆。

04 绘制直线。单击【草图】标签栏【创建】面板中的【直线】按钮，绘制四条直线，如图 4-13 所示。

05 添加几何约束。单击【草图】标签栏【约束】面板中的【相等约束】按钮 ，将两端的圆添加相等关系；单击【草图】标签栏【约束】面板中的【相切约束】按钮 ，将两边直线与圆添加相切关系，如图 4-14 所示。

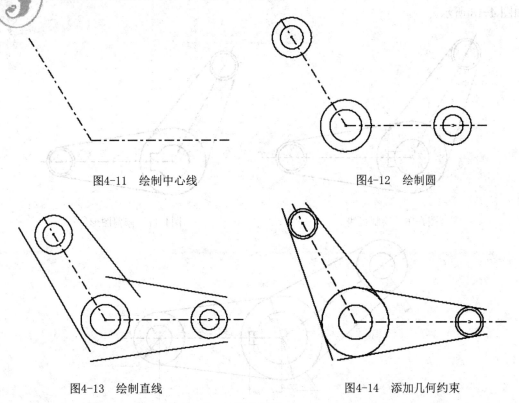

图4-11 绘制中心线   图4-12 绘制圆

图4-13 绘制直线   图4-14 添加几何约束

06 修剪图形。单击【草图】标签栏【修改】面板中的【修剪】按钮 ，修剪多余的线段，结果如图 4-15 所示。

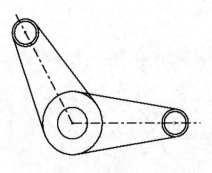

图4-15 修剪图形

07 绘制直线。单击【草图】标签栏【创建】面板中的【直线】按钮 ，绘制直线，如图 4-16 所示。

08 添加几何约束。单击【草图】标签栏【约束】面板中的【对称约束】按钮 ，将上步绘制的两条水平直线和水平中心线添加对称关系。

09 修剪图形。单击【草图】标签栏【修改】面板中的【修剪】按钮，修剪多余的线段，结果如图 4-17 所示。

10 标注尺寸。单击【草图】标签栏【约束】面板中的【尺寸】按钮，标注尺寸，如图 4-18 所示。

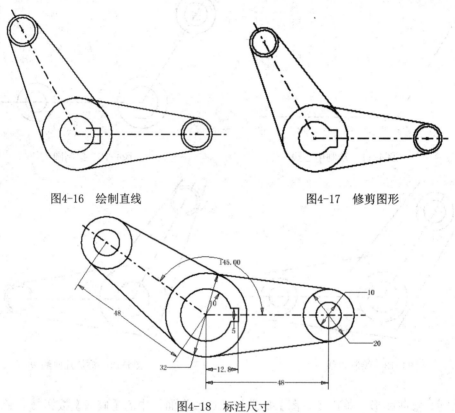

图4-16　绘制直线　　　　　　　　　　图4-17　修剪图形

图4-18　标注尺寸

第5章

基于草图的特征

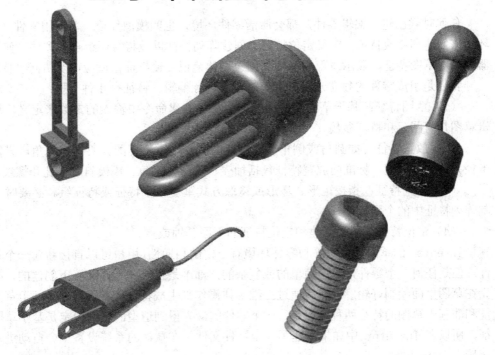

在 Autodesk Inventor 中，有一些特征是必须要首先创建草图然后才可以创建的，如拉伸特征首先必须在草图中绘制拉伸的截面形状，否则就无法创建该特征，这样的特征称之为基于草图的特征。

- 模型环境
- 拉伸
- 旋转
- 扫掠
- 放样
- 螺旋扫掠
- 凸雕

5.1 模型环境

本节主要介绍进入模型环境的过程以及模型环境的组成。

5.1.1 模型环境概述

任何时候创建或编辑零件，都会激活零件环境，也叫模型环境。可使用零件（模型）环境来创建和修改特征、定义定位特征、创建阵列特征以及将特征组合为零件。使用浏览器可编辑草图特征、显示或隐藏特征、创建设计笔记、使特征自适应以及访问"特性"。

特征是组成零件的独立元素，可随时对其进行编辑。特征有 4 种类型：

（1）草图特征：基于草图几何图元，由特征创建命令中输入的参数来定义。用以编辑草图几何图元和特征参数。

（2）放置特征：如圆角或倒角，在创建的时候不需要草图。要创建圆角，只需输入半径并选择一条边。标准的放置特征包括抽壳、圆角、倒角、拔模斜度、孔和螺纹。

（3）阵列特征：指按矩形、环形或镜像方式重复多个特征或特征组。必要时，以抑制阵列特征中的个别特征。

（4）定位特征：用于创建和定位特征的平面、轴或点。

Inventor 的草图环境似乎与零件环境有一定的相通性，用户可以直接新建一个草图文件。但是任何一个零件，无论简单的或复杂的，都不是直接在零件环境下创建的，必须首先在草图里面绘制好轮廓，然后通过三维实体操作来生成特征。特征可分为基于草图的特征和非基于草图的特征两种。但是，一个零件的最先得到造型的特征一定是基于草图的特征，所以在 Inventor 中如果新建了一个零件文件，在默认的系统设置下会自动进入草图环境。

5.1.2 进入零件建模环境

1）运行 Autodesk Inventor，选择【快速入门】标签栏，选择【启动】面板上的【新建】选项，在打开的【新建文件】对话框（见图 5-1）中选择【Standard. ipt】选项。

2）新建文件后，在默认情况下，进入系统自动建立的草图中。

3）在草图环境中绘制好草图后，单击【草图】标签中的【完成

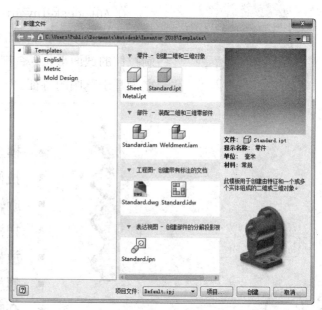

图5-1 "新建文件"对话框

草图】选项✓，则进入到模型环境下。

5.1.3　模型环境的组成部分

模型环境下的工作界面由主菜单栏、快速工具栏、功能区（上部）、浏览器（左部）以及绘图区域等组成。模型功能区如图 5-2 所示。

图5-2　模型功能区

5.2　拉伸

拉伸特征是通过草图截面轮廓添加深度的方式创建的特征。在零件的造型环境中，拉伸用来创建实体或切割实体；在部件的造型环境中，拉伸通常用来切割零件。特征的形状由截面形状、拉伸范围和扫掠斜角三个要素来控制。

5.2.1　拉伸特征选项说明

单击【三维模型】标签栏【创建】面板上的【拉伸】按钮▣，打开【拉伸】对话框，如图 5-3 所示。

1．截面轮廓形状

进行拉伸操作的第一个步骤就是利用【拉伸】对话框上的【截面轮廓】选择工具▣选择截面轮廓。在选择截面轮廓时，可以选择多种类型的截面轮廓创建拉伸特征：

1）可选择单个截面轮廓，系统会自动选择该截面轮廓。

2）可选择多个截面轮廓，如图 5-4 所示。

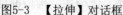
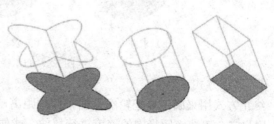

图5-3　【拉伸】对话框　　　　　　　　图5-4　选择多个界面轮廓

3）要取消某个截面轮廓的选择，按下 Ctrl 键，然后单击要取消的截面轮廓即可。

4）可选择嵌套的截面轮廓，如图 5-5 所示。

5）还可选择开放的截面轮廓，该截面轮廓将延伸它的两端直到与下一个平面相交，拉伸操作将填充最接近的面，并填充周围孤岛（如果存在）。这种方式对部件拉伸来说是不可用的，它只能形成拉伸曲面，如图 5-6 所示。

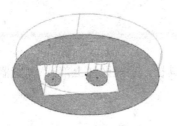

图5-5　选择嵌套的截面轮廓　　　　　　　图5-6　形成拉伸曲面

2．输出方式

拉伸操作提供两种输出方式，即实体和曲面。选择 ⬚ 可将一个封闭的截面形状拉伸成实体，选择 ⬚ 可将一个开放的或封闭的截面形状拉伸成曲面。图 5-7 所示为将封闭曲线和开放曲线拉伸成曲面的示意图。

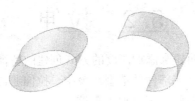

图5-7　将封闭曲线和开放曲线拉伸成曲面

3．布尔操作

（1）求并 ⬚：将拉伸特征产生的体积添加到另一个特征上去，二者合并为一个整体，如图 5-8a 所示。

（2）求差 ⬚：从另一个特征中去除由拉伸特征产生的体积，如图 5-8b 所示。

（3）求交 ⬚：将拉伸特征和其他特征的公共体积创建为新特征，未包含在公共体积内的材料被全部去除，如图 5-8c 所示。

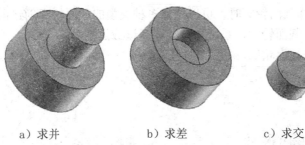

a）求并　　　　　　b）求差　　　　　c）求交

图5-8　布尔操作

4．终止方式

终止方式用来确定要把轮廓截面拉伸的距离，也就是说要把截面拉伸到什么范围才停止。用户完全可决定用指定的深度进行拉伸，或使拉伸终止到工作平面、构造曲面或零件面（包括平面、圆柱面、球面或圆环面）。在 Autodesk Inventor 中提供了 5 种终止方式：

（1）距离：是系统的默认方法，它需要指定起始平面和终止平面之间建立拉伸的深度。在该方式下，需要在拉伸深度文本框中输入具体的深度数值。数值可有正负，正值代表拉伸方向为正方向。⬚ 方向 1 拉伸、⬚ 方向 2 拉伸、⬚ 对称拉伸和 ⬚ 不对称拉伸如图

5-9 所示。

方向1　　　　　方向2　　　　　对称　　　　　不对称

图5-9　4种方向的拉伸

（2）到表面或平面：需要用户选择下一个可能的表面或平面，以指定的方向终止拉伸。可拖动截面轮廓使其反向拉伸到草图平面的另一侧。

（3）到：对于零件拉伸来说，需要选择终止拉伸的面或平面。可在所选面上或在终止平面延伸的面上终止零件特征。对于部件拉伸，选择终止拉伸的面或平面，可选择位于其他零部件上的面和平面。创建部件拉伸时，所选的面或平面必须位于相同的部件层次，也就是说 A 部件的零件拉伸只能选择 A 部件的子零部件的平面作为参考。选择终止平面后，如果终止选项不明确，可使用【其他】选项卡中的选项指定为特定的方式。

（4）介于两面之间：对于零件拉伸来说，需要选择终止拉伸的起始和终止面或平面；对于部件拉伸来说，也需选择终止拉伸的面或平面，可选择位于其他零部件上的面和平面，但是所选的面或平面必须位于相同的部件层次。

（5）贯通：可使拉伸特征在指定方向上贯通所有特征和草图拉伸截面轮廓。可通过拖动截面轮廓的边，将拉伸反向到草图平面的另一端。

5．匹配形状

如果选择了【匹配形状】选项，将创建填充类型操作，将截面轮廓的开口端延伸到公共边或面，所需的面将被缝合在一起，以形成与拉伸实体的完整相交。如果取消选择【匹配形状】选项，则通过将截面轮廓的开口端延伸到零件，并通过包含由草图平面和零件的交点定义的边，来消除开口端之间的间隙，来闭合开放的截面轮廓，按照指定闭合截面轮廓的方式来创建拉伸。

6．拉伸角度

对于所有终止方式类型，都可为拉伸（垂直于草图平面）设置最大为180º 的拉伸斜角，拉伸斜角在两个方向对等延伸。如果指定了拉伸斜角，图形窗口中会有符号显示拉伸斜角的固定边和方向，如图 5-10 所示。

使用拉伸斜角功能的一个常用用途就是创建锥形。要在一个方向上使特征变成锥形，需要在创建拉伸特征时使用【锥度】文本框为特征指定拉伸斜角。在指定拉伸斜角时，正角表示实体沿拉伸矢量增加截面面积，负角则相反，如图 5-11 所示。对于嵌套截面轮廓来说，正角导致外回路增大，内回路减小，负角也是相反。

基本体素中的长方体和圆柱体是拉伸特征中的特例，在创建长方体或圆柱体时，选择创建草图平面后，自动创建草图并执行拉伸过程创建长方体或圆柱体。

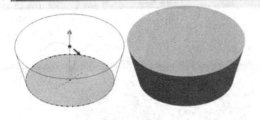  

正拉伸斜角　　　　　负拉伸斜角

图5-10　拉伸斜角　　　　　　　　　图5-11　不同拉伸角度时的拉伸结果

5.2.2　实例——机械臂大臂

思路分析

本例绘制的机械臂大臂，如图 5-12 所示。首先绘制草图，然后通过各种拉伸形式完成大臂的创建。

操作步骤

01 新建文件。运行 Autodesk Inventor，选择【快速入门】标签栏，选择【启动】面板上的【新建】选项，在打开的【新建文件】对话框中选择【Standard.ipt】选项，新建一个零件文件，命名为"大臂.ipt"。

02 创建草图。单击【三维模型】标签栏【草图】面板上的【开始创建二维草图】按钮，选择 XY 平面为草图绘制面，进入草图绘制环境。单击【草图】标签栏【创建】面板中的【矩形】按钮，绘制正方形。单击【约束】面板中的【尺寸】按钮，标注尺寸，如图 5-13 所示。单击【草图】标签上的【完成草图】按钮，退出草图环境。

 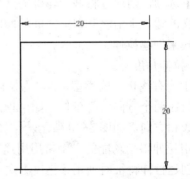

图5-12　机械臂大臂　　　　　　　　　图5-13　绘制草图

03 创建拉伸体。单击【三维模型】标签栏【创建】面板上的【拉伸】按钮，打开【拉伸】对话框，由于草图中只有图 5-13 中所示的一个截面轮廓，所以自动被选取为拉伸截面轮廓，将拉伸距离设置为 5mm，如图 5-14 所示。单击【确定】按钮完成拉伸。

04 创建工作平面。单击【三维模型】标签栏【定位特征】面板上的【工作平面】

按钮 ，选取拉伸体的外表面，拖动面，输入偏移距离为-10mm，如图 5-15 所示。单击 按钮，创建工作平面，如图 5-16 所示。

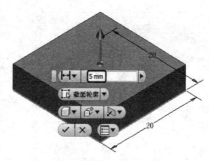

图5-14　【拉伸】对话框和拉伸预览

05 创建草图。在浏览器的工作平面 1 上单击鼠标右键，打开如图 5-17 所示的快捷菜单，选择【新建草图】选项，进入草图绘制环境。单击【草图】标签栏【创建】面板中的【矩形】按钮 和【圆角】按钮 ，绘制草图。单击【约束】面板中的【尺寸】按钮 ，标注尺寸，如图 5-18 所示。单击【草图】标签上的【完成草图】按钮 ，退出草图环境。

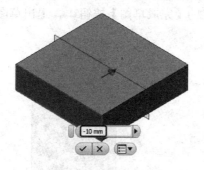

图5-15　创建工作平面预览

图5-16　创建工作平面

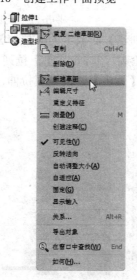

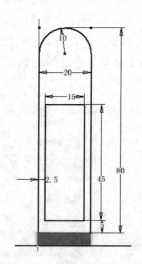

图5-17　快捷菜单

图5-18　绘制草图及标注尺寸

06 创建拉伸体。单击【三维模型】标签栏【创建】面板上的【拉伸】按钮 ，打开【拉伸】对话框，选取上步绘制的草图为拉伸截面轮廓，将拉伸距离设置为 5mm，单击【对称】按钮，如图 5-19 所示。单击【确定】按钮完成拉伸，结果如图 5-20 所示。

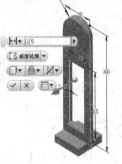

图5-19 "拉伸"对话框和预览   图5-20 创建拉伸体

07 创建草图。在视图中的拉伸体表面上单击鼠标，在打开的选项中选择【创建草图】选项，如图 5-21 所示，进入草图绘制环境。单击【草图】标签栏【创建】面板中的【圆】按钮，在圆心位置绘制直径为 8mm 的圆。单击【约束】面板中的【尺寸】按钮，标注尺寸，如图 5-22 所示。单击【草图】标签上的【完成草图】按钮，退出草图环境。

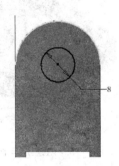

图5-21 选择"创建草图"选项   图5-22 绘制圆

08 切除拉伸。单击【三维模型】标签栏【创建】面板上的【拉伸】按钮，打开【拉伸】对话框，选取上步绘制的草图为拉伸截面轮廓，在【范围】下拉列表框中选择【贯通】，单击【求差】按钮，如图 5-23 所示。单击【确定】按钮完成拉伸，结果如图 5-24所示。

图5-23 【拉伸】对话框和预览

09 绘制草图。在浏览器的工作平面 1 上单击右键，在弹出的快捷菜单中选择【新建草图】选项，进入草图绘制环境。单击【草图】标签栏【创建】面板中的【圆】按钮⊘和【直线】按钮／，绘制草图。单击【约束】面板中的【尺寸】按钮▭，标注尺寸，如图 5-25 所示。单击【草图】标签上的【完成草图】按钮✔，退出草图环境。

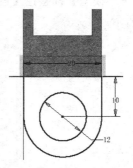

图5-24　创建拉伸体　　　　　　　　　图5-25　绘制草图及标注尺寸

10 创建拉伸体。单击【三维模型】标签栏【创建】面板上的【拉伸】按钮▥，打开【拉伸】对话框，选取上步绘制的草图为拉伸截面轮廓，将拉伸距离设置为 12mm，单击【对称】按钮⊠，如图 5-26 所示。单击【确定】按钮完成拉伸，结果如图 5-27 所示。

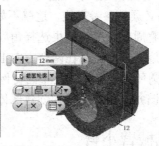

图5-26　"拉伸"对话框和预览　　　　　　　　图5-27　创建拉伸体

5.3　旋转

在 Autodesk Inventor 中可让一个封闭的或不封闭的截面轮廓围绕一根旋转轴来创建旋转特征。如果截面轮廓是封闭的，则创建实体特征；如果是非封闭的，则创建曲面特征，如图 5-28 所示。

图5-28　旋转示意图

5.3.1 旋转特征选项说明

单击【三维模型】标签栏【创建】面板上的【旋转】按钮，打开【旋转】对话框，如图 5-29 所示。

图5-29 【旋转】对话框

可以看到，很多造型的因素和拉伸特征的造型因素相似。这里仅就其中的差异进行介绍。

旋转轴可以是已经存在的直线，也可以是工作轴或构造线。在一些软件如 Pro/Engineer 中，旋转轴必须是参考直线，这就不如 Autodesk Inventor 方便和快捷。旋转特征的终止方式可以是整周或角度，如果选择角度，用户需要自己输入旋转的角度值，还可单击方向箭头以选择旋转方向，或在两个方向上等分输入旋转角度。

基本体素中的球体和圆环体是旋转特征中的特例。在创建球体或圆环体时，选择创建草图平面后，自动创建草图并执行旋转过程创建球体或圆环体。

5.3.2 实例——机械臂小臂

思路分析

本例创建的机械臂小臂如图 5-30 所示。首先绘制草图，然后通过旋转创建小臂主体，再绘制草图，通过拉伸创建其他部分。

操作步骤

01 新建文件。运行 Autodesk Inventor，选择【快速入门】标签栏，选择【启动】面板上的【新建】选项，在打开的【新建文件】对话框中选择【Standard.ipt】选项，新建一个零件文件，命名为"小臂.ipt"。

02 创建草图。单击【三维模型】标签栏【草图】面板上的【开始创建二维草图】按钮，选择 XY 平面为草图绘制面，进入草图绘制环境。单击【草图】标签栏【创建】面板中的【直线】按钮，绘制草图。单击【约束】面板中的【尺寸】按钮，标注尺寸，如图 5-31 所示。单击【草图】标签上的【完成草图】按钮，退出草图环境。

03 创建旋转体。单击【三维模型】标签栏【创建】面板上的【旋转】按钮，打开【旋转】对话框，由于草图中只有图 5-32 所示的一个截面轮廓，所以自动被选取为旋转截面轮廓，选取竖直直线段为旋转轴，如图 5-32 所示。单击【确定】按钮完成旋转，如图 5-33 所示。

图5-30　机械臂小臂

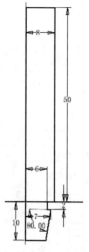

图5-31　绘制草图及标注尺寸

图5-32　【旋转】对话框和预览

图5-33　创建旋转体

04 创建草图。单击【三维模型】标签栏【草图】面板上的【开始创建二维草图】按钮，在浏览器的原始坐标系文件夹下选择 YZ 平面为草图绘制面。单击【草图】标签栏【创建】面板中的【圆】按钮和【直线】按钮，绘制草图。单击【修改】面板中的【修剪】按钮，修剪多余的线段；单击【约束】面板中的【尺寸】按钮，标注尺寸，如图 5-34 所示。单击【草图】标签上的【完成草图】按钮，退出草图环境。

05 创建拉伸体。单击【三维模型】标签栏【创建】面板上的【拉伸】按钮，打开【拉伸】对话框，选取上步绘制的草图为拉伸截面轮廓，将拉伸距离设置为16mm，单击

【对称】按钮![icon]，如图 5-35 所示。单击【确定】按钮完成拉伸。

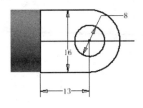

图5-34　绘制草图及标注尺寸

图5-35　【拉伸】对话框和预览

06 创建草图。单击【三维模型】标签栏【草图】面板上的【开始创建二维草图】按钮![icon]，在浏览器的原始坐标系文件夹下选择 YZ 平面为草图绘制面。单击【草图】标签栏【创建】面板中的【矩形】按钮![icon]，绘制草图。单击【约束】面板中的【尺寸】按钮![icon]，标注尺寸，如图 5-36 所示。单击【草图】标签上的【完成草图】按钮![icon]，退出草图环境。

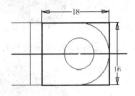

图5-36　绘制草图

07 切除拉伸。单击【三维模型】标签栏【创建】面板上的【拉伸】按钮![icon]，打开【拉伸】对话框，选取上步绘制的草图为拉伸截面轮廓，将拉伸距离设置为5mm，选择【求差】选项，单击【对称】按钮![icon]，如图 5-37 所示。单击【确定】按钮完成拉伸，创建的拉伸体如图 5-38 所示。

08 创建草图。单击【三维模型】标签栏【草图】面板上的【开始创建二维草图】按钮![icon]，在视图中选取如图 5-37 所示的面 1 为草图绘制面。单击【草图】标签栏【创建】面板中的【矩形】按钮![icon]，绘制两个尺寸相同的正方形。单击【约束】面板中的【尺寸】按钮![icon]，标注尺寸，如图 5-39 所示。单击【草图】标签上的【完成草图】按钮![icon]，退出草图环境。

09 创建拉伸体。单击【三维模型】标签栏【创建】面板上的【拉伸】按钮![icon]，打开【拉伸】对话框，选取上步绘制的草图为拉伸截面轮廓，将拉伸距离设置为10mm，如图 5-40 所示。单击【确定】按钮完成拉伸。

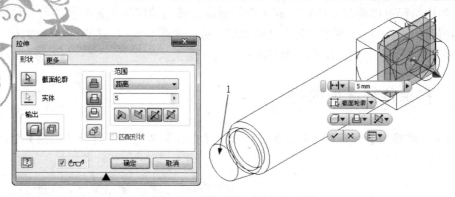

图5-37　【拉伸】对话框及预览

图5-38　创建拉伸体

图5-39　绘制草图

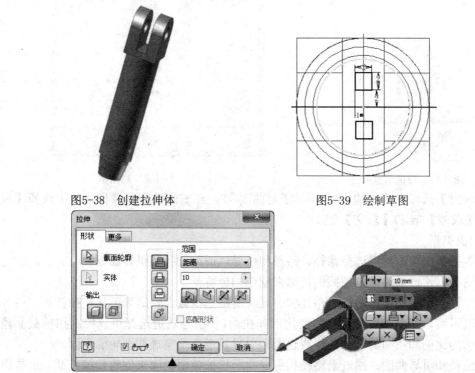

图5-40　【拉伸】对话框和预览

5.4　扫掠

在实际工作中，常常需要创建一些沿着一个不规则轨迹有着相同截面形状的对象，如管道、管路、把手和衬垫凹槽等。Autodesk Invnetor 提供了一个【扫掠】工具来完成此类特征的创建，它通过沿一条平面路径移动草图截面轮廓来创建一个特征。如果截面轮廓是曲线则创建曲面，如果是闭合曲线则创建实体，如图 5-41 所示。

创建扫掠特征最重要的两个要素就是截面轮廓和扫掠路径。

1）截面轮廓可以是闭合的或非闭合的曲线，截面轮廓可嵌套，但不能相交。如果选择多个截面轮廓，按下 Ctrl 键，然后继续选择即可。

2）扫掠路径可以是开放的曲线或闭合的回路，截面轮廓在扫掠路径的所有位置都与扫掠路径保持垂直，扫掠路径的起点必须放置在截面轮廓和扫掠路径所在平面的相交处。扫掠路径草图必须在与扫掠截面轮廓平面相交的平面上。

5.4.1 扫掠特征选项说明

单击【三维模型】标签栏【创建】面板上的【扫掠】按钮，打开【扫掠】对话框如图 5-42 所示。

图5-41 扫掠示意图　　　　　　　　　图5-42 "扫掠"对话框

在【输出】选项中确定输出实体⬜还是曲面⬜。在右侧的布尔操作选项中选择【求并】⬛、【求差】⬛和【求交】⬛。

1．扫掠类型

在【类型】选项中可以选择路径、路径和引导轨道路、径和引导曲面。

➢ 路径：通过沿路径扫掠截面轮廓来创建扫掠特征。

➢ 路径和引导轨道：通过沿路径和引导轨道路扫掠截面轮廓来创建扫掠特征。引导轨道可以控制扫掠截面轮廓的比例和扭曲。 引导轨道选择可以控制扫掠截面轮廓的比例和扭曲的引导曲线或轨道。引导轨道必须穿透截面轮廓平面。

➢ 路径和引导曲面：通过沿路径和引导曲面扫掠截面轮廓来创建扫掠特征。引导曲面可以控制扫掠截面轮廓的扭曲。引导曲面选择一个曲面，该曲面的法向可以控制绕路径扫掠截面轮廓的扭曲。要获得最佳结果，路径应该位于引导曲面上或附近。

2．方向选项

➢ 路径⮀：保持该扫掠截面轮廓相对于路径不变。所有扫掠截面都维持与该路径相关的原始截面轮廓。

➢ 平行⮀：将使扫掠截面轮廓平行于原始截面轮廓。

3．锥度

在【扩展角】文本框中可设置扫掠斜角。扫掠斜角是扫掠垂直于草图平面的斜角。如果指定了扫掠斜角，将有一个符号显示扫掠斜角的固定边和方向，它对于闭合的扫掠路径不可用。角度可正可负，正的扫掠斜角使扫掠特征沿离开起点方向的截面面积增大，负的扫掠斜角使扫掠特征沿离开起点方向的截面面积减小,对于嵌套截面轮廓来说,扫掠斜角的符号(正或负)应用在嵌套截面轮廓的外环,内环为相反的符号。图 5-43 所示为扫掠斜角为 0° 和 5° 时的扫掠结果。

4. 优化单个选择者

勾选【优化单个选择】选项,进行单个选择后,即自动前进到下一个选择器。进行多项选择时清除复选框。

0° 扫掠斜角   5° 扫掠斜角

图5-43 不同扫掠斜角下的扫掠结果

5.4.2 实例——灯泡

思路分析

本例绘制的灯泡如图 5-44 所示。首先绘制草图,然后拉伸创建灯泡头,再绘制扫掠截面和扫描路径,最后通过扫掠创建灯管。

图5-44 灯泡

操作步骤

01 新建文件。运行 Autodesk Inventor,选择【快速入门】标签栏,选择【启动】面板上的【新建】选项,在打开的【新建文件】对话框中选择【Standard.ipt】选项,新建一个零件文件,命名为 "灯泡.ipt"。

02 创建草图。单击【三维模型】标签栏【草图】面板上的【开始创建二维草图】按钮 ,选择 XY 平面为草图绘制面,进入草图绘制环境。单击【草图】标签栏【创建】面板中的【直线】按钮 ,绘制大体轮廓草图。单击【创建】面板中的【圆角】按钮 ,对草图进行倒圆角;单击【约束】面板中的【尺寸】按钮 ,标注尺寸,如图 5-45 所示。单击【草图】标签上的【完成草图】按钮 ,退出草图环境。

03 创建旋转体。单击【三维模型】标签栏【创建】面板上的【旋转】按钮 ,打开【旋转】对话框，选取上步创建的截面为旋转截面轮廓，选取竖直线段为旋转轴，如图5-46 所示。单击【确定】按钮完成旋转，创建的旋转体如图5-47所示。

04 创建扫掠截面草图。单击【三维模型】标签栏【草图】面板上的【开始创建二维草图】按钮，在视图中选择如图5-47所示的面1为草图绘制面。单击【草图】标签栏【创建】面板中的【圆】按钮，绘制草图；单击【约束】面板中的【尺寸】按钮，标注尺寸，如图5-48所示。单击【草图】标签上的【完成草图】按钮，退出草图环境。

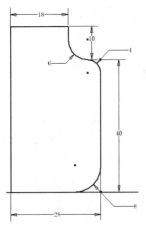

图5-45　绘制草图及标注尺寸　　　　　　　　　　图5-46　【旋转】对话框及预览

05 创建工作平面。单击【三维模型】标签栏【定位特征】面板上的【工作平面】按钮，在浏览器原始坐标系文件夹下选取 XY 平面为参考面，在视图中选取上步创建的圆的圆心为参考点，创建工作平面，如图5-49所示。

图5-47　创建旋转体　　　　图5-48　绘制扫掠截面及标注尺寸　　　　图5-49　创建工作平面

06 创建扫掠路径草图。单击【三维模型】标签栏【草图】面板上的【开始创建二维草图】按钮，在视图中选择工作平面为草图绘制面。单击【草图】标签栏【创建】面板中的【直线】按钮和【三点圆弧】按钮，绘制草图；单击【约束】面板中的【尺寸】按钮，标注尺寸，如图5-50所示。单击【草图】标签上的【完成草图】按钮，退出草图环境。

07 创建灯管。单击【三维模型】标签栏【创建】面板上的【扫掠】按钮，打开【扫掠】对话框，在视图中选取圆为截面轮廓，选取上步创建的草图为扫掠路径，如图5-51所示，单击【确定】按钮完成扫掠，结果如图5-52所示。

图5-50 绘制扫掠路径及标注尺寸   图5-51 【扫掠】对话框及预览

重复步骤 **05** 和 **07** ，创建另一侧的灯管，结果如图 5-53 所示。

图5-52 扫掠创建灯管   图5-53 创建另一侧灯管

5.5 放样

放样特征是通过光滑过渡两个或更多工作平面或平面上的截面轮廓的形状而创建的，它常用来创建一些具有复杂形状的零件，如塑料模具或铸模的表面，如图 5-54 所示。

5.5.1 放样特征选项说明

单击【三维模型】标签栏【创建】工具面板上的【放样】按钮，打开【放样】对话框，如图 5-55 所示。下面对创建放样特征的各个关键要素简要说明。

1. 截面形状

放样特征通过将多个截面轮廓与单独的平面、非平面或工作平面上的各种形状相混合来创建复杂的形状，因此截面形状的创建是放样特征的基础，也是关键要素。

1）如果截面形状是非封闭的曲线或闭合曲线，或是零件面的闭合面回路，则放样生成曲面特征。

2）如果截面形状是封闭的曲线，或是零件面的闭合面回路，或是一组连续的模型边，则可生成实体特征也可生成曲面特征。

图5-54　放样示意图　　　　　　　　　　图5-55　【放样】对话框

3）截面形状是在草图上创建的。在创建放样特征的过程中，往往需要首先创建大量的工作平面以在对应的位置创建草图，再在草图上绘制放样截面形状。

4）用户可创建任意多个截面轮廓，但是要避免放样形状扭曲，最好沿一条直线向量在每个截面轮廓上映射点。

5）可通过添加轨道进一步控制形状，轨道是连接至每个截面上的点的二维或三维线。起始和终止截面轮廓可以是特征上的平面，并可与特征平面相切以获得平滑过渡。可使用现有面作为放样的起始和终止面，在该面上创建草图以使面的边可被选中用于放样。如果使用平面或非平面的回路，可直接选中它而不需要在该面上创建草图。

2．轨道

为了加强对放样形状的控制，引入了"轨道"的概念。轨道是在截面之上或之外终止的二维或三维直线、圆弧或样条曲线，如二维或三维草图中开放或闭合的曲线以及一组连续的模型边等都可作为轨道。轨道必须与每个截面都相交，并且都应该是平滑的，在方向上没有突变。创建放样时，如果轨道延伸到截面之外，则将忽略延伸到截面之外的那一部分轨道。轨道可影响整个放样实体，而不仅仅是与它相交的面或截面。如果没有指定轨道，对齐的截面和仅具有两个截面的放样将用直线连接。未定义轨道的截面顶点受相邻轨道的影响。

3．输出类型和布尔操作

可选择放样的输出是实体还是曲面，可通过【输出】选项上的【实体】按钮和【曲面】按钮来实现。还可利用放样来实现三种布尔操作，即【求并】、【求差】和【求交】。

4．条件

【放样】面板中的【条件】选项卡如图 5-56 所示。【条件】选项用来指定终止截面轮廓的边界条件，以控制放样体末端的形状。可对每一个草图几何图元分别设置边界条件。

➤　放样有三种边界条件：

（1）无条件：对其末端形状不加以干涉。

（2）相切条件：仅当所选的草图与侧面的曲面或实体相毗邻，或选中面回路时可用，这时放样的末端与相毗邻的曲面或实体表面相切。

（3）方向条件：仅当曲线是二维草图时可用，需要用户指定放样特征的末端形状相对于截面轮廓平面的角度。

➤　当选择【相切条件】和【方向条件】选项时，需要指定【角度】和【线宽】条件。

图5-56 【条件】选项卡

（1）角度：指定草图平面和由草图平面上的放样创建的面之间的角度。

（2）线宽：决定角度如何影响放样外观的无量纲值。大数值创建逐渐过渡，而小数值创建突然过渡。从图 5-57 中可看出，线宽为零意味着没有相切，小线宽可能导致从第一个截面轮廓到放样曲面的不连续过渡，大线宽可能导致从第一个截面轮廓到放样曲面的光滑过渡。需要注意的是，特别大的权值会导致放样曲面的扭曲，并且可能会生成自交的曲面。此时应该在每个截面轮廓的截面上设置工作点并构造轨道（穿过工作点的二维或三维线），以使形状扭曲最小化。

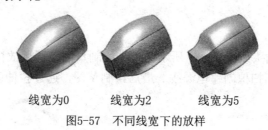

线宽为0　　　线宽为2　　　线宽为5

图5-57　不同线宽下的放样

5．过渡

【放样】面板中的【过渡】选项卡如图 5-58 所示。

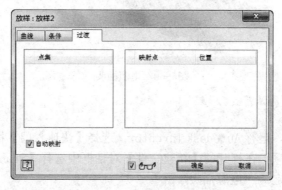

图5-58 【过渡】选项卡

"过渡"特征定义一个截面的各段如何映射到其前后截面的各段中，可看到默认的选项是自动映射。如果关闭自动映射，将列出自动计算的点集并根据需要添加或删除点。关闭自动映射以后，放样实体和【放样】对话框如图 5-59 所示。

（1）点集：表示在每个放样截面上列出的自动计算的点。

（2）映射点：表示在草图上列出的自动计算的点，以便沿着这些点线性对齐截面轮廓，使放样特征的扭曲最小化。点按照选择截面轮廓的顺序列出。

（3）位置：用无量纲值指定相对于所选点的位置。0 表示直线的一端，0.5 表示直线的中点，1 表示直线的另一端，用户可进行修改。

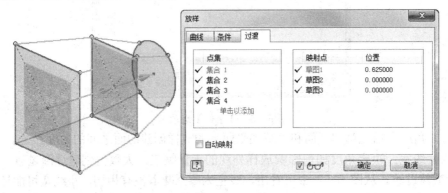

图5-59 放样实体和【放样】对话框

5.5.2 实例——电源插头

思路分析

本例绘制的电源插头如图 5-60 所示。首先绘制草图，通过放样创建插头主体；然后绘制草图，通过旋转和扫掠创建电源线；最后绘制草图，通过拉伸创建插头。

图5-60 电源插头

操作步骤

01 新建文件。运行 Autodesk Inventor，选择【快速入门】标签栏，选择【启动】面板上的【新建】选项，在打开的【新建文件】对话框中选择【Standard.ipt】选项，新建一个零件文件，命名为"电源插头.ipt"。

02 创建截面草图 1。单击【三维模型】标签栏【草图】面板上的【开始创建二维草图】按钮，选择 XY 平面为草图绘制面，进入草图绘制环境。单击【草图】标签栏【创建】面板中的【矩形】按钮和【圆角】按钮，创建截面草图 1。单击【约束】面板中的【尺寸】按钮，标注尺寸，如图 5-61 所示。单击【草图】标签上的【完成草图】按钮，退出草图环境。

03 创建工作平面 1。单击【三维模型】标签栏【定位特征】面板上的【工作平面】按钮，在浏览器原点文件夹下选取 XY 平面并拖动，输入偏移距离为 30mm，单击 ✔ 按钮，创建工作平面 1，结果如图 5-62 所示。

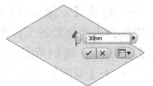

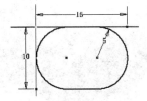 

图5-61 创建截面草图1及标注尺寸　　　图5-62 创建工作平面1

04 创建截面草图 2。单击【三维模型】标签栏【草图】面板上的【开始创建二维草图】按钮，在视图中选择上步创建的工作平面 1 为草绘平面。单击【草图】标签栏【创建】面板中的【矩形】按钮和【圆角】按钮，创建截面绘制草图 2；单击【约束】面板中的【尺寸】按钮，标注尺寸，如图 5-63 所示。单击【草图】标签上的【完成草图】按钮，退出草图环境。

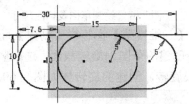

图5-63 创建截面草图2及标注尺寸

05 放样实体。单击【三维模型】标签栏【创建】面板上的【放样】按钮，打开【放样】对话框，在视图中选择步骤 **03** 和 **04** 创建的草图为截面，如图 5-64 所示，单击【确定】按钮，创建放样实体，结果如图 5-65 所示。

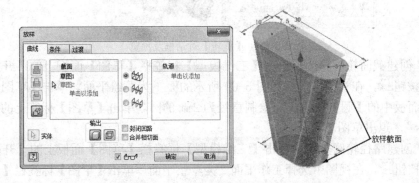

图5-64 【放样】对话框及预览

06 创建工作平面 2。单击【三维模型】标签栏【定位特征】面板上的【工作平面】按钮，在浏览器原点文件夹下选取 YZ 平面并拖动，输入偏移距离为 7.5mm，单击 ✓ 按钮，创建工作平面 2，结果如图 5-66 所示。

07 创建草图。单击【三维模型】标签栏【草图】面板上的【开始创建二维草图】按钮，在视图中选择上步创建的工作平面 2 为草绘平面。单击【草图】标签栏【创建】面板中的【直线】按钮，绘制草图；单击【约束】面板中的【尺寸】按钮，标注尺寸如图 5-67 所示。单击【草图】标签上的【完成草图】按钮，退出草图环境。

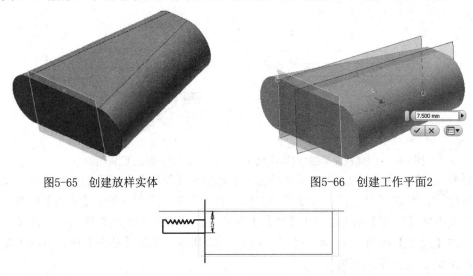

图5-65　创建放样实体　　　　　　　　　　图5-66　创建工作平面2

图5-67　绘制草图及标注尺寸

08 创建旋转体。单击【三维模型】标签栏【创建】面板上的【旋转】按钮，打开【旋转】对话框，选择上步创建的草图为旋转截面，选取竖直线段为旋转轴，如图 5-68 所示。单击【确定】按钮完成旋转，创建的旋转体如图 5-69 所示。

图5-68　【旋转】对话框及预览

09 创建截面轮廓草图。单击【三维模型】标签栏【草图】面板上的【开始创建二维草图】按钮，在视图中选择如图 5-69 所示的面 1 为草绘平面。单击【草图】标签栏【创建】面板中的【圆】按钮，绘制直径为 2mm 的圆。单击【草图】标签上的【完成草图】按钮，退出草图环境。

10 创建路径轮廓草图。单击【三维模型】标签栏【草图】面板上的【开始创建二维草图】按钮，在视图中选择工作平面 2 为草绘平面。单击【草图】标签栏【创建】面板中的【样条曲线（插值）】按钮，以圆心为起点绘制样条曲线，如图 5-70 所示。单击

【草图】标签上的【完成草图】按钮  ，退出草图环境。

图5-69　创建旋转体　　　　　　　　　　　图5-70　绘制样条曲线

11 扫掠实体。单击【三维模型】标签栏【创建】面板上的【扫掠】按钮 ，打开【扫掠】对话框，在视图中选取圆为截面轮廓，选取上步创建的样条曲线为扫掠路径，如图 5-71 所示，单击【确定】按钮，结果如图 5-72 所示。

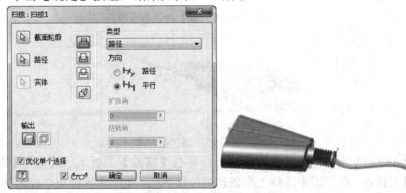

图5-71　【扫掠】对话框及预览

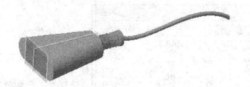

图5-72　扫掠实体

12 创建草图。单击【三维模型】标签栏【草图】面板上的【开始创建二维草图】按钮 ，在视图中选择工作平面 1 为草绘平面。单击【草图】标签栏【创建】面板中的【矩形】按钮 ，绘制草图。单击【约束】面板中的【尺寸】按钮 ，标注尺寸，如图 5-73 所示。单击【草图】标签上的【完成草图】按钮 ，退出草图环境。

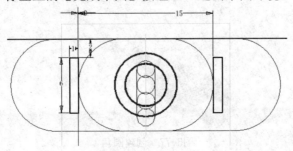

图5-73　绘制草图

13 创建拉伸体。单击【三维模型】标签栏【创建】面板上的【拉伸】按钮，打开【拉伸】对话框，选取上步绘制的草图为拉伸截面轮廓，将拉伸距离设置为 20mm，如图 5-74 所示。单击【确定】按钮完成拉伸，创建的拉伸体结果如图 5-75 所示。

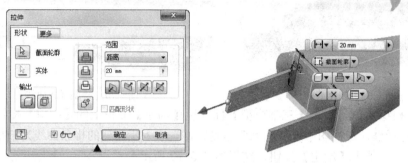

图5-74 【拉伸】对话框及预览

图5-75 创建拉伸体

14 圆角处理。单击【三维模型】标签栏【修改】面板上的【圆角】按钮，打开【圆角】对话框，在视图中选择上步创建的拉伸体的棱边，输入圆角半径为 2mm，如图 5-76 所示，单击【确定】按钮完成圆角的创建，结果如图 5-77 所示。

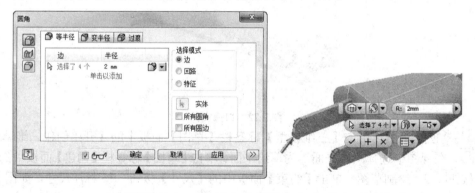

图5-76 【圆角】对话框及预览

图5-77 创建圆角

15 打孔。单击【三维模型】标签栏【修改】面板上的【孔】按钮，打开【孔】

对话框，选择【线性】放置类型，选择上步创建圆角的拉伸体的外表面，在视图中选取水平边为方向 1 参考，距离为 3mm，再选取竖直边为方向 2 参考，距离为 4mm，输入孔直径为 3mm，如图 5-78 所示，单击【确定】按钮完成打孔，结果如图 5-79 所示。

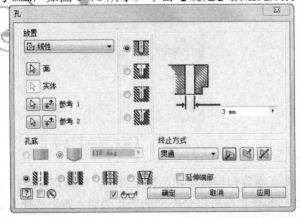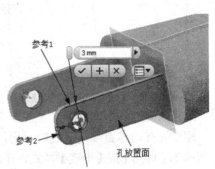

图5-78 【孔】对话框及预览

16 隐藏工作平面。在浏览器中选取工作平面，单击右键，在弹出的快捷菜单中选择【可见性】选项，使工作平面不可见，如图 5-80 所示。

图5-79 打孔　　　　　　　　　　　　图5-80 隐藏工作平面

5.6 螺旋扫掠

螺旋扫掠特征是扫掠特征的一个特例，它的作用是创建扫掠路径为螺旋线的三维实体特征。

5.6.1 螺旋扫掠特征选项说明

单击【三维模型】标签栏【创建】面板上的【螺旋扫掠】按钮，打开【螺旋扫掠】对话框，如图 5-81 所示。

1．【螺旋形状】选项卡（见图 5-81）

截面轮廓应该是一个封闭的曲线，以创建实体；旋转轴应该是一条直线，它不能与截面轮廓曲线相交，但是必须在同一个平面内。

在【螺旋方向】选项中，可指定螺旋扫掠按顺时针方向还是逆时针方向旋转。

2．【螺旋规格】选项卡（见图 5-82）

可设置的螺旋类型一共有 4 种，即螺距和转数、转数和高度、螺距和高度以及螺旋。选择了不同的类型以后，在下面的参数文本框中输入对应的参数即可。需要注意的是，如果要创建发条之类没有高度的螺旋特征，可使用【平面螺旋】选项。

图5-81 【螺旋扫掠】对话框

图5-82 【螺旋规格】选项卡

3.【螺旋端部】选项卡（见图 5-83）

注意只有当螺旋线是平底时可用，而在螺旋扫掠截面轮廓时不可用。可指定螺旋扫掠的两端为【自然】或【平底】样式，开始端和终止端可以是不同的终止类型。如果选择【平底】选项，可指定具体的过渡段包角和平底段包角。

➤ 过渡段包角：螺旋扫掠获得过渡的距离（单位为度，一般少于一圈）。图 5-84a 所示为顶部是自然结束、底部是 1/4 圈（90º）过渡并且未使用平底段包角的螺旋扫掠。

➤ 平底段包角：螺旋扫掠过渡后不带螺距（平底）的延伸距离（单位为度），它是从螺旋扫掠的正常旋转的末端过渡到平底端的末尾。图 5-84b 所示为同图 5-84a 所示的过渡段包角相同，但指定了一半转向（180º）的平底段包角的螺旋扫掠。

图5-83 【螺旋端部】选项卡

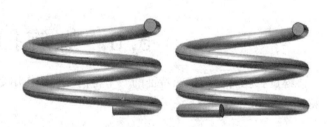

a）未使用平底段包角　　　b）使用平底段包角

图5-84 不同过渡段包角下的扫掠结果

5.6.2 实例——内六角螺钉

思路分析

本例绘制的内六角螺钉如图 5-85 所示。首先绘制草图通过拉伸创建钉头主体，然后绘制草图通过拉伸切除创建内六角，再通过拉伸创建螺钉主体，最后通过螺旋扫掠创建螺纹。

操作步骤

01 新建文件。运行 Autodesk Inventor，选择【快速入门】标签栏，选择【启动】面板上的【新建】选项，在打开的【新建文件】对话框中选择【Standard.ipt】选项，新建一个零件文件，命名为"内六角螺钉.ipt"。

02 创建草图。单击【三维模型】标签栏【草图】面板上的【开始创建二维草图】按钮，选择 XY 平面为草图绘制面，进入草图绘制环境。单击【草图】标签栏【创建】面板中的【圆】按钮，绘制直径为 10mm 的圆，单击【约束】面板中的【尺寸】按钮，标注尺寸，如图 5-86 所示。单击【草图】标签上的【完成草图】按钮，退出草图环境。

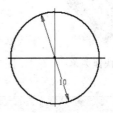

图5-85　内六角螺钉　　　　　　　图5-86　绘制草图及尺寸标注

03 创建拉伸体。单击【三维模型】标签栏【创建】面板上的【拉伸】按钮，打开【拉伸】对话框，由于草图中只有图 5-86 所示的一个截面轮廓，所以自动被选取为拉伸截面轮廓，将拉伸距离设置为 6mm，如图 5-87 所示。单击【确定】按钮完成拉伸，创建的拉伸体如图 5-88 所示。

图5-87　【拉伸】对话框　　　　　　图5-88　创建拉伸体

04 新建草图。在圆柱体的上表面单击右键，打开如图 5-89 所示的快捷菜单，选择【新建草图】选项，进入草图绘制环境。单击【草图】标签栏【创建】面板中的【圆】按钮，绘制直径为 5.8mm 的圆。单击【草图】标签栏【创建】面板中的【正多边形】按钮，打开【多边形】对话框，选择【外切】选项，输入边数为 6，如图 5-90 所示，创建一个外切于圆的正六边形。单击【约束】面板中的【尺寸】按钮，标注尺寸，如图 5-91所示。单击【草图】标签上的【完成草图】按钮，退出草图环境。

05 创建拉伸体。单击【三维模型】标签栏【创建】面板上的【拉伸】按钮，打开【拉伸】对话框，选择上步绘制的正六边形为拉伸截面轮廓，选择【求差】选项，将拉伸距离设置为 3mm，如图 5-92 所示。单击【确定】按钮完成拉伸切除，结果如图 5-93 所示。

06 新建草图。单击【三维模型】标签栏【草图】面板上的【开始创建二维草图】

按钮，选取圆柱体的下表面为草图绘制面，单击【草图】标签栏【创建】面板中的【圆】按钮，绘制直径为 6mm 的圆。单击【约束】面板中的【尺寸】按钮，标注尺寸，如图 5-94 所示。单击【草图】标签上的【完成草图】按钮，退出草图环境。

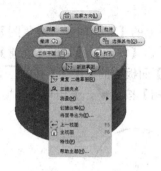

图5-89　快捷菜单

图5-90　【多边形】对话框

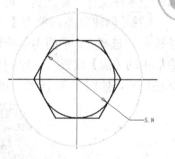

图5-91　绘制草图及尺寸标注

图5-92　【拉伸】对话框及预览

图5-93　创建拉伸切除

07 创建拉伸体。单击【三维模型】标签栏【创建】面板上的【拉伸】按钮，打开"拉伸"对话框，选择上步绘制的圆为拉伸截面轮廓，选择【求并】选项，将拉伸距离设置为 16mm，如图 5-95 所示。单击【确定】按钮完成拉伸，创建的拉伸体如图 5-96 所示。

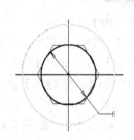

图5-94　绘制草图及尺寸标注

图5-95　【拉伸】对话框

图5-96　创建拉伸体

08 新建草图。单击【三维模型】标签栏【草图】面板上的【开始创建二维草图】按钮，在浏览器原始坐标系文件夹中选择 XZ 平面为草图绘制面。单击【草图】标签栏【创建】面板中的【直线】按钮，绘制螺纹。单击【约束】面板中的【尺寸】按钮，标注尺寸，如图 5-97 所示。单击【草图】标签上的【完成草图】按钮，退出草图环境。

09 创建螺旋扫掠。单击【三维模型】标签栏【创建】面板上的【螺旋扫掠】按钮，打开【螺旋扫掠】对话框，单击【螺旋规格】选项卡，如图 5-98 所示，选择"螺距和高度"类型，输入螺距为 1mm、高度为 15mm；单击【螺旋形状】选项卡，如图 5-99 所示，选择上步创建的草图为扫掠截面、Z 轴为旋转轴，选择【求差】选项，单击【确定】完成按钮完成螺纹的创建，结果如图 5-100 所示。

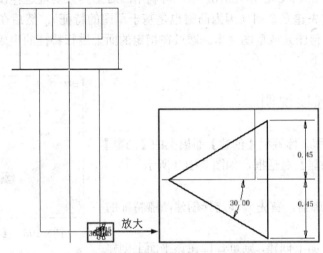

图5-97　绘制螺纹草图及尺寸标注

图5-98　"螺旋规格"选项卡

图5-99　螺旋形状

图5-100　创建螺纹

⑩ 创建圆角。单击【三维模型】标签栏【修改】面板上的【圆角】按钮，打开【圆角】对话框，输入半径为 2mm，在视图中选择如图 5-101 所示的边线，单击【确定】按钮完成圆角的创建，结果如图 5-102 所示。

图5-101　【圆角】对话框及预览

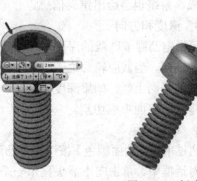

图5-102　创建圆角

5.7 凸雕

在零件设计中，往往需要在零件表面增添一些凸起或凹进的图案或文字，以实现某种功能或美观性。在 Autodesk Inventor 中，可利用凸雕工具来实现这种设计功能。进行凸雕的基本思路是首先建立草图（因为凸雕也是基于草图的特征），然后在草图上绘制用来形成特征的草图几何图元或草图文本。通过在指定的面上进行特征的生成，或将特征以缠绕或投影到其他面上。

5.7.1 凸雕选项说明

单击【三维模型】标签栏【创建】面板上的【凸雕】按钮，打开【凸雕】对话框，如图 5-103 所示。

图5-103 【凸雕】对话框

1. 截面轮廓

在创建截面轮廓前，首先应该选择创建凸雕特征的面：

1）如果是在平面上创建，则可直接在该平面上创建草图绘制截面轮廓。

2）如果在曲面上创建凸雕特征，则应该在对应的位置建立工作平面或利用其他的辅助平面，然后在工作平面上建立草图。

草图中的截面轮廓用作凸雕图像。可使用【草图】标签内的工具创建截面轮廓，截面轮廓主要有两种：一是使用【文本】工具创建文本，二是使用草图工具创建形状，如圆形、多边形等。

2. 类型

【类型】选项指定指定凸雕区域的方向，有三个选项可选择：

（1）从面凸雕：将升高截面轮廓区域，也就是说截面将凸起。

（2）从面凹雕：将凹进截面轮廓区域。

（3）从平面凸雕/凹雕：将从草图平面向两个方向或一个方向拉伸，向模型中添加并从中去除材料。如果向两个方向拉伸，则会在去除的同时添加材料，这取决于截面轮廓相对于零件的位置。如果凸雕或凹雕对零件的外形没有任何的改变作用，那么该特征将无法生成，系统也会给出错误信息。

3. 深度和方向

可指定凸雕或凹雕的深度，即凸雕或凹雕截面轮廓的偏移深度。还可指定凸雕或凹雕特征的方向，当截面轮廓位于从模型面偏移的工作平面上时尤其有用，因为当截面轮廓位于偏移的平面上时，如果深度不合适，是不能够生成凹雕特征的，因为截面轮廓不能够延伸到零件的表面形成切割。

4. 顶面颜色

通过单击【顶面颜色】按钮指定凸雕区域面（注意不是其边）上的颜色。在打开的【颜色】对话框中，单击向下箭头显示一个列表，在列表中滚动或键入开头的字母以查找所需的颜色。

5. 折叠到面

对于【从面凸雕】和【从面凹雕】类型，用户可通过选中【折叠到面】选项指定截面轮廓缠绕在曲面上。注意仅限于单个面，不能是接缝面。面只能是平面或圆锥形面，而不能是样条曲线。如果不选中该复选框，图像将投影到面而不是折叠到面。如果截面轮廓相对于曲率有些大，当凸雕或凹雕区域向曲面投影时会轻微失真。遇到垂直面时，缠绕即停止。

6. 锥度

对于【从平面凸雕/凹雕】类型，可指定扫掠斜角。指向模型面的角度为正，允许从模型中去除一部分材料。

5.7.2 实例——公章

思路分析

本例绘制的公章如图 5-104 所示。首先绘制草图通过旋转创建公章，然后绘制草图通过凸雕创建文字。

操作步骤

01 新建文件。运行 Autodesk Inventor，选择【快速入门】标签栏，选择【启动】面板上的【新建】选项，在打开的【新建文件】对话框中选择【Standard.ipt】选项，新建一个零件文件，命名为"公章.ipt"。

02 创建草图。单击【三维模型】标签栏【草图】面板上的【开始创建二维草图】按钮 ，选择 XY 平面为草图绘制面，进入草图绘制环境。单击【草图】标签栏【创建】面板中的【直线】按钮 和【三点圆弧】按钮 ，绘制草图。单击【约束】面板中的【尺寸】按钮 ，标注尺寸，如图 5-105 所示。单击【草图】标签上的【完成草图】按钮 ，退出草图环境。

03 创建旋转体。单击【三维模型】标签栏【创建】面板上的【旋转】按钮 ，打开【旋转】对话框。由于草图中只有图 5-105 中所示的一个截面轮廓，所以自动被选取为旋转截面轮廓，选取竖直线段为旋转轴，如图 5-106 所示。单击【确定】按钮完成旋转，创建的旋转体如图 5-107 所示。

图5-104 公章

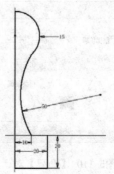

图5-105 绘制草图及尺寸标注

04 创建草图。单击【三维模型】标签栏【草图】面板上的【开始创建二维草图】按钮，选择旋转体的下表面为草图绘制面。单击【草图】标签栏【创建】面板中的【文本】按钮**A**，在视图中适当位置选定区域后打开【文本格式】对话框，输入"公章"，更改文字的大小为 7mm，如图 5-108 所示。单击【确定】按钮完成文字输入，结果如图 5-109 所示。单击【草图】标签上的【完成草图】按钮，退出草图环境。

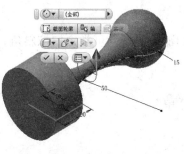

图5-106 【旋转】对话框及预览　　　　　　　　图5-107 创建旋转体

05 雕刻文字。单击【三维模型】标签栏【创建】面板上的【凸雕】按钮，打开"凸雕"对话框，选择【从面凸雕】类型，在视图中选取上步创建的草图为截面轮廓，输入深度为 1mm，如图 5-110 所示，单击【确定】按钮完成雕刻文字，结果如图 5-111 所示。

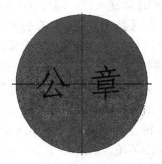

图5-108 【文本格式】对话框　　　　　　　　图5-109 输入文字

图5-110 【凸雕】对话框　　　　　　　　图5-111 雕刻文字

第6章

放置特征

有一些特征不需要创建草图，而是直接在实体上创建，如倒角特征，它需要的要素是实体的边线，与草图没有任何关系，这些特征就是非基于草图的特征。在 Autodesk Inventor 2018 中，放置特征包括圆角与倒角、零件抽壳、拔模斜度、镜像特征、螺纹特征、加强筋与肋板以及分割零件。阵列特征包括矩形阵列和环形阵列。

- 圆角
- 倒角
- 孔
- 抽壳
- 面拔模
- 镜像特征
- 矩形阵列
- 环形阵列
- 螺纹特征
- 加强筋

6.1 圆角

【圆角】功能可用于创建等半径圆角、变半径圆角和过渡圆角。等半径圆角和变半径圆角示意图如图 6-1 所示。

单击【三维模型】标签栏【修改】面板上的【圆角】按钮 ，打开【圆角】对话框，如图 6-2 所示。可以看到，有【边圆角】、【面圆角】和【全圆角】三种圆角模式。下面分别介绍。

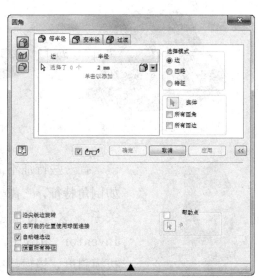

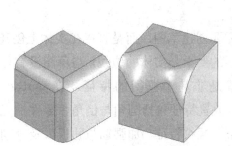

图6-1　等半径圆角和变半径圆角　　　　图6-2　【圆角】对话框

6.1.1 边圆角

边圆角是在零件的一条或多条边上添加内圆角或外圆角。在一次操作中，用户可以创建等半径和变半径圆角、不同大小的圆角和具有不同连续性（相切或平滑 G2）的圆角。在同一次操作中创建的不同大小的所有圆角将成为单个特征。

1. 等半径圆角

等半径圆角特征由三个部分组成：边、半径和模式。首先选择产生圆角半径的边，然后指定圆角的半径，再选择一种圆角模式即可创建等半径圆角。

（1）选择模式

➢　边：只对选中的边创建圆角，如图 6-3a 所示。

➢　回路：可选中一个回路，这个回路的整个边线都会创建圆角特征，如图 6-3b 所示。

➢　特征：选择因某个特征与其他面相交所导致的边以外的所有边都会创建圆角，如图 6-3c 所示。

（2）所有圆角：选择此选项，所有的凹边和拐角都将创建圆角特征。

（3）所有圆边：选择此选项，所有的凸边和拐角都将创建圆角特征。

a）边模式   b）回路模式   c）特征模式

图6-3　选择模式

（4）沿尖锐边旋转：设置当指定圆角半径会使相邻面延伸时，对圆角的解决方法。选中复选框可在需要时改变指定的半径，以保持相邻面的边不延伸；清除复选框，则保持等半径，并且在需要时延伸相邻的面。

（5）在可能的位置使用球面连接：设置圆角的拐角样式。选中该复选框可创建一个圆角，它就象一个球沿着边和拐角滚动的轨迹一样；清除该复选框，在锐利拐角的圆角之间创建连续相切的过渡，如图 6-4 所示。

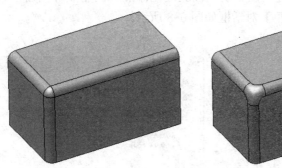 

图6-4　圆角的拐角样式

（6）自动链选边：设置边的选择配置。选择该复选框，在选择一条边以添加圆角时，自动选择所有与之相切的边；清除该复选框，则只选择指定的边。

（7）保留所有特征：勾选此选项，所有与圆角相交的特征都将被选中，并且在圆角操作中将计算它们的交线。如果清除了该复选框，则在圆角操作中只计算参与操作的边。

2．变半径圆角

如果要创建变半径圆角，可选择【圆角】对话框上的【变半径】选项卡，如图 6-5 所示。创建变半径圆角的原理是首先选择边线上至少三个点，分别指定这几个点的圆角半径，Autodesk Inventor 会自动根据指定的半径创建变半径圆角。

平滑半径过渡：定义在控制点之间如何创建变半径圆角。选中该复选框，可使圆角在控制点之间逐渐混合过渡，过渡是相切的（在点之间不存在跃变）；清除该复选框，在点之间用线性过渡来创建圆角。

3．过渡圆角

过渡圆角是指相交边上的圆角连续地相切过渡。要创建变半径的圆角，可选择【圆角】

对话框上的【过渡】选项卡，此时"圆角"对话框如图6-6所示。首先选择一个两条或更多要创建过渡圆角边的顶点，然后依次选择边即可，修改左侧窗口内的每一条边的过渡尺寸，最后单击【确定】按钮即可完成过渡圆角的创建。

图6-5　【变半径】选项卡

图6-6　【过渡】选项卡

6.1.2　面圆角

面圆角是在不需要共享边的两个所选面集之间添加内圆角或外圆角，其示意图如图6-7所示。选择■类型，【圆角】对话框如图6-8所示。

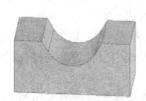

图6-7　面圆角示意图

图6-8　【圆角】对话框

（1）面集 1：选中■，指定要创建圆角的第一个面集中的模型或曲面实体的一个或多个相切、相邻面。若要添加面，请单击【选择】按钮，然后单击图形窗口中的面。

（2）面集 2：选中■，指定要创建圆角的第二个面集中的模型或曲面实体的一个或多个相切、相邻面。若要添加面，请单击【选择】按钮，然后单击图形窗口中的面。

（3）反向■：反向反转在选择曲面时在其上创建圆角的一侧。

（4）包括相切面：设置面圆角的面选择配置。选择复选框则允许圆角在相切、相邻面上自动继续。清除复选框则仅在两个选择的面之间创建圆角。此选项不会从选择集中添加或删除面。

（5）优化单个选择：进行单个选择后，即自动前进到下一个【选择】按钮。对每个面集进行多项选择时，清除复选框。要进行多个选项，单击对话框中的下一个【选择】按钮或选择快捷菜单中的【继续】命令以完成特定选择。

（6）半径：指定所选面集的圆角半径。要改变半径，可单击该半径值，然后输入新的半径值。

6.1.3　全圆角

全圆角是添加与三个相邻面相切的变半径圆角或外圆角，其示意图如图6-9所示。中心面集由变半径圆角取代。全圆角可用于圆化外部零件特征。

选择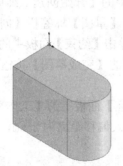类型，【圆角】对话框如图6-10所示。

图6-9　全圆角示意图　　　　　　　　图6-10　【圆角】对话框

（1）侧面集 1：选中![]指定与中心面集相邻的模型或曲面实体的一个或多个相切、相邻面。若要添加面，可单击【选择】按钮，然后单击图形窗口中的面。

（2）中心面集：选中![]指定使用圆角替换的模型或曲面实体的一个或多个相切、相邻面。若要添加面，可单击【选择】按钮，然后单击图形窗口中的面。

（3）侧面集 2：选中![]，指定与中心面集相邻的模型或曲面实体的一个或多个相切、相邻面。若要添加面，可单击【选择】按钮，然后单击图形窗口中的面。

（4）包括相切面：设置面圆角的面选择配置。选择复选框则允许圆角在相切、相邻面上自动继续。清除复选框则仅在两个选择的面之间创建圆角。此选项不会从选择集中添加或删除面。

（5）优化单个选择：进行单个选择后，即自动前进到下一个【选择】按钮。进行多项选择时清除复选框。要进行多个选项，单击对话框中的下一个【选择】按钮或选择快捷菜单中的【继续】命令以完成特定选择。

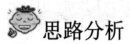

6.1.4 实例——鼠标

思路分析

本例绘制的鼠标如图 6-11 所示。首先绘制草图，通过放样创建鼠标主体，然后通过变半径圆角完成鼠标的绘制。

图6-11 鼠标

操作步骤

01 新建文件。运行 Autodesk Inventor，选择【快速入门】标签栏，选择【启动】面板上的【新建】选项，在打开的【新建文件】对话框中选择【Standard.ipt】选项，新建一个零件文件，命名为"鼠标.ipt"。

02 创建草图 1。单击【三维模型】标签栏【草图】面板上的【开始创建二维草图】按钮，选择 XY 平面为草图绘制面，进入草图绘制环境。单击【草图】标签栏【创建】面板中的【直线】按钮和【样条曲线】按钮，绘制草图 1；单击【约束】面板中的【尺寸】按钮，标注尺寸，如图 6-12 所示。单击【草图】标签上的【完成草图】按钮，退出草图环境。

03 创建工作平面 1。单击【三维模型】标签栏【定位特征】面板上的【工作平面】按钮，在浏览器原始坐标系文件夹下选取并拖动 XY 平面，输入偏移距离为 25mm，单击按钮，创建工作平面 1，如图 6-13 所示。

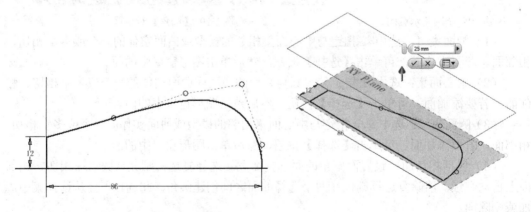

图6-12 绘制草图1及尺寸标注 　　　　　图6-13 创建工作平面1

04 创建草图 2。单击【三维模型】标签栏【草图】面板上的【开始创建二维草图】按钮，在视图中选择上步创建的工作平面 1 为草图绘制面。单击【草图】标签栏【创建】面板中的【直线】按钮和【样条曲线】按钮，绘制草图。单击【约束】面板中的【尺寸】按钮，标注尺寸，如图 6-14 所示。单击【草图】标签上的【完成草图】按钮，退出草图环境。

05 创建工作平面 2。单击【三维模型】标签栏【定位特征】面板上的【工作平面】按钮，在视图中选取并拖动工作平面 1，输入偏移距离为 25mm，单击 按钮，创建工作平面 2。

06 创建草图 3。单击【三维模型】标签栏【草图】面板上的【开始创建二维草图】按钮，在视图中选择上步创建的工作平面 2 为草图绘制面。单击【草图】标签栏【创建】面板中的【投影几何图元】按钮，提取步骤 **02** 绘制的草图 1，绘制草图 3，结果如图 6-15 所示。单击【草图】标签上的【完成草图】按钮，退出草图环境。

07 放样实体。单击【三维模型】标签栏【创建】面板上的【放样】按钮，打开【放样】对话框，在视图中选取前面绘制的三个草图为放样截面，如图 6-16 所示，单击【确定】按钮完成放样实体，结果如图 6-17 所示。

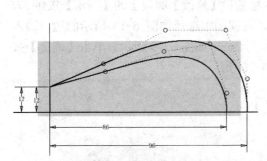

图6-14　绘制草图2及尺寸标注

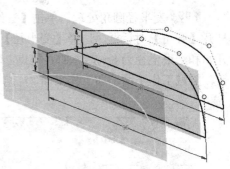

图6-15　绘制草图3

图6-16　【放样】对话框及预览

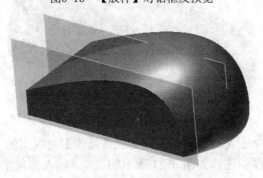

图6-17　放样实体

08 圆角处理。单击【三维模型】标签栏【修改】面板上的【圆角】按钮，打开【圆角】对话框，在视图中选择如图 6-18 所示的两条边，输入圆角半径为 10mm，单击【确定】按钮完成圆角处理。

图6-18　【圆角】对话框及预览1

09 变半径圆角处理。单击【三维模型】标签栏【修改】面板上的【圆角】按钮，打开【圆角】对话框，选择【变半径】选项卡，在视图中选择如图 6-18 所示的边，输入开始和结束半径为 8mm，添加其他点，输入半径为 3mm，如图 6-19 所示。单击【确定】按钮，隐藏工作平面 1 和工作平面 2，结果如图 6-20 所示。

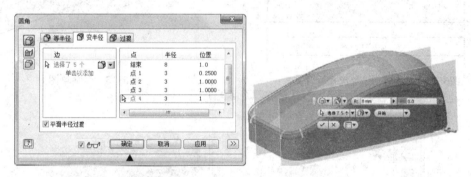

图6-19　【圆角】对话框及预览2

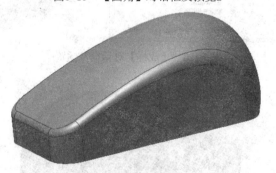

图6-20　变半径圆角处理

10 圆角处理。单击【三维模型】标签栏【修改】面板上的【圆角】按钮，打开【圆角】对话框，在视图中选择如图 6-21 所示的边线，输入圆角半径为 3mm，单击【确定】按钮完成圆角处理，结果如图 6-22 所示。

图6-21 【圆角】对话框及预览

图6-22 圆角处理

6.2 倒角

倒角可在零件和部件环境中使零件的边产生斜角。倒角可使与边的距离等长、距边指定的距离和角度，或从边到每个面的距离不同。与圆角相似，倒角不要求有草图，并被约束到要放置的边上。

6.2.1 倒角选项说明

单击【三维模型】标签栏内【修改】面板上的【倒角】按钮，打开【倒角】对话框，如图 6-23 所示。首先需要选择创建倒角的方式，在 Autodesk Inventor 中提供了三种创建倒角的方式：

1. 以倒角边长创建倒角

以倒角边长创建倒角是最简单的一种创建倒角的方式，它是通过指定与所选择的边线偏移同样的距离来创建倒角，可选择单条边、多条边或相连的边界链以创建倒角，还可指定拐角过渡类型的外观。创建时仅需选择用来创建倒角的边以及指定倒角距离即可。对该方式中的选项说明如下：

（1）链选边：

➤ 所有相切连接边：在倒角中一次可选择所有相切边。

➤ 独立边：一次只选择一条边。

（2）过渡类型：可在选择了三个或多个相交边创建倒角时应用，以确定倒角的形状。

➤ 过渡：在各边交汇处创建交叉平面而不是拐角，如图 6-24a 所示。

117

➢ 无过渡 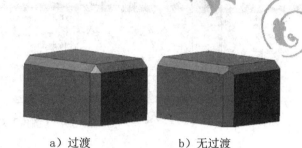：倒角的外观好象通过铣去每个边而形成的尖角，如图 6-24b 所示

图6-23 【倒角】对话框

a）过渡　　　　b）无过渡

图6-24 过渡类型

2．用倒角边长和角度创建倒角

用倒角边长和角度创建倒角 需要指定倒角边长和倒角角度两个参数，选择了该选项后，【倒角】对话框如图 6-25 所示。首先选择创建倒角的边，然后选择一个表面，倒角所成的斜面与该面的夹角就是所指定的倒角角度，倒角距离和倒角角度均可在右侧的【倒角边长】和【角度】文本框中输入。然后单击【确定】按钮即可创建倒角特征。

3．两个倒角边长创建倒角

用两个倒角边长创建倒角 需要指定两个倒角距离来创建倒角。选择该选项后，【倒角】对话框如图 6-26 所示。首先选定倒角边，然后分别指定两个倒角距离即可。可利用【反向】选项使得模型距离反向，单击【确定】按钮即可完成创建倒角。

图6-25 用倒角边长和角度创建倒角

图6-26 用两个倒角边长创建倒角

6.2.2 实例——显示器

思路分析

本例绘制的显示器如图 6-27 所示。首先绘制草图通过拉伸创建显示器屏，然后绘制草图通过拉伸创建支撑，最后创建底座。

操作步骤

01 新建文件。运行 Autodesk Inventor，选择【快速入门】标签栏，选择【启动】面板上的【新建】选项，在打开的【新建文件】对话框中选择【Standard.ipt】选项，新建一个零件文件，命名为"显示器.ipt"。

02 创建草图。单击【三维模型】标签栏【草图】面板上的【开始创建二维草图】按钮，选择 XY 平面为草图绘制面，进入草图绘制环境。单击【草图】标签栏【创建】面板中的【矩形】按钮，绘制草图。单击【约束】面板中的【尺寸】按钮，标注尺寸，如图 6-28 所示。单击【草图】标签上的【完成草图】按钮，退出草图环境。

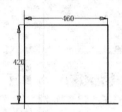

图6-27　显示器　　　　　　　　图6-28　绘制草图及尺寸标注

03 创建拉伸体。单击【三维模型】标签栏【创建】面板上的【拉伸】按钮，打开【拉伸】对话框，由于草图中只有图 6-28 中所示的一个截面轮廓，所以自动被选取为拉伸截面轮廓，将拉伸距离设置为 40mm，如图 6-29 所示。单击【确定】按钮完成拉伸，创建的拉伸体如图 6-30 所示。

04 创建草图。单击【三维模型】标签栏【草图】面板上的【开始创建二维草图】按钮，在视图中选取拉伸体的上表面为草图绘制面。单击【草图】标签栏【修改】面板中的【偏移】按钮，将上步创建的拉伸体向内偏移。单击【约束】面板中的【尺寸】按钮，标注尺寸，如图 6-31 所示。单击【草图】标签上的【完成草图】按钮，退出草图环境。

图6-29　"拉伸"对话框　　　　　　　　图6-30　创建拉伸体

05 切除拔模拉伸。单击【三维模型】标签栏【创建】面板上的【拉伸】按钮，打开【拉伸】对话框，选取上步创建的草图为拉伸截面轮廓，在【形状】选项卡中将拉伸距离设置为 4mm，选择【求差】选项。在【更多】选项卡中输入拉伸角度为-60，如图 6-32 所示，单击【确定】按钮完成切除拔模拉伸，结果如图 6-33 所示。

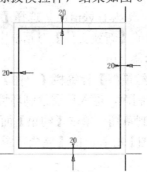

图6-31　绘制草图及尺寸标注

图6-32　【拉伸】对话框及预览

图6-33　创建拉伸体

06 创建倒角。单击【三维模型】标签栏【修改】面板上的【倒角】按钮，打开 "倒角"对话框，选择【两个倒角边长】类型，选择如图 6-34 所示的边线，输入倒角边 长 1 为 120mm、倒角边长 2 为 20mm，单击【应用】按钮；选择如图 6-35 所示的边线，输 入倒角边长 1 为 20mm，倒角边长 2 为 100mm，单击【应用】按钮；选择如图 6-36 所示的 边线，输入倒角边长 1 为 20mm、倒角边长 2 为 100mm，单击【应用】按钮；选择如图 6-37 所示的边线，输入倒角边长 1 为 20mm、倒角边长 2 为 80mm，单击【确定】按钮，结果如 图 6-38 所示。

07 创建工作平面。单击【三维模型】标签栏【定位特征】面板上的【工作平面】 按钮，在视图中选取并拖动拉伸体的侧面，如图 6-39 所示，输入偏移距离为-230mm， 单击✓按钮，创建工作平面。

08 创建草图。单击【三维模型】标签栏【草图】面板上的【开始创建二维草图】 按钮，在视图中选取上步创建的工作平面为草图绘制面。单击【草图】标签栏【创建】

面板中的【直线】按钮，绘制草图。单击【约束】面板中的【尺寸】按钮，标注尺寸，如图 6-40 所示。单击【草图】标签上的【完成草图】按钮，退出草图环境。

图6-34 【倒角】对话框及选择边线1

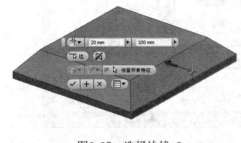

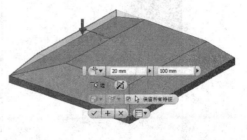

图6-35 选择边线 2

图6-36 选择边线3

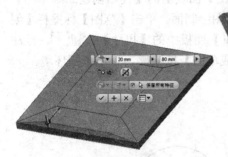

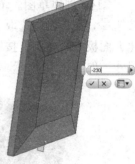

图6-37 选择边线3

图6-38 倒角处理

图6-39 创建工作平面

09 创建拉伸体。单击【三维模型】标签栏【创建】面板上的【拉伸】按钮，打开【拉伸】对话框，选取上步创建的草图为拉伸截面轮廓，将拉伸距离设置为 150mm，单击【对称】按钮，如图 6-41 所示。单击【确定】按钮完成拉伸，创建的拉伸体如图 6-42 所示。

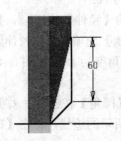

图6-40 绘制草图及尺寸标注

图6-41 【拉伸】对话框

图6-42 创建拉伸体

10 创建草图。单击【三维模型】标签栏【草图】面板上的【开始创建二维草图】按钮，在视图中选取工作平面为草图绘制面。单击【草图】标签栏【创建】面板中的【直线】按钮，绘制草图。单击【约束】面板中的【尺寸】按钮，标注尺寸，如图 6-43 所示。单击【草图】标签上的【完成草图】按钮，退出草图环境。

11 创建拉伸体。单击【三维模型】标签栏【创建】面板上的【拉伸】按钮，打开【拉伸】对话框，选取上步创建的草图为拉伸截面轮廓，将拉伸距离设置为 80mm，单击【对称】按钮，如图 6-44 所示。单击【确定】按钮完成拉伸，创建的拉伸体如图 6-45 所示。

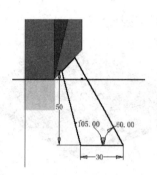

图6-43　绘制草图及尺寸标注　　　　　　图6-44　"拉伸"对话框

12 创建草图。单击【三维模型】标签栏【草图】面板上的【开始创建二维草图】按钮，在视图中选取上步创建的拉伸体下表面为草图绘制面。单击【草图】标签栏【创建】面板中的【圆】按钮，绘制草图。单击【约束】面板中的【尺寸】按钮，标注尺寸，如图 6-46 所示。单击【草图】标签上的【完成草图】按钮，退出草图环境。

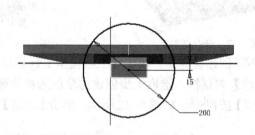

图 6-45　创建拉伸体　　　　　　图 6-46　绘制草图及尺寸标注

13 创建拉伸体。单击【三维模型】标签栏【创建】面板上的【拉伸】按钮，打开【拉伸】对话框，选取上步创建的草图为拉伸截面轮廓，在【形状】选项卡中将拉伸距离设置为 20mm，选择【求差】选项；在【更多】选项卡中输入拉伸角度为 18，如图 6-47 所示，单击【确定】按钮完成拉伸。

14 圆角处理。单击【三维模型】标签栏【修改】面板上的【圆角】按钮，打开【圆角】对话框，输入圆角半径为 20mm，在视图中选择如图 6-48 所示的边线，单击【确定】按钮，结果如图 6-49 所示。

图6-47 【拉伸】对话框及预览

图6-48 【圆角】对话框及预览

图6-49 圆角处理

6.3 孔

在 Autodesk Inventor 中可利用打孔工具在零件环境、部件环境和焊接环境中创建参数化直孔、沉头孔、锪平或倒角孔特征，还可自定义螺纹孔的螺纹特征和顶角的类型来满足设计要求。孔示意图如图 6-50 所示。

图6-50　孔示意图

6.3.1　孔特征选项说明

单击【三维模型】标签栏【修改】面板上的【孔】按钮 ，此时打开的【孔】对话框如图 6-51 所示。创建孔需要设定的参数按照顺序简要说明如下：

1. 放置尺寸

（1）从草图：该方式下，孔是基于草图的特征，要求在现有特征上绘制一个孔中心点，用户也可在现有几何图元上选择端点或中心点来作为孔中心。单击【中心】按钮，选择几何图元的端点或中心点作为孔中心。如果当前草图中只有一个点，则孔中心点将被自动选择为该点。

（2）线性：该方式根据两条线性边在面上创建孔。如果选择了【线性】方式，在【放置尺寸】框中将出现选择【面】以及两个【参考】按钮。单击【面】按钮则选择要放置孔的面。单击【参考 1】按钮则选择用于标注孔放置尺寸的第一条线性参考边，单击【参考 2】按钮则选择用于标注孔放置尺寸的第二条线性参考边。当选择了两个参考之后，与参考相关的尺寸会自动显示，可单击该尺寸以进行修改。图 6-52 所示为线性方式下的孔示意图。

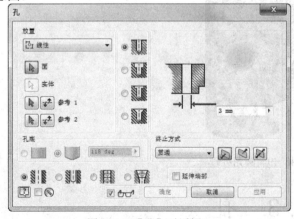

图6-51　【孔】对话框

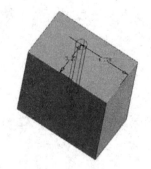

图6-52　【线性】方式孔示意图

（3）同心：该方式在面上创建与环形边或圆柱面同心的孔。选择该方式后，在【放置尺寸】框中将出现选择【面】和【同心参考】按钮。单击【面】按钮则选择要放置孔的面或工作平面。单击【同心参考】按钮则选择孔中心放置所引用的对象，可以是环形边或圆柱面。最后所创建的孔与同心引用对象具有同心约束。

（4）参考点：该方式创建与工作点重合并根据轴、边或工作平面进行放置的孔。选择该方式后，在【放置尺寸】框中出现选择【点】和【方向】的按钮。单击【点】按钮选择要设置为孔中心的工作点。单击【方向】按钮选择孔轴的方向，可选择与孔轴垂直的平面或工作平面，则该平面的法线方向成为孔轴的方向，或选择与孔轴平行的边或轴。单击【反向】按钮可反转孔的方向。

2. 孔的形状

可选择创建 4 种形状的孔，即直孔 、沉头孔 、沉头平面孔 和倒角孔 。直孔与平面齐平，并且具有指定的直径。沉头孔具有指定的直径、沉头直径和沉头深度。沉头平面孔具有指定的直径、沉头平面直径和沉头平面深度，孔和螺纹深度从沉头平面的底部曲面进行测量。倒角孔具有指定的直径、倒角直径和倒角深度。

> **注意**
>
> 不能将锥角螺纹孔与沉头孔结合使用。

3. 孔预览区域

在孔的预览区域内可预览孔的形状。需要注意的是，孔的尺寸是在预览窗口中进行修改的，双击对话框中孔图像上的尺寸，此时尺寸值变为可编辑状态，然后输入新值即完成修改。

4. 孔底

通过【孔底】选项可设定孔的底部形状，有两个选项：平直 和角度 ，如果选择了【角度】选项，可设定角度的值。

5. 终止方式

通过【终止方式】框中的选项可设置孔的方向和终止方式。单击【终止方式】下拉框中的向下箭头，可看到选项有【距离】、【贯通】或【到】。其中，【到】方式仅可用于零件特征，在该方式下需指定是在曲面还是在延伸面（仅适用于零件特征）上终止孔。如果选择【距离】或【贯通】选项，则通过方向按钮 选择是否反转孔的方向。

6. 孔的类型

可选择创建 4 种类型的孔，即简单孔、螺纹孔、配合孔和锥螺纹孔。要为孔设置螺纹特征，可选中【螺纹孔】或【锥螺纹孔】选项，此时出现【螺纹】选项框，用户可自己指定螺纹类型。

1）英制孔对应于【ANSI Unified Screw Threads】选项作为螺纹类型，公制孔则对应于【ANSI Metric M Profile】选项作为螺纹类型。

2）可设定螺纹的右旋或左旋方向，设置是否为全螺纹，可设定公称尺寸、螺距、系列和直径等。

3）如果选中【配合孔】选项创建与所选紧固件配合的孔，则此时出现【紧固件】选项框。可从【标准】下拉框中选择紧固件标准，从【紧固件类型】下拉框中选择紧固件类型，从【大小】下拉框中选择紧固件的大小，从【配合】下拉框中设置孔配合的类型，可选的值为：【常规】、【紧】或【松】。

6.3.2 实例——机械臂基座

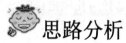 思路分析

本例绘制的机械臂基座如图 6-53 所示。首先绘制草图通过拉伸创建底座，然后绘制草图通过旋转创建支撑，再通过拉伸和拉伸切除创建于大臂的连接处，最后创建安装孔。

操作步骤

01 新建文件。运行 Autodesk Inventor，选择【快速入门】标签栏，选择【启动】面板上的【新建】选项，在打开的【新建文件】对话框中选择【Standard.ipt】选项，新建一个零件文件，命名为"基座.ipt"。

02 创建草图。单击【三维模型】标签栏【草图】面板上的【开始创建二维草图】按钮，选择 XY 平面为草图绘制面，进入草图绘制环境。单击【草图】标签栏【创建】面板中的【矩形】按钮，绘制正方形。单击【创建】面板中的【圆角】按钮，创建圆角；单击【约束】面板中的【尺寸】按钮，标注尺寸，如图 6-54 所示。单击【草图】标签上的【完成草图】按钮，退出草图环境。

图6-53 机械臂基座

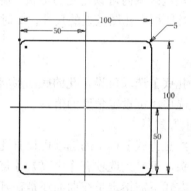

图6-54 绘制草图及尺寸标注

03 创建拉伸体。单击【三维模型】标签栏【创建】面板上的【拉伸】按钮，打开【拉伸】对话框，由于草图中只有图 6-54 所示的一个截面轮廓，所以自动被选取为拉伸截面轮廓，将拉伸距离设置为 10mm，如图 6-55 所示。单击【确定】按钮完成拉伸，创建的拉伸体如图 6-56 所示。

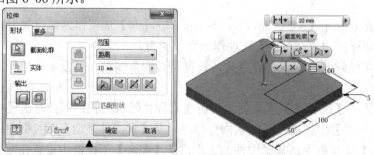

图6-55 【拉伸】对话框及预览

04 创建草图。单击【三维模型】标签栏【草图】面板上的【开始创建二维草图】

按钮囗，在浏览器的原始坐标系文件夹下选择 XZ 平面为草图绘制面。单击【草图】标签栏【创建】面板中的【直线】按钮╱，绘制草图；单击【约束】面板中的【尺寸】按钮╔，标注尺寸，如图 6-57 所示。单击【草图】标签上的【完成草图】按钮✓，退出草图环境。

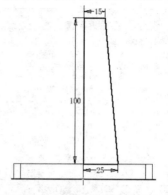

图6-56 创建拉伸体　　　　　　　图6-57 绘制草图及尺寸标注

05 创建旋转体。单击【三维模型】标签栏【创建】面板上的【旋转】按钮🔄，打开"旋转"对话框，选取上步创建的截面为旋转截面轮廓，选取竖直线段为旋转轴，如图 6-58 所示。单击【确定】按钮完成旋转，如图 6-59 所示。

图6-58 "旋转"对话框及预览

06 创建草图。单击【三维模型】标签栏【草图】面板上的【开始创建二维草图】按钮囗，在浏览器的原始坐标系文件夹下选择 XZ 平面为草图绘制面。单击【草图】标签栏【创建】面板中的【直线】按钮╱和【圆】按钮◯，绘制草图。单击【修改】面板中的【修剪】按钮✂，修剪多余的线段；单击【约束】面板中的【尺寸】按钮╔，标注尺寸，如图 6-60 所示。单击【草图】标签上的【完成草图】按钮✓，退出草图环境。

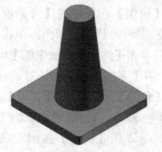

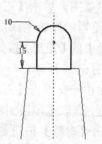

图6-59 创建旋转体　　　　　　　图6-60 绘制草图及尺寸标注

07 创建拉伸体。单击【三维模型】标签栏【创建】面板上的【拉伸】按钮📑，打开【拉伸】对话框，选取上步绘制的草图为拉伸截面轮廓，将拉伸距离设置为20mm，单击【对称】按钮，如图6-61所示。单击【确定】按钮完成拉伸，创建的拉伸体如图6-62所示。

图6-61　【拉伸】对话框　　　　　　　　　　　图6-62　创建拉伸体

08 创建直孔。单击【三维模型】标签栏【修改】面板上的【孔】按钮，打开【孔】对话框。在【放置】下拉列表中选择【同心】放置方式，在视图中选取上步创建的拉伸体外表面为孔放置平面，选取圆弧边线为同心参考，选择【直孔】类型，输入孔直径为12mm，终止方式为【贯通】，如图6-63所示，单击【确定】按钮完成直孔的创建，结果如图6-64所示。

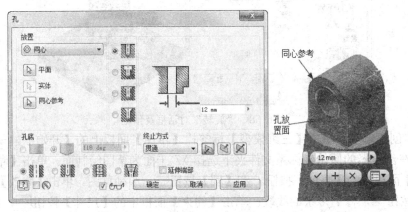

图6-63　【孔】对话框及预览

09 创建草图。单击【三维模型】标签栏【草图】面板上的【开始创建二维草图】按钮，在浏览器的原始坐标系文件夹下选择 XZ 平面为草图绘制面。单击【草图】标签栏【创建】面板中的【矩形】按钮，绘制草图；单击【约束】面板中的【尺寸】按钮，标注尺寸，如图6-65所示。单击【草图】标签上的【完成草图】按钮，退出草图环境。

10 切除拉伸。单击【三维模型】标签栏【创建】面板上的【拉伸】按钮，打开【拉伸】对话框，选取上步绘制的草图为拉伸截面轮廓，将拉伸距离设置为12mm，选择【求差】选项，单击【对称】按钮，如图6-66所示。单击【确定】按钮完成拉伸，创建的拉伸体如图6-77所示。

图6-64　创建直孔

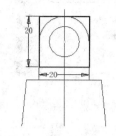

图6-65　绘制草图及尺寸标注

图6-66　【拉伸】对话框

图6-67　创建拉伸体

11 创建草图。单击【三维模型】标签栏【草图】面板上的【开始创建二维草图】按钮 ⧉，在视图中选取如图 6-67 所示的面 1 为草图绘制面。单击【草图】标签栏【创建】面板上的【点】按钮 ┼，创建 4 个点；单击【约束】面板中的【尺寸】按钮 ┠┥，标注尺寸，如图 6-68 所示。单击【草图】标签上的【完成草图】按钮 ✔，退出草图环境。

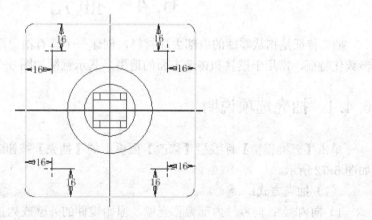

图6-68　绘制草图及尺寸标注

12 创建沉头孔。单击【三维模型】标签栏【修改】面板上的【孔】按钮 ⬡，打开【孔】对话框。在【放置】下拉列表中选择【从草图】放置方式，自动选取上步创建的点位孔心，选择【沉头孔】类型，其他参数设置如图 6-69 所示。单击【确定】按钮完成沉头孔的创建，结果如图 6-70 所示。

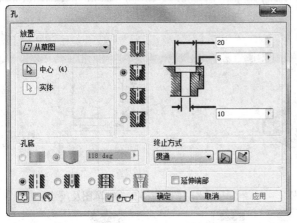

图6-69 【孔】对话框及预览

图6-70 创建沉头孔

6.4 抽壳

抽壳特征是指从零件的内部去除材料，创建一个具有指定厚度的空腔零件。抽壳也是参数化特征，常用于模具和铸造方面的造型，其示意图如图 6-71 所示。

6.4.1 抽壳选项说明

单击【三维模型】标签栏【修改】面板上的【抽壳】按钮 ，打开【抽壳】对话框，如图 6-72 所示。

（1）抽壳方式：

1）向内 ：向零件内部偏移壳壁，原始零件的外壁成为抽壳的外壁。

2）向外 ：向零件外部偏移壳壁，原始零件的外壁成为抽壳的内壁。

3）双向 ：向零件内部和外部以相同距离偏移壳壁，每侧偏移厚度是零件厚度的一半。

（2）特殊面厚度：用户可忽略默认厚度，而对所选的壁面应用其他厚度。需要指出的是，指定相等的壁厚是一个好的习惯，因为相等的壁厚有助于避免在加工和冷却的过程中出现变形。当然如果特殊需，也可为特定壳壁指定不同的厚度。

1）选择：显示应用新厚度的所选面个数。

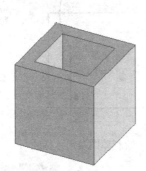

图6-71 抽壳示意图   图6-72 【抽壳】对话框

2）厚度：显示和修改为所选面所设置的新厚度。

（3）更多：提供了系统给予的抽壳优化措施，如不要过薄、不要过厚、中等，还可指定公差。

6.4.2 实例——移动轮支架

思路分析

本例绘制的移动轮支架如图 6-73 所示。首先绘制草图通过主体，然后通过抽壳创建壳体，再通过拉伸切除来切除多余的部分，最后创建孔和倒圆角。

操作步骤

01 新建文件。运行 Autodesk Inventor，选择【快速入门】标签栏，选择【启动】面板上的【新建】选项，在打开的【新建文件】对话框中选择【Standard.ipt】选项，新建一个零件文件，命名为"移动轮支架.ipt"。

02 创建草图。单击【三维模型】标签栏【草图】面板上的【开始创建二维草图】按钮，选择 XY 平面为草图绘制面，进入草图绘制环境。单击【草图】标签栏【创建】面板中的【直线】按钮和【圆】按钮，绘制草图；单击【修改】面板中的【修剪】按钮，修剪多余的线段；单击【约束】面板中的【尺寸】按钮，标注尺寸，如图 6-74 所示。单击【草图】标签上的【完成草图】按钮，退出草图环境。

03 创建拉伸体。单击【三维模型】标签栏【创建】面板上的【拉伸】按钮，打开【拉伸】对话框，选取上步绘制的草图为拉伸截面轮廓，将拉伸距离设置为65mm，如图6-75 所示。单击【确定】按钮完成拉伸，创建的拉伸体如图 6-76 所示。

04 创建抽壳。单击【三维模型】标签栏【修改】面板上的【抽壳】按钮，打开【抽壳】对话框，选择【向内】类型，如图 6-77 所示。在视图中选取如图 6-78 所示的两个面为开口面，输入厚度为 3mm，如图 6-78 所示。单击【确定】按钮完成抽壳处理，结果如图 6-79 所示。

图6-73 移动轮支架

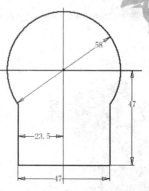

图6-74 绘制草图及尺寸标注

图6-75 【拉伸】对话框及预览

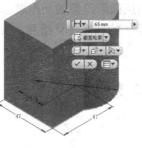

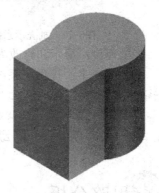

图6-76 创建拉伸体

图6-77 【抽壳】对话框

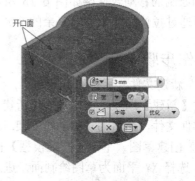

图6-78 选择开口面

05 创建草图。单击【三维模型】标签栏【草图】面板上的【开始创建二维草图】按钮，在浏览器中原始坐标系文件夹下选取 YZ 平面为草图绘制面。单击【草图】标签栏【创建】面板中的【直线】按钮和【三点圆弧】按钮，绘制草图；单击【约束】面板中的【尺寸】按钮，标注尺寸，如图 6-80 所示。单击【草图】标签上的【完成草图】按钮，退出草图环境。

06 切除拉伸。单击【三维模型】标签栏【创建】面板上的【拉伸】按钮，打开【拉伸】对话框，选取上步绘制的草图为拉伸截面轮廓，在【范围】下拉列表中选择【贯通】，选择【求差】选项，单击【对称】按钮，如图6-81所示。单击【确定】按钮完成拉伸，结果如图6-82所示。

图6-79 抽壳处理

图6-80 绘制草图及尺寸标注

图6-81 【拉伸】对话框及预览

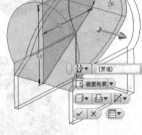

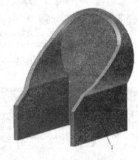

图6-82 拉伸切除实体

07 创建孔。单击【三维模型】标签栏【修改】面板上的【孔】按钮，打开【孔】对话框。在【放置】下拉列表中选择【线性】放置方式，选取如图6-82所示的面1为孔放置面，选取竖直边线为参考1，输入距离为57mm，选取水平边线为参考2，输入距离为13mm，选择【直孔】类型，输入孔直径为10mm，终止方式为【贯通】，如图6-83所示；单击【确定】按钮完成孔的创建，结果如图6-84所示。

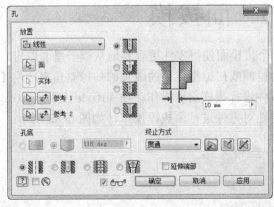

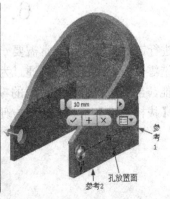

图6-83 【孔】对话框及预览

08 创建孔。单击【三维模型】标签栏【修改】面板上的【孔】按钮，打开【孔】对话框。在【放置】下拉列表中选择【同心】放置方式，选取如图6-85所示的面为孔放置面，选取圆弧边线为同心参考，选择【直孔】类型，输入孔直径为16mm，终止方式为【贯通】，如图 6-85 所示；单击【确定】按钮完成孔的创建，结果如图 6-86 所示。

09 圆角处理。单击【三维模型】标签栏【修改】面板上的【圆角】按钮，打开【圆角】对话框，输入圆角半径为 15mm，在视图中选取如图 6-87 所示的两条边线，单击【确定】按钮完成圆角处理，结果如图 6-88 所示。

图6-84 创建孔

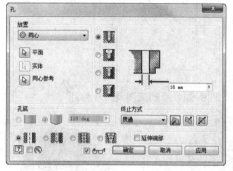

图6-85 【孔】对话框及预览

图6-86 创建孔

图6-87 【圆角】对话框及预览

图6-88 圆角处理

6.5 面拔模

在进行铸件设计时，通常需要一个拔模面使得零件更容易地从模子里面取出。在为模具或铸造零件设计特征时，可通过为拉伸或扫掠指定正的或负的扫掠斜角来应用【拔模斜度】功能，当然也可直接对现成的零件进行拔模斜度操作。在 Autodesk Inventor 中提供了一个【拔模斜度】工具，可很方便地对零件进行面拔模操作，如图 6-89 所示。

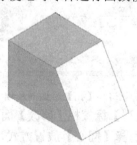

图6-89 面拔模示意图

6.5.1 拔模斜度选项说明

单击【三维模型】标签栏【修改】面板上的【面拔模】按钮 ，打开【面拔模】对话框，如图 6-90 所示。

1. 拔模方式

（1）固定边 ：在每个平面的一个或多个相切的连续固定边处创建拔模，拔模结果是创建额外的面。

（2）固定平面 ：需要选择一个固定平面（也可是工作平面），选择以后开模方向就自动设定为垂直于所选平面，然后再选择拔模面，即根据确定的拔模斜度角来创建拔模斜度特征。

图6-90 【面拔模】对话框

（3）分模线 ：创建有关二维或三维草图的拔模。模型将在分模线上方和下方进行拔模。

2. 自动链选面

自动链选面包含与拔模选择集中的选定面相切的面。

3. 自动过渡

自动过渡适用于以圆角或其他特征过渡到相邻面的面。勾选此选项，可维护过渡的几何图元。

6.5.2 实例——充电器

思路分析

本例绘制的充电器如图 6-91 所示。首先绘制草图通过拉伸创建主体，然后通过拔模创建外形，再通过拉伸创建插头。

操作步骤

01 新建文件。运行 Autodesk Inventor，选择【快速入门】标签栏，选择【启动】面板上的【新建】选项，在打开的"新建文件"对话框中选择【Standard.ipt】选项，新建一个零件文件，命名为"充电器.ipt"。

02 创建草图。单击【三维模型】标签栏【草图】面板上的【开始创建二维草图】

按钮，选择 XY 平面为草图绘制面，进入草图绘制环境。单击【草图】标签栏【创建】面板中的【矩形】按钮，绘制矩形；单击【约束】面板中的【尺寸】按钮，标注尺寸，如图 6-92 所示。单击【草图】标签上的【完成草图】按钮，退出草图环境。

03 创建拉伸体。单击【三维模型】标签栏【创建】面板上的【拉伸】按钮，打开【拉伸】对话框，选取上步绘制的草图为拉伸截面轮廓，将拉伸距离设置为 4mm，如图 6-93 所示。单击【确定】按钮完成拉伸，创建的拉伸体如图 6-94 所示。

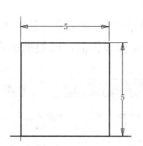

图6-91 充电器　　　　图6-92 绘制草图及尺寸标注　　　　图6-93 【拉伸】对话框

04 创建工作平面。单击【三维模型】标签栏【定位特征】面板上的【工作平面】按钮，在视图中选取上部创建的拉伸体的上表面并拖动，输入偏移距离为 0.5mm，单击按钮，创建工作平面，结果如图 6-95 所示。

05 创建草图。单击【三维模型】标签栏【草图】面板上的【开始创建二维草图】按钮，在视图中选择上步创建的工作平面作为草图绘制面。单击【草图】标签栏【创建】面板中的【投影几何图元】按钮，提取前面创建的拉伸体的外边线，单击【草图】标签上的【完成草图】按钮，退出草图环境。

06 创建拉伸体。单击【三维模型】标签栏【创建】面板上的【拉伸】按钮，打开【拉伸】对话框，选取上步绘制的草图为拉伸截面轮廓，将拉伸距离设置为 2mm。单击【确定】按钮完成拉伸，创建的拉伸体如图 6-96 所示。

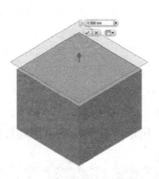

图6-94 创建拉伸体　　　　图6-95 创建工作平面　　　　图6-96 创建拉伸体

07 拔模处理。单击【三维模型】标签栏【修改】面板上的【面拔模】按钮，打开【面拔模】对话框，如图 6-97 所示。选择【固定平面】类型，在视图中选取第一个拉伸体的上表面为固定平面，选择 4 个面为拔模面，输入拔模斜度为 10°，单击【确定】按钮完成拔模处理，结果如图 6-98 所示。

08 拔模处理。单击【三维模型】标签栏【修改】面板上的【面拔模】按钮，打开【面拔模】对话框，如图 6-99 所示。选择【固定平面】类型，在视图中选取第二个拉伸体的下表面为固定平面，选择 4 个面为拔模面，输入拔模斜度为30°，单击【确定】按钮，结果如图 6-100 所示。

图6-97　【面拔模】对话框及预览

图6-98　拔模处理

图 6-99　【面拔模】对话框及预览

图 6-100　拔模处理

09 创建共享草图。在浏览器中【拉伸 2】特征下选取【草图 2】，单击右键，在弹出的快捷菜单中选择【共享草图】选项，如图 6-101 所示。系统自动生成一个【草图 2】，如图 6-102 所示。

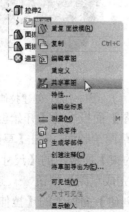
图6-101　快捷菜单

图6-102　共享草图

10 创建拉伸体。单击【三维模型】标签栏【创建】面板上的【拉伸】按钮，打开【拉伸】对话框，选取上步共享的草图为拉伸截面轮廓，在【范围】下拉列表中选择【到】，在视图中选取拉伸体的上表面，如图 6-103 所示。单击【确定】按钮完成拉伸，创建的拉伸体如图 6-104 所示。隐藏工作平面和共享草图 2。

11 创建草图。单击【三维模型】标签栏【草图】面板上的【开始创建二维草图】

按钮，在视图中选取上步创建的拉伸体的上表面为草图绘制面。单击【草图】标签栏【创建】面板中的【矩形】按钮，绘制矩形。单击【约束】面板中的【尺寸】按钮，标注尺寸，如图 6-105 所示。单击【草图】标签上的【完成草图】按钮，退出草图环境。

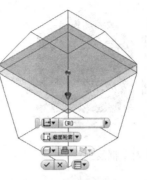

图6-103　【拉伸】对话框及预览　　　　　　　　图6-104　创建拉伸体

12 创建拉伸体。单击【三维模型】标签栏【创建】面板上的【拉伸】按钮，打开"拉伸"对话框，选取上步创建的草图为拉伸截面轮廓，输入拉伸距离为 0.3mm。单击【确定】按钮完成拉伸，创建的拉伸体如图 6-106 所示。

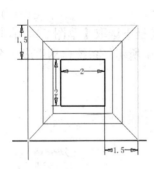

图6-105　绘制草图及尺寸标注　　　　　　　图6-106　创建拉伸体

13 创建草图。单击【三维模型】标签栏【草图】面板上的【开始创建二维草图】按钮，在视图中选取上步创建的拉伸体的上表面为草图绘制面。单击【草图】标签栏【创建】面板中的【矩形】按钮，绘制矩形；单击【约束】面板中的【尺寸】按钮，标注尺寸，如图 6-107 所示。单击【草图】标签上的【完成草图】按钮，退出草图环境。

14 创建拉伸体。单击【三维模型】标签栏【创建】面板上的【拉伸】按钮，打开【拉伸】对话框，选取上步共享的草图为拉伸截面轮廓，输入拉伸距离为 2mm，单击【确定】按钮完成拉伸，创建的拉伸体如图 6-108 所示。

15 圆角处理。单击【三维模型】标签栏【修改】面板上的【圆角】按钮，打开【圆角】对话框，在视图中选择如图 6-109 所示的边进行圆角处理，设置圆角半径为 0.6mm，单击【确定】按钮完成边圆角处理，结果如图 6-110 所示。

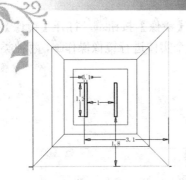

图6-107 绘制草图及尺寸标注

图6-108 创建拉伸体

图6-109 【圆角】对话框及预览

图6-110 边圆角处理

6.6 镜像特征

镜像特征可以以等长距离在平面的另外一侧创建一个或多个特征甚至整个实体的副本。如果零件中有多个相同的特征且在空间的排列上具有一定的对称性，则可使用镜像工具来减少工作量，提高工作效率，镜像特征和镜像实体如图 6-111 所示。

图6-111 镜像特征和镜像实体

单击【三维模型】标签栏【阵列】面板上的【镜像】按钮，打开【镜像】对话框。首先要选择对各个特征进行镜像操作还是对整个实体进行镜像操作，两种类型操作的【镜像】对话框分别如图 6-112 所示。

图6-112　两种类型操作的【镜像】对话框

6.6.1　镜像特征

下面介绍对各个特征进行镜像操作。

【操作步骤】

1）选择一个或多个要镜像的特征，如果所选特征带有从属特征，它们也将被自动选中。

2）选择镜像平面，任何直的零件边、平坦的零件表面、工作平面或工作轴都可作为用于镜像所选特征的对称平面。

3）在【创建方法】选项中，如果选中【优化】选项，则创建的镜像引用是原始特征的直接副本。如果选中【完全相同】选项，则创建完全相同的镜像体，而不管它们是否与另一特征相交。当镜像特征终止在工作平面上时，使用此方法可高效地镜像出大量的特征。如果选中【调整】选项，则用户可根据其中的每个特征分别计算各自的镜像特征。

4）单击【确定】按钮完成特征的创建，结果如图 6-113 所示。

6.6.2　镜像实体

可用【镜像整个实体】选项镜像包含不能单独镜像的特征的实体，实体的阵列也可包含其定位特征。

【操作步骤】

1）单击【包括定位/曲面特征】按钮，选择一个或多个要镜像的定位特征。

2）选择【镜像平面】按钮，再选择工作平面或平面，所选定位特征将穿过该平面实现镜像。

3）如果选择了【删除原始特征】选项，则删除原始实体，零件文件中仅保留镜像引用。可使用此选项对零件的左旋和右旋版本进行造型。

4）【创建方法】选项框中的选项含义与镜像特征中的对应选项相同。注意，【调整】选项不能用于镜像整个实体。

5）单击【确定】按钮完成特征的创建，结果如图 6-114 所示。

图6-113　镜像特征　　　　　　　　图6-114　镜像实体

6.6.3　实例——圆头导向键

思路分析

本例绘制的圆头导向键如图 6-115 所示。首先绘制草图通过拉伸创建主体，然后通过孔创建沉头孔，再通过镜像实体创建另一侧，最后进行倒角处理。

图6-115　圆头导向键

操作步骤

01 新建文件。运行 Autodesk Inventor，选择【快速入门】标签栏，选择【启动】面板上的【新建】选项，在打开的【新建文件】对话框中选择【Standard.ipt】选项，新建一个零件文件，命名为"圆头导向键.ipt"。

02 创建草图。单击【三维模型】标签栏【草图】面板上的【开始创建二维草图】按钮□，选择 XY 平面为草图绘制面，进入草图绘制环境。单击【草图】标签栏【创建】面板中的【矩形】按钮□，绘制矩形；单击【约束】面板中的【尺寸】按钮□，标注尺寸，如图 6-116 所示。单击【草图】标签上的【完成草图】按钮✔，退出草图环境。

03 创建拉伸体。单击【三维模型】标签栏【创建】面板上的【拉伸】按钮🗐，打开【拉伸】对话框，选取上步绘制的草图为拉伸截面轮廓，将拉伸距离设置为 10mm，如图

6-117 所示。单击【确定】按钮完成拉伸，创建的拉伸体如图 6-118 所示。

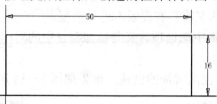

图6-116　绘制草图及标注尺寸

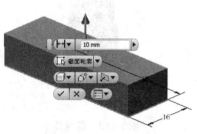

图6-117　【拉伸】对话框及预览

图6-118　创建拉伸体

04 创建沉头孔。单击【三维模型】标签栏【修改】面板上的【孔】按钮，打开【孔】对话框，在【放置】下拉列表中选择【线性】放置类型，在视图中选取拉伸体的上表面为孔放置面，选取长边为参考 1，输入距离为 8mm，选取短边为参考 2，输入距离为 20mm，选择【沉头孔】类型，输入沉头孔参数如图 6-119 所示。单击【确定】按钮完成沉头孔的创建，结果如图 6-120 所示。

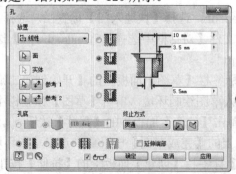

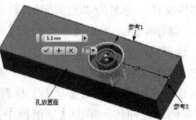

图6-119　【孔】对话框及预览

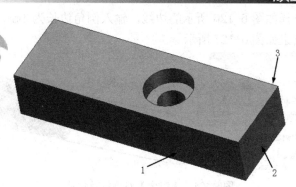

图6-120　创建沉头孔

05 圆角处理。单击【三维模型】标签栏【修改】面板上的【圆角】按钮，打开【圆角】对话框，选择【全圆角】类型，在视图中选择面1、2、3，结果如图6-121所示。注意：中心面集是面2。单击【确定】按钮完成圆角处理，结果如图6-122所示。

图6-121　【圆角】对话框　　　　　　　　图6-122　圆角处理

06 镜像处理。这里可以两种方法实现对模型的镜像，读者可任选一种。

方法一：单击【三维模型】标签栏【阵列】面板上的【镜像】按钮，打开"镜像"对话框，选择【镜像各个特征】类型，在视图中选取拉伸体、孔特征和圆角，选取如图6-123所示的面为镜像平面，单击【确定】按钮完成镜像处理，结果如图6-125所示。

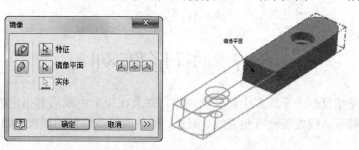

图6-123　【镜像】对话框及预览

方法二：单击【三维模型】标签栏【阵列】面板上的【镜像】按钮，打开"镜像"对话框，选择【镜像实体】类型，系统自动选取视图中的所有实体，选取如图6-124所示的面为镜像平面，单击【确定】按钮完成镜像处理，结果如图6-125所示。

07 创建倒角。单击【三维模型】标签栏【修改】面板上的【倒角】按钮，打开

【倒角】对话框，选择如图 6-126 所示的边线，输入倒角边长为 1mm，单击【确定】按钮完成倒角的创建，结果如图 6-127 所示。

 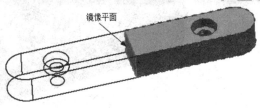

图6-124 【镜像】对话框及预览

图6-125 镜像特征或实体

图6-126 "倒角"对话框及预览

图6-127 边倒角

6.7 矩形阵列

矩形阵列是指复制一个或多个特征的副本，并且在矩形中或沿着指定的线性路径排列所得到的引用特征。线性路径可是直线、圆弧、样条曲线或修剪的椭圆，如图 6-128 所示。

6.7.1 矩形阵列选项说明

1）单击【三维模型】标签栏内【阵列】面板上的【矩形阵列】按钮，打开【矩形阵列】对话框如图 6-129 所示。

2）在 Autodesk Inventor 2018 中，和镜像操作类似，也可选择阵列各个特征或阵列整个实体。如果要阵列各个特征。可选择要阵列的一个或多个特征，对于精加工特征（如圆角和倒角），仅当选择了它们的父特征时才能包含在阵列中。

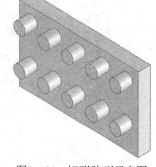

图6-128　矩形阵列示意图

3）选择阵列的两个方向，用路径选择工具来选择线性路径以指定阵列的方向，路径可是二维或三维直线、圆弧、样条曲线、修剪的椭圆或边，可是开放回路，也可是闭合回路。【反向】按钮用来使得阵列方向反向。

4）需要为在该方向上复制的特征指定副本的个数，以及副本之间的距离 10 mm。副本之间的距离可用三种方法来定义：

➢ 间距：指定每个特征副本之间的距离。

➢ 距离：指定特征副本的总距离。

➢ 曲线长度：指定在指定长度的曲线上平均排列特征的副本。两个方向上的设置是完全相同的。对于任何一个方向，【起始位置】选项选择路径上的一点以指定一列或两列的起点。如果路径是封闭回路，则必须指定起点。

5）在【计算】选项中：

➢ 优化：创建一个副本并重新生成面，而不是重生成特征。

➢ 完全相同：创建完全相同的特征，而不管终止方式。

➢ 调整：使特征在遇到面时终止。需要注意的是，用【完全相同】方法创建的阵列比用【调整】方法创建的阵列计算速度快。如果使用【调整】方法，则阵列特征会在遇到平面时终止，所以可能会得到一个其大小和形状与原始特征不同的特征。

6）在【方向】选项中，选择【完全相同】选项用第一个所选特征的放置方式放置所有特征，或选择【方向1】或【方向2】选项指定控制阵列特征旋转的路径。

7）单击【确定】按钮完成特征的创建。

在矩形阵列阵列中，可抑制某一个或几个单独的引用特征即创建的特征副本。当创建了一个矩形阵列特征后，在浏览器中显示每一个引用的图标，右键单击某个引用，该引用即被选中，同时打开右键快捷菜单，如图 6-130 所示。如果选择【抑制】选项，该特征即被抑制，同时变为不可见。要同时抑制几个引用，可按住 Ctrl 键的同时左键单击想要抑制的引用即可。如果要去除引用的抑制，右键单击被抑制的引用，在【打开】菜单中单击【抑制】选项，去掉前面的勾号即可。

注意

阵列整个实体的选项与阵列特征选项基本相同，只是【调整】选项在阵列整个实体时不可用。

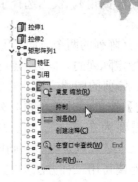

图6-129 【矩形阵列】对话框   图6-130 右键快捷菜单

6.7.2 实例——窥视孔盖

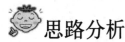 思路分析

本例绘制的窥视孔盖如图 6-131 所示。首先绘制草图通过拉伸创建主体，然后通过孔创建沉头孔，再通过镜像实体创建另一侧，最后进行倒角处理。

操作步骤

01 新建文件。运行 Autodesk Inventor，选择【快速入门】标签栏，选择【启

图6-131 窥视孔盖

动】面板上的【新建】选项，在打开的【新建文件】对话框中选择【Standard.ipt】选项，新建一个零件文件，命名为"窥视孔盖.ipt"。

02 创建草图。单击【三维模型】标签栏【草图】面板上的【开始创建二维草图】按钮，选择 XY 平面为草图绘制面，进入草图绘制环境。单击【草图】标签栏【创建】面板中的【矩形】按钮，绘制矩形；单击【约束】面板中的【尺寸】按钮，标注尺寸，如图 6-132 所示。单击【草图】标签上的【完成草图】按钮，退出草图环境。

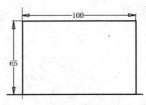

图6-132 绘制草图及标注尺寸

03 创建拉伸体。单击【三维模型】标签栏【创建】面板上的【拉伸】按钮，打开【拉伸】对话框，选取上步绘制的草图为拉伸截面轮廓，将拉伸距离设置为 6mm，如图

6-133 所示。单击【确定】按钮完成拉伸，创建的拉伸体如图 6-134 所示。

图6-133　【拉伸】对话框　　　　　　　　　　　图6-134　创建拉伸体

04 创建草图。单击【三维模型】标签栏【草图】面板上的【开始创建二维草图】按钮，在视图中选择上步创建的拉伸体的上表面为草图绘制面。单击【草图】标签栏【创建】面板上的【点】按钮，创建点；单击【约束】面板中的【尺寸】按钮，标注尺寸，如图 6-135 所示。单击【草图】标签上的【完成草图】按钮，退出草图环境。

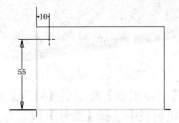

图6-135　绘制草图及标注尺寸

05 打孔。单击【三维模型】标签栏【修改】面板上的【孔】按钮，打开【孔】对话框。在【放置】下拉列表中选择【从草图】放置方式，自动选取上步创建的点为孔心，如图 6-136 所示，选择【直孔】类型，输入孔直径为 7mm，终止方式为【贯通】，单击【确定】按钮。

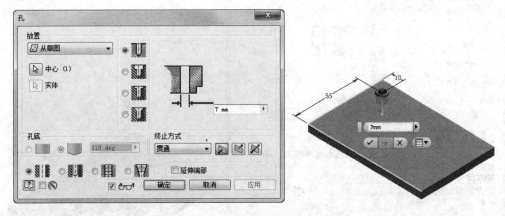

图6-136　【孔】对话框及预览

06 矩形阵列孔。单击【三维模型】标签栏【阵列】面板上的【矩形阵列】按钮，打开【矩形阵列】对话框，选取上步创建的孔为要阵列的特征，在视图中选择长边线为阵列方向1，输入阵列个数为2，距离为80mm，选择短边为阵列方向2，输入个数为2，距离为45mm，如图6-137所示，单击【确定】按钮完成矩形阵列孔，结果如图6-138所示。

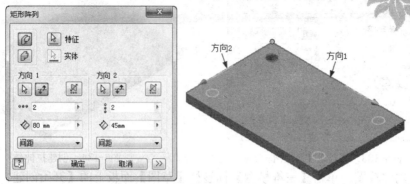

图6-137 【矩形阵列】对话框及预览

图6-138 矩形阵列

07 创建螺纹孔。单击【三维模型】标签栏【修改】面板上的【孔】按钮，打开【孔】对话框。在【放置】下拉列表中选择【线性】放置方式，选取拉伸体的上表面为孔放置面，选取长边线为参考1，输入距离为32.5mm，选取短边为参考2，输入距离为50mm，创建直螺纹孔，勾选【全螺纹】复选框，其他参数设置如图6-139所示，单击【确定】按钮完成螺纹孔的创建，结果如图6-140所示。

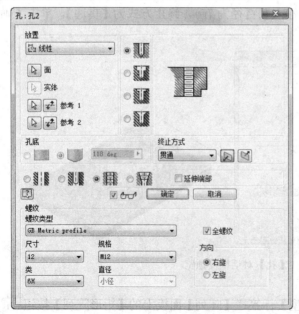

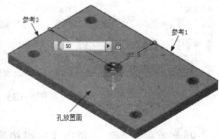

图6-139 【孔】对话框及预览

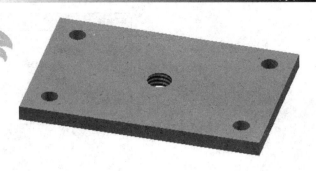

图6-140　创建螺纹孔

08 圆角处理。单击【三维模型】标签栏【修改】面板上的【圆角】按钮，打开【圆角】对话框，输入圆角半径为 15mm，在视图中选取拉伸体的四条棱边，如图 6-141 所示，单击【确定】按钮完成圆角处理，结果如图 6-142 所示。

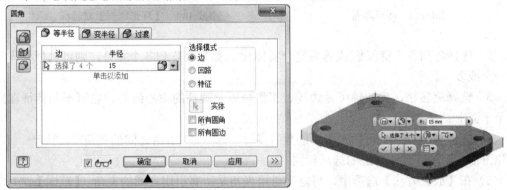

图6-141　【圆角】对话框及预览

图6-142　边倒圆

6.8　环形阵列

环形阵列是指复制一个或多个特征，然后在圆弧或圆中按照指定的数量和间距排列所得到的引用特征，如图 6-143 所示。

6.8.1　创建环形阵列特征

1）单击【三维模型】标签栏【阵列】面板上的【环形阵列】按钮，打开的【环形阵列】对话框，如图 6-144 所示。

图6-143　环形阵列

图6-144　【环形阵列】对话框

2）选择阵列各个特征或阵列整个实体。如果要阵列各个特征，则可选择要阵列的一个或多个特征。

3）选择旋转轴，旋转轴可是边线、工作轴以及圆柱的中心线等，它可不和特征在同一个平面上。

4）在【放置】选项中，可指定引用的数目 8 ，引用之间的夹角 360 deg 。创建方法与矩形阵列中对应的选项相同。

5）在【放置方法】选项中，可定义引用夹角是所有引用之间的夹角（【范围】选项）还是两个引用之间的夹角（【增量】选项）。最后单击【确定】按钮以创建环形阵列特征。

6）单击【确定】按钮完成特征的创建。

如果选择【阵列整个实体】选项，则【调整】选项不可用。其他选项含义和阵列各个特征的对应选项相同。

6.8.2　实例——叶轮

思路分析

本例绘制的叶轮如图 6-145 所示。首先绘制草图通过旋转创建主体，然后绘制草图通过拉伸创建单个叶片，再通过环形阵列创建所有的叶片，最后打孔。

操作步骤

01 新建文件。运行 Autodesk Inventor，选择【快速入门】标签栏，选择【启动】面板上的【新建】选项，在打开的【新建文件】对话框中选择【Standard.ipt】选项，新建一个零件文件，命名为"叶轮.ipt"。

02 创建草图。单击【三维模型】标签栏【草图】面板上的【开始创建二维草图】按钮，选择 XY 平面为草图绘制面，进入草图绘制环境。单击【草图】标签栏【创建】

面板中的【直线】按钮／和【三点圆弧】按钮，单击【约束】面板中的【尺寸】按钮，标注尺寸，如图 6-146 所示。单击【草图】标签上的【完成草图】按钮，退出草图环境。

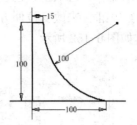

图6-145　叶轮　　　　　　　　　　　　　图6-146　绘制草图及标注尺寸

03 创建旋转体。单击【三维模型】标签栏【创建】面板上的【旋转】按钮，打开【旋转】对话框，由于草图中只有图 6-146 所示的一个截面轮廓，所以自动被选取为旋转截面轮廓，选取竖直线段为旋转轴，如图 6-147 所示。单击【确定】按钮完成旋转，创建的旋转体如图 6-148 所示。

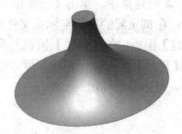

图6-147　【旋转】对话框　　　　　　　　　图6-148　创建旋转体

04 创建工作平面。单击【三维模型】标签栏【定位特征】面板上的【工作平面】按钮，在浏览器原始坐标系文件夹中选择 XY 平面，拖动 XY 平面，如图 6-149 所示，输入偏移距离为 100mm，单击　按钮，创建工作平面。

05 创建草图。单击【三维模型】标签栏【草图】面板上的【开始创建二维草图】按钮，在视图中选取上步创建的工作平面为草图绘制面。单击【草图】标签栏【创建】面板中的【直线】按钮／和【三点圆弧】按钮，绘制中心线和圆弧；单击【修改】面板上的【偏移】按钮，将圆弧向内偏移；单击【约束】面板中的【尺寸】按钮，标注尺寸，如图 6-150 所示。单击【草图】标签上的【完成草图】按钮，退出草图环境。

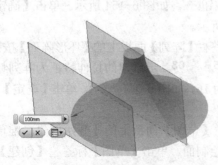

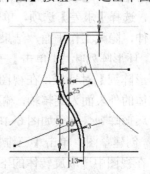

图6-149　创建工作平面　　　　　　　　　图6-150　绘制草图及标注尺寸

06 创建拉伸体。单击【三维模型】标签栏【创建】面板上的【拉伸】按钮，打开【拉伸】对话框，选取上步创建的草图为拉伸截面轮廓，将拉伸距离设置为100mm，单击【方向2】按钮来改变拉伸方向，如图6-151所示。单击【确定】按钮完成拉伸，创建的拉伸体如图6-152所示。

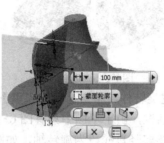

图6-151 【拉伸】对话框及预览

07 创建草图。单击【三维模型】标签栏【草图】面板上的【开始创建二维草图】按钮，在浏览器的原始坐标系文件夹下选取 YZ 平面为草图绘制面。单击【草图】标签栏【创建】面板中的【直线】按钮和【三点圆弧】按钮，绘制草图；单击【约束】面板中的【尺寸】按钮，标注尺寸，如图6-153所示。单击【草图】标签上的【完成草图】按钮，退出草图环境。

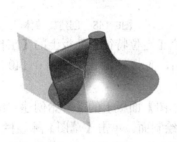
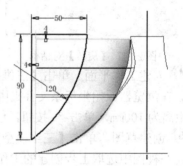

图6-152 创建拉伸体　　　　　　图6-153 绘制草图及标注尺寸

08 切除拉伸。单击【三维模型】标签栏【创建】面板上的【拉伸】按钮，打开【拉伸】对话框，选取上步创建的草图为拉伸截面轮廓，在【范围】下拉列表中选择【贯通】选项，选择【求差】选项，单击【对称】按钮，如图6-154所示。单击【确定】按钮完成拉伸，隐藏工作平面，结果如图6-155所示。

09 环形阵列叶片。单击【三维模型】标签栏【阵列】面板上的【环形阵列】按钮，打开【环形阵列】对话框，在视图中选取第**05**～**08**步创建的拉伸特征为阵列特征，选取旋转体的外表面为旋转轴，输入阵列个数为16，如图6-156所示。单击【确定】按钮，完成叶片环形阵列，结果如图6-157所示。

10 创建草图。单击【三维模型】标签栏【草图】面板上的【开始创建二维草图】按钮，在视图中选取旋转体的下表面为草图绘制面。单击【草图】标签栏【创建】面板中的【圆】按钮，绘制直径为 200mm 的圆；单击【约束】面板中的【尺寸】按钮，标注尺寸，如图6-158所示。单击【草图】标签上的【完成草图】按钮✓，退出草图环境。

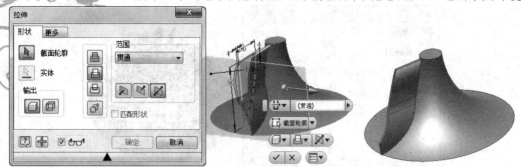

图6-154 【拉伸】对话框及预览   图6-155 切除叶片

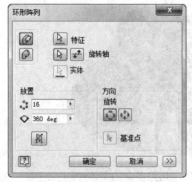

图6-156 【环形阵列】对话框及预览

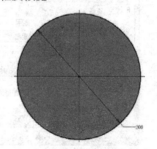

图6-157 环形阵列叶片   图6-158 绘制草图及标注尺寸

(11) 切除拉伸。单击【三维模型】标签栏【创建】面板上的【拉伸】按钮，打开【拉伸】对话框，选取上步创建的草图为拉伸截面轮廓，在【范围】下拉列表中选择【贯通】选项，选择【求交】选项，如图6-159所示。单击【确定】按钮完成切除拉伸，结果如图6-160所示。

(12) 创建草图。单击【三维模型】标签栏【草图】面板上的【开始创建二维草图】按钮，在视图中选取旋转体的下表面为草图绘制面。单击【草图】标签栏【创建】面板中的【圆】按钮，在圆心处绘制直径为160mm和120mm的同心圆；单击【约束】面板中的【尺寸】按钮，标注尺寸。单击【草图】标签上的【完成草图】按钮✓，退出草图环境。

(13) 创建拉伸体。单击【三维模型】标签栏【创建】面板上的【拉伸】按钮，打开【拉伸】对话框，选取上步创建的草图为拉伸截面轮廓，输入距离为10mm，如图6-161

所示。单击【确定】按钮完成拉伸，创建的拉伸体如图 6-162 所示。

图6-159 【拉伸】对话框及预览

图 6-160 切除多余的实体

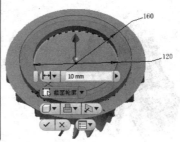

图6-161 【拉伸】对话框及预览

图6-162 创建拉伸体

14 创建孔。单击【三维模型】标签栏【修改】面板上的【孔】按钮，打开【孔】对话框。在【放置】下拉列表中选择【同心】放置方式，在视图中选取旋转体的下底面为孔放置平面，选取上步创建的拉伸体的圆边线为同心参考，选择【直孔】类型，输入孔直径为 20mm，终止方式为【贯通】，如图 6-163 所示。单击【确定】按钮完成孔的创建，结果如图 6-164 所示。

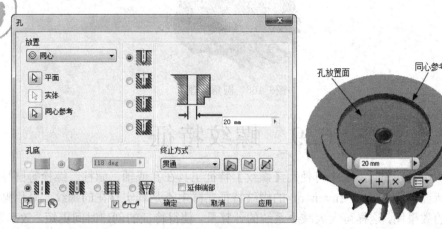

图6-163　【孔】对话框及预览

15 圆角处理。单击【三维模型】标签栏【修改】面板上的【圆角】按钮，打开【圆角】对话框，输入圆角半径为 2mm，在视图中选取第 **13** 步创建的拉伸体的四条边线，如图 6-165 所示，单击【确定】按钮完成圆角处理，结果如图 6-166 所示。

图 6-164　创建孔

图6-165　【圆角】对话框及预览

图6-166　圆角处理

6.9　螺纹特征

在 Autodesk Inventor 中可使用【螺纹】特征工具在孔或轴、螺柱、螺栓等圆柱面上创建螺纹特征。Autodesk Inventor 的螺纹特征实际上不是真实存在的螺纹，是用贴图的方法实现的效果图，这样可大大减少系统的计算量，使得特征的创建时间更短，效率更高。

【操作步骤】

1）单击【三维模型】标签栏【修改】面板上的【螺纹】按钮，打开【螺纹】对话框如图 6-167 所示。

2）在该对话框中的【位置】选项卡中首先选择螺纹所在的平面。

3）当选中了【在模型上显示】选项时，创建的螺纹可在模型上显示出来，否则即使创建了螺纹也不会显示在零件上。

4）在【螺纹长度】选项中，可指定螺纹为全螺纹，也可指定螺纹相对于螺纹起始面的偏移量和螺纹的长度。

5）在【定义】选项卡中，可指定螺纹类型、公称大小、螺距、系列和【右旋】或【左旋】方向，如图 6-168 所示。

6）单击【确定】按钮即可创建螺纹。

图6-167　【螺纹】对话框　　　　　　图6-168　【定义】选项卡

Autodesk Inventor 使用 Excel 电子表格来管理螺纹和螺纹孔数据。默认情况下，电子表格位于\Inventor 安装文件夹\Inventor2018\Design Data\ 文件夹中。电子表格中包含了一些常用行业标准的螺纹类型和标准的螺纹孔大小，用户可编辑该电子表格，以便包含更多标准的螺纹大小，包含更多标准的螺纹类型，创建自定义螺纹大小，创建自定义螺纹类型等。

➤ 电子表格的基本形式如下：

1）每张工作表表示不同的螺纹类型或行业标准。

2）每个工作表上的单元格 A1 保留用来定义测量单位。

3）每行表示一个螺纹条目。

4）每列表示一个螺纹条目的独特信息。

➤ 如果用户要自行创建或修改螺纹（或螺纹孔）数据，应该考虑以下因素：

1）编辑文件之前备份电子表格（thread.xls）；要在电子表格中创建新的螺纹类型，复制一份现有工作表以便维持数据列结构的完整性，然后在新工作表中进行修改得到新的螺纹数据。

2）要创建自定义螺纹孔大小，在电子表格中创建一个新工作表，使其包含自定义的螺纹定义，然后选择【螺纹】对话框的【定义】选项卡，然后选择【螺纹类型】列表中的【自定义】选项。

3）修改电子表格不会使现有的螺纹和螺纹孔产生关联变动。

4）修改并保存电子表格后，编辑螺纹特征并选择不同的螺纹类型，然后保存文件即可。

6.10　加强筋

在模具和铸件的制造过程中，常常为零件增加加强筋和肋板（也叫做隔板或腹板），以提高零件强度。在塑料零件中，它们也常常用来提高刚性和防止弯曲。Autodesk Inventor中提供了加强筋工具，以便于快速的在零件中添加加强筋和肋板。加强筋（见图 6-169）是指封闭的薄壁支撑形状，肋板指开放的薄壁支撑形状。

加强筋和肋板也是非基于草图的特征，在草图中需完成的工作就是绘制二者的截面轮廓。可创建一个封闭的截面轮廓作为加强筋的轮廓，可创建一个开放的截面轮廓作为肋板的轮廓，也可创建多个相交或不相交的截面轮廓定义网状加强筋和肋板。

6.10.1　加强筋选项说明

单击【三维模型】标签栏内【创建】面板上的【加强筋】按钮，则打开"加强筋"对话框，如图 6-170 所示。

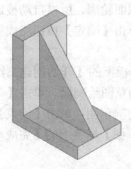

图6-169　加强筋

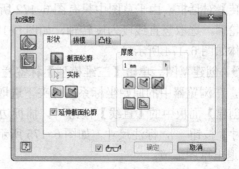

图6-170　【加强筋】对话框

1）垂直于草图平面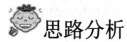：垂直于草图平面拉伸几何图元。厚度平行于草图平面；

2）平行于草图平面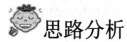：平行于草图平面拉伸几何图元。厚度垂直于草图平面。

3）到表面或平面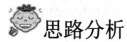：加强筋终止于下一个面。

4）有限的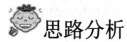：需要设置终止加强筋的距离，可在下面的文本框中输入一个数值。

5）延伸截面轮廓：选中该选项则截面轮廓会自动延伸到与零件相交的位置。

6.10.2 实例——导流盖

思路分析

本例绘制的导流盖如图 6-171 所示。首先绘制草图通过旋转创建主体，然后绘制草图并创建加强筋，再通过环形阵列创建全部的加强筋。

操作步骤

01 新建文件。运行 Autodesk Inventor，选择【快速入门】标签栏，选择【启动】面板上的【新建】选项，在打开的【新建文件】对话框中选择【Standard.ipt】选项，新建一个零件文件，命名为"导流盖.ipt"。

02 创建草图。单击【三维模型】标签栏【草图】面板上的【开始创建二维草图】按钮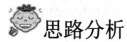，选择 XY 平面为草图绘制面，进入草图绘制环境。单击【草图】标签栏【创建】面板中的【直线】按钮和【三点圆弧】按钮，绘制草图；单击【约束】面板中的【尺寸】按钮，标注尺寸，如图 6-172 所示。单击【草图】标签上的【完成草图】按钮，退出草图环境。

图6-171　导流盖

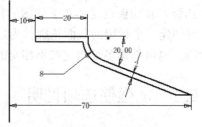

图6-172　绘制草图及标注尺寸

03 创建旋转体。单击【三维模型】标签栏【创建】面板上的【旋转】按钮，打开【旋转】对话框，由于草图中只有图 6-172 所示的一个截面轮廓，所以自动被选取为旋转截面轮廓，选取竖直线段为旋转轴，如图 6-173 所示。单击【确定】按钮完成旋转，创建的主体如图 6-174 所示。

04 创建草图。单击【三维模型】标签栏【草图】面板上的【开始创建二维草图】按钮，在浏览器中的原始坐标系文件夹下选取 XY 平面为草图绘制面。单击【草图】标签栏【创建】面板中的【直线】按钮，捕捉边线的端点绘制草图；单击【约束】面板中的【尺寸】按钮，标注尺寸，如图 6-175 所示。单击【草图】标签上的【完成草图】按钮，退出草图环境。

05 创建加强筋。单击【三维模型】标签栏【创建】面板上的【加强筋】按钮，打开【加强筋】对话框。在该对话框中选择【平行于草图平面】类型，在视图中选取上步创建的草图为截面轮廓，输入厚度为 3mm，单击【对称】按钮，如图 6-176 所示；单击【确定】按钮完成加强筋的创建，结果如图 6-177 所示。

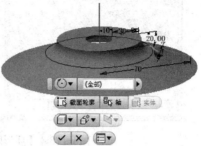

图6-173 【旋转】对话框及预览

图6-174 创建主体

图6-175 绘制草图及标注尺寸

图6-176 【加强筋】对话框及预览

图6-177 创建加强筋

06 环形阵列加强筋。单击【三维模型】标签栏【阵列】面板上的【环形阵列】按钮，打开【环形阵列】对话框，在视图中选取上步创建的加强筋特征为阵列特征，选取旋转体的外表面为旋转轴，输入阵列个数为 4，如图 6-178 所示；单击【确定】按钮，完成环形阵列加强筋。

图6-178 【环形阵列】对话框及预览

第 7 章

部件装配

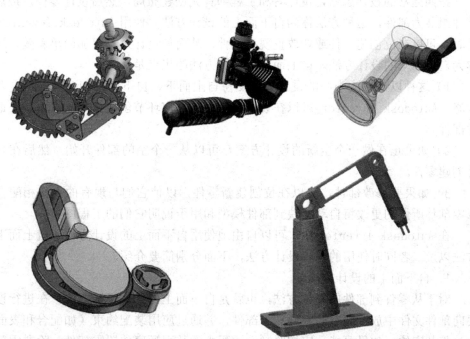

Autodesk Inventor 提供了将单独的零件或者子部件装
配成为部件的功能，本章扼要讲述了部件装配的方法和过
程。另外，还介绍了零部件的衍生，干涉检查与约束的驱动，
以及 Autodesk Inventor 中独有的自适应设计等常用功能。

- 进入部件（装配）环境
- 零部件基础操作
- 观察和分析部件
- 自上而下的装配设计
- 综合实例——机械臂装配

7.1 Autodesk Inventor 的装配概述

在 Autodesk Inventor 中，可以将现有的零件或者部件按照一定的装配约束条件装配成一个部件，同时这个部件也可以作为子部件装配到其他的部件中，最后将零件和子部件装配成一个符合设计构想的整体部件。

按照通常的设计思路，设计者和工程师首先创建布局，然后设计零件，最后把所有零件组装为部件，这种方法称为自下而上的设计方法。使用 Autodesk Inventor 创建部件时，可以在位创建零件或者放置现有零件，从而使设计过程更加简单有效，这种方法称为自上而下的设计方法。自上而下的设计方法的优点是：

1）这种以部件为中心的设计方法支持自上而下、自下而上和两种方法混合的设计策略。Autodesk Inventor 可以在设计过程中的任何环节创建部件，而不是在最后才创建部件。

2）如果正在做一个全新的设计方案，可以从一个空的部件开始，然后在具体设计时创建零件。

3）如果要修改部件，可以在位创建新零件，以使它们与现有的零件相配合。对外部零部件所做的更改将自动反映到部件模型和用于说明它们的工程图中。

在 Autodesk Inventor 中，可以自由地使用自下而上的设计方法、自上而下的设计方法以及二者同时使用的混和设计方法，下面分别简要介绍。

1. 自下而上的设计方法

对于从零件到部件的设计方法，也就是自下而上的部件设计方法，在进行设计时需要向部件文件中放置现有的零件和子部件，并通过应用装配约束（如配合和表面齐平约束）将其定位。如果可能，应按照制造过程中的装配顺序放置零部件，除非零部件在它们的零件文件中是以自适应特征创建的，否则它们有可能无法满足部件设计的要求。

在 Autodesk Inventor 中，可以在部件中放置零件，然后在部件环境中使零件自适应。当零件的特征被约束到其他的零部件时，在当前设计中零件将自动调整本身大小以适应装配尺寸。如果希望所有欠约束的特征在被装配约束定位时自适应，可以将子部件指定为自适应。如果子部件中的零件被约束到固定几何图元，它的特征将根据需要调整大小。

2. 自上而下的设计方法

对于从部件到零件的设计方法，也就是自上而下的部件设计方法，用户在进行设计时会遵循一定的设计标准并创建满足这些标准的零部件。设计者列出已知的参数，并且会创建一个工程布局（贯穿并推进整个设计过程的二维设计）。布局可能包含一些关联项目，如部件靠立的墙和底板、从部件设计中传入或接受输出的机械以及其他固定数据。布局中也可以包含其他标准，如机械特征。可以在零件文件中绘制布局，然后将它放置到部件文件中。在设计进程中，草图将不断地生成特征。最终的部件是专门设计用来解决当前设计问题的相关零件的集合体。

3. 混和设计方法

混合设计方法结合了自下而上的设计策略和自上而下的设计策略的优点。在这种设计思路下，可以知道某些需求，也可以使用一些标准零部件，但还是应当产生满足特定目的的新设计。通常，从一些现有的零部件开始设计所需的其他零件，首先分析设计意图，接着插入或创建固定（基础）零部件。设计部件时，可以添加现有的零部件，或根据需要在位创建新的零部件，这样部件的设计过程就会十分灵活，可以根据具体的情况，选择自下而上还是自上而下的设计方法。

7.2　进入部件（装配）环境

在 Autodesk Inventor 中，部件是零件和子部件的集合。在 Autodesk Inventor 中创建或打开部件文件时，也就进入了部件环境，也叫做装配环境。在【新建文件】对话框中选择【Standard.iam】选项，就会进入部件环境，如图 7-1 所示。部件（装配）功能区如图 7-2 所示。

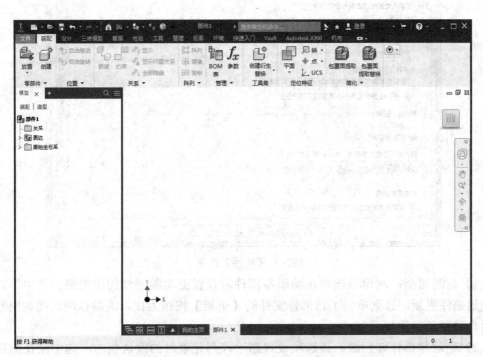

图7-1　Autodesk Inventor部件环境

图7-2　部件（装配）功能区

163

7.3 定制装配工作区环境

可以通过【工具】标签栏中的【应用程序选项】选项来对装配环境进行设置。

选择【工具】标签栏中的【应用程序选项】选项，打开【应用程序选项】对话框，选择【部件】选项卡，如图 7-3 所示。

图7-3 【部件】选项卡

1）延时更新：利用该选项在编辑零部件时设置更新零部件的优先级。选中该选项则延迟部件更新，直到单击了该部件文件的【更新】按钮为止，清除该项则在编辑零部件后自动更新部件。

2）删除零部件阵列源：该选项设置删除阵列元素时的默认状态。选中则在删除阵列时删除源零部件，清除该选项则在删除阵列时保留源零部件引用。

3）启用关系冗余分析：该选项用于指定 Autodesk Inventor 是否检查所有装配零部件，以进行自适应调整。默认设置为未选中。如果该选项未选中，则 Autodesk Inventor 将跳过辅助检查，辅助检查通常会检查是否有冗余约束并检查所有零部件的自由度。系统仅在显示自由度符号时才会更新自由度检查。选中该项后，Autodesk Inventor 将执行辅助检查，并在发现冗余约束时通知用户。即使没有显示自由度，系统也将对其进行更新。

4）特征的初始状态为自适应：控制新创建的零件特征是否可以自动设为自适应。

5）剖切所有零件：控制是否剖切部件中的零件。子零件的剖视图方式与父零件相同。

6）使用上一引用方向放置零部件：控制放置在部件中的零部件是否继承与上一个引用的浏览器中的零部件相同的方向。

7）在关系名称后显示零部件名称：控制是否在浏览器中的约束后附加零部件实例名称。

8）关系音频通知：选择此复选框以在创建约束时播放提示音。清除该复选框则关闭声音。

9）在原点处固定放置第一个零部件：指定是否将在部件中装入的第一个零部件固定在原点处。勾选此复选框，装入的第一个零部件将固定在原点处；清除该复选框，装入的第一零部件将不会固定，此时可以单击鼠标右键，在弹出的快捷菜单中选择【在原点处固定放置】选项使零件在原点处固定。

10）在位特征：当在部件中创建在位零件时，可以通过设置该选项来控制在位特征。

配合平面：勾选此复选框，则设置构造特征得到所需的大小并使之与平面配合，但不允许它调整。

自适应特征：勾选此复选框，则当其构造的基础平面改变时，自动调整在位特征的大小或位置。

在位造型时启用关联的边/回路几何图元投影：勾选此复选框，则当部件中新建零件的特征时，将所选的几何图元从一个零件投影到另一个零件的草图来创建参考草图。投影的几何图元是关联的，并且会在父零件改变时更新。投影的几何图元可以用来创建草图特征。

11）零部件不透明性：该选项用来设置当显示部件截面时，哪些零部件以不透明的样式显示。

全部：选择此选项，则所有的零部件都以不透明样式显示（当显示模式为着色或带显示边着色时）。

仅激活零部件：选择此选项，则以不透明样式显示激活的零件，强调激活的零件，暗显未激活的零件。这种显示样式可忽略【显示选项】选项卡的一些设置。另外，也可以用标准工具栏上的【不透明性】按钮设置零部件的不透明性。

12）缩放目标以便放置具有 iMate 的零部件：该选项设置当使用 iMate 放置零部件时，图形窗口的默认缩放方式。

无：选择此选项则使视图保持原样。不执行任何缩放。

装入的零部件：选择此选项，选项将放大装入的零件，使其填充图形窗口。

全部缩放：选择此选项，则缩放部件，使模型中的所有元素适合图形窗口。

7.4 零部件基础操作

本节将讲述如何在部件环境中装入零部件、替换零部件、旋转和移动零部件、阵列零部件等基本的操作技巧，这些是在部件环境中进行设计的必需技能。

7.4.1 添加零部件

【操作步骤】

1）单击【装配】标签栏【零部件】面板上的【放置】按钮，打开【装入零部件】对话框，用户可以选择需要进行装配的零部件。

2）单击【打开】按钮，则选择的零部件会添加到部件文件中。另外，从 Windows 的浏览器中将文件拖放到显示部件装配的图形窗口中也可以装入零部件。

3）如果在【应用程序选项】对话框中勾选【在原点处固定放置第一零部件】复选框，则装入第一个零部件后，系统自动将其固定，并且它的原点及坐标轴与部件的原点及坐标轴完全重合。要恢复零部件的自由度，可以在图形窗口或浏览器中的零部件上单击鼠标右键，在弹出的如图 7-4 所示的快捷菜单中取消【固定】的勾选。

4）如果需要放置多个同样的零件，可以单击左键，则继续装入第二个相同的零件，否则单击右键，在弹出的如图 7-5 所示的快捷菜单中选择【确定】选项即可。

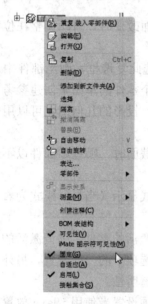

图7-4 快捷菜单

图7-5 快捷菜单

7.4.2 替换零部件

【操作步骤】

1）单击【装配】标签栏【零部件】面板中的【替换】按钮，在工作区域内选择要替换的零部件。

2）打开【装入零部件】对话框，在对话框中选择用来替换原来零部件的新零部件。

3）新的零部件或零部件的所有引用被放置在与原始零部件相同的位置，替换零部件的原点与被替换零部件的原点重合。如果可能，装配约束将被保留。

4）如果替换零部件具有与原始零部件不同的形状，则原始零部件的所有装配约束都将丢失。必须添加新的装配约束以正确定位零部件。如果装入的零件为原始零件的继承零件（包含编辑内容的零件副本），则替换时约束就不会丢失。

7.4.3 移动零部件

约束零部件时，可能需要暂时移动或旋转约束的零部件，以便更好地查看其他零部件或定位某个零部件以便于放置约束。

【操作步骤】

1）单击【装配】标签栏【位置】面板上的【自由移动】按钮，在视图中选择要移动的零部件。

2）拖动鼠标移动零部件到适当位置，放开鼠标即可。

7.4.4 旋转零部件

对于固定的零部件来说，旋转将忽略其固定位置，零部件仍被固定，但它的位置被旋转了。

1）单击【装配】标签栏内【位置】面板上的【自由旋转】按钮，在视图中选取要旋转的零部件。

2）打开三维旋转符号，如图7-6所示。下面对三维旋转符号进行说明。

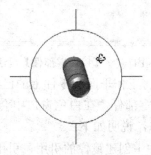

图7-6 三维旋转符号

➤ 要进行自由旋转，可以在三维旋转符号内单击鼠标，并拖动到要查看的方向。

➤ 要围绕水平轴旋转，可以单击三维旋转符号的顶部或底部控制点并竖直拖动。

➤ 要围绕竖直轴旋转，可以单击三维旋转符号的左边或右边控制点并水平拖动。

➤ 要平行于屏幕旋转，可以在三维旋转符号的边缘上移动，直到符号变为圆，然后单击边框并在环形方向拖动。

➤ 要改变旋转中心，可以在边缘内部或外部单击鼠标以设置新的旋转中心。

3）将零部件旋转到适当位置后，单击左键，或者单击右键，在弹出的快捷菜单中单击【确定】选项即可。

167

7.5 零部件的镜像和阵列

在特征环境下可以阵列和镜像特征，在部件环境下也可以阵列和镜像零部件。通过阵列、镜像和复制零部件，可以减少重复设计的工作量，增加工作效率。

7.5.1 镜像

【操作步骤】

1）单击【装配】标签栏【零部件】面板中的【镜像】按钮，打开【镜像零部件】对话框，如图 7-7 所示。

图7-7 【镜像零部件】对话框

2）选择镜像平面，可以将工作平面或零件上的已有平面指定为镜像平面。

3）选择需要进行镜像的零部件，在白色窗口中会显示选择的零部件。该窗口中零部件标志的前面会有各种标志，说明如下：

➤ 表示在新部件文件中创建镜像的引用，引用和源零部件关于镜像平面对称，如图 7-8 所示。

➤ 表示在当前或新部件文件中创建重复使用的新引用，引用将围绕最靠近镜像平面的轴旋转并相对于镜像平面放置在相对的位置，如图 7-9 所示。

➤ 表示子部件或零件不包含在镜像操作中，如图 7-10 所示。

➤ 如果部件包含重复使用的和排除的零部件，或者重复使用的子部件不完整，则显示图标。该图标不会出现在零件图标左侧，仅出现在部件图标左侧。

4）单击【确定】按钮以完成零部件的镜像。

对零部件进行镜像复制需要注意以下事项：

1）生成的镜像零部件并不关联，因此如果修改原始零部件，它并不会更新。

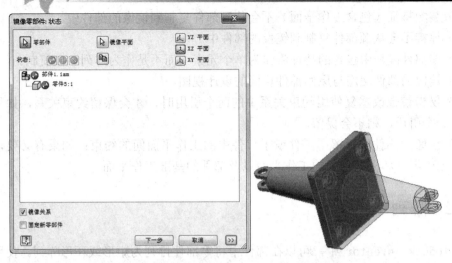

图7-8 引用和源零部件关于镜像平面对称

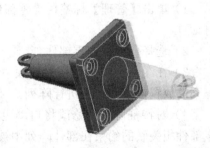

图7-9 创建可以重复使用的新引用

图7-10 子部件或零件不包含在镜像操作中

2）装配特征（包含工作平面）不会从源部件复制到镜像的部件中。

3）焊接不会从源部件复制到镜像的部件中。

4）零部件阵列中包含的特征将作为单个元素（而不是作为阵列）被复制。

5）镜像的部件使用与原始部件相同的设计视图。

6）仅当镜像或重复使用约束关系中的两个引用时，才会保留约束关系，如果仅镜像其中一个引用，则不会保留。

7）镜像的部件中保留了零件或子部件中的工作平面间的约束；如果有必要，则必须重新创建零件和子部件间的工作平面以及部件的基准工作平面。

7.5.2 阵列

Autodesk Inventor 中，可以在部件中将零部件排列为矩形或环形阵列。使用零部件阵列可以提高生产效率，并且可以更有效地实现用户的设计意图。例如，用户可能需要放置多个螺栓以便将一个零部件固定到另一个零部件上，或者将多个零件或子部件装入一个复杂的部件中。在零件特征环境中已经介绍了关于阵列特征的内容，在部件环境中的阵列操作与其类似，这里重点介绍不同点。

【操作步骤】

1）单击【管理】标签栏【零部件】面板上的【阵列】按钮，打开【阵列零部件】对话框。

2）选择要阵列的零部件。

3）在【特征阵列选择】选项中选择特征阵列，则需进行阵列的零部件将参照特征阵列的放置位置和间距进行阵列。

4）对特征阵列的修改将自动更新部件阵列中零部件的数量和间距，同时与阵列的零部件相关联的约束在部件阵列中被复制和保留。创建关联的零部件阵列如图 7-11 所示。其中螺栓为要阵列的零件，特征阵列为机架部件上的孔阵列。

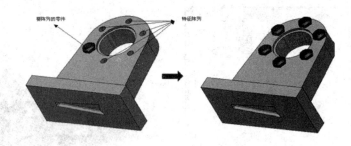

图7-11 创建关联的零部件阵列

➤ 可以创建关联的零部件阵列，这是默认的阵列创建方式，如图 7-12 所示。

➤ 矩形阵列：需要选择【阵列零部件】对话框上的【矩形】选项卡，如图 7-13 所示。依次选择要阵列的特征、矩形阵列的两个方向、副本在两个方向上的数量和距离即可。

图7-12 【阵列零部件】对话框   图7-13 【矩形】选项卡

> 环形阵列：需要选择【阵列零部件】对话框上的【环形】选项卡，如图 7-14 所示。依次选择要阵列的特征、环形阵列的旋转轴、副本的数量和副本之间的角度间隔即可。

默认情况下，所有创建的非源阵列元素与源零部件是关联的。如果修改了源零部件的特征，则所有的阵列元素也随之改变。但是也可以选择打断这种关联，使得阵列元素独立于源零部件。要使得某个非源阵列元素独立，可以在浏览器中选择一个或多个非源阵列元素，单击鼠标右键并选择右键快捷菜单中的【独立】选项以打断阵列链接。当阵列元素独立时，所选阵列元素将被抑制，元素中包含的每个零部件引用的副本都放置在与被抑制元素相同的位置和方向上，新的零部件在浏览器装配层次的底部独立列出，浏览器中的符号指示阵列链接被打断，如图 7-15 所示。

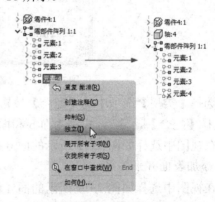

图7-14 【环形】阵列选项卡   图7-15 阵列链接被打断

7.6 装配体的约束方式

本节主要介绍如何正确的使用装配约束来装配零部件。

除了添加装配约束以组合零部件以外，Autodesk Inventor 还可以添加运动约束以驱动部件的转动部分转动，以方便进行部件运动动态的观察，甚至可以录制部件运动的动画视频文件；还可以添加过渡约束，使得零部件之间的某些曲面始终保持一定的关系。

在部件文件中装入或创建零部件后，可以使用装配约束建立部件中的零部件的方向并模拟零部件之间的机械关系。例如，可以使两个平面配合，将两个零件上的圆柱特征指定为保持同心关系，或约束一个零部件上的球面，使其与另一个零部件上的平面保持相切关系。装配约束决定了部件中的零部件如何配合在一起。一旦应用了约束，就删除了自由度，限制了零部件移动的方式。

装配约束不仅仅是将零部件组合在一起，正确应用装配约束还可以为 Autodesk Inventor 提供执行干涉检查、冲突、接触动态及分析以及质量特性计算所需的信息。当正确应用约束时，可以驱动基本约束的值并查看部件中零部件的移动。关于驱动约束的问题将在后面章节中讲述。

7.6.1　配合约束

配合约束是将零部件面对面放置或使这些零部件表面齐平相邻。该约束将删除平面之间的一个线性平移自由度和两个角度旋转自由度。

【操作步骤】

1）单击【装配】标签栏【位置】面板上的【约束】按钮，打开【放置约束】对话框，如图 7-16 所示。

图7-16　【放置约束】对话框

2）选择【类型】选项中的【配合】按钮，在视图中选择如图 7-17 所示的面 5 和面 2，选择【配合】方式，为面 5 和面 2 添加配合关系。

3）在视图中选择如图 7-17 所示的面 6 和面 3，选择【表面齐平】方式，为面 6 和面 3 添加表面齐平关系。

4）在视图中选择如图 7-17 所示的面 4 和面 1，选择【表面齐平】方式，为面 4 和面 1 添加表面齐平关系。单击【确定】按钮即可完成配合约束的创建，配合后的图形如图 7-18 所示。

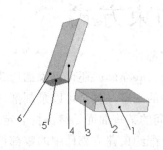

图7-17　配合前的图形

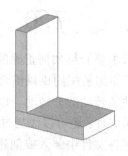

图7-18　配合后的图形

【选项说明】

配合 ：互相垂直地相对放置选中的面，使面重合。

表面齐平 ：用来对齐相邻的零部件，可以通过选中的面、线或点来对齐零部件，使其表面法线指向相同方向。

先单击零件 ：勾选此复选框将可选几何图元限制为单一零部件。这个功能适合在零部件处于紧密接近或部分相互遮挡时使用。

偏移量：用来指定零部件相互之间偏移的距离。

显示预览：勾选此复选框可预览装配后的图形。

预计偏移量和方向 ：装配时由系统自动预测合适的装配偏移量和偏移方向。

7.6.2 角度约束

角度约束可以使得零部件上平面或者边线按照一定的角度放置，该约束删除平面之间的一个旋转自由度或两个角度旋转自由度。

【操作步骤】

1）单击【装配】标签栏【位置】面板上的【约束】按钮 ，打开【放置约束】对话框，如图 7-16 所示。

2）选择【类型】选项中的【角度】按钮 ，如图 7-19 所示，在视图中选择如图 7-20 所示的面 1 和面 2。

3）选择【为定向角度】方式 ，输入角度为 60°。

4）单击【确定】按钮即可完成角度约束的创建，装配后的图形如图 7-21 所示。

【选项说明】

定向角度：它始终应用于右手法则，也就是说右手的拇指外的四指指向旋转的方向，拇指指向为旋转轴的正向。当设定了一个对准角度之后，需要对准角度的零件总是沿一个方向（即旋转轴的正向）旋转。

非定向角度：它是默认的方式，在改该方式下可以选择任意一种旋转方式。如果解出的位置近似于上次计算出的位置，则自动应用左手法则。

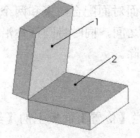

图7-19 【角度】按钮　　　　图7-20 配合前的图形　　　图7-21 配合后的图形

明显参考矢量：通过向选择过程添加第三次选择来显式定义 Z 轴矢量（叉积）的

方向。约束驱动或拖动时可减小角度约束的角度以切换至替换方式。

7.6.3 相切约束

相切约束是定位面、平面、圆柱面、球面、圆锥面和规则的样条曲线在相切点处相切，相切约束将删除线性平移的一个自由度，或在圆柱和平面之间删除一个线性自由度和一个旋转自由度。

【操作步骤】

1）单击【装配】标签栏【位置】面板上的【约束】按钮 ，打开"放置约束"对话框如图 7-16 所示。

2）选择【类型】选项中的【相切】按钮 ，【相切】选项如图 7-22 所示。

3）在视图中选择如图 7-23 所示的圆弧面 1 和圆弧面 2，选择【外边框】 方式。

4）单击【确定】按钮即可完成相切约束的创建，装配后的图形如图 7-24 所示。

图7-22 【相切】按钮　　　图7-23 配合前的图形　　　图7-24 配合后的图形

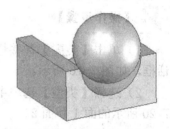

【选项说明】

内边框 ：将在第二个选中零件内部的切点处放置第一个选中零件。

外边框 ：将在第二个选中零件外部的切点处放置第一个选中零件。默认方式为外边框方式。

7.6.4 插入约束

插入约束是平面之间的面对面配合约束和两个零部件的轴之间的配合约束的组合，它将配合约束放置于所选面之间，同时将圆柱体沿轴向同轴放置。插入约束保留了旋转自由度，平动自由度将被删除。

【操作步骤】

1）单击【装配】标签栏【位置】面板上的【约束】按钮 ，打开【放置约束】对话框如图 7-16 所示。

2）选择【类型】选项中的【插入】按钮 ，如图 7-25 所示。

3）在视图中选择如图 7-26 所示的面 1 和面 2，单击【反向】 方式。

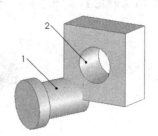

图7-25 【插入】按钮　　　　　　　　　　　图7-26 配合前的图形

4）单击【确定】按钮即可完成插入约束的创建，结果如图 7-27 所示。

5）若在步骤 3）中选择【对齐】 方式，则结果如图 7-28 所示。

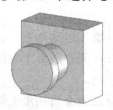

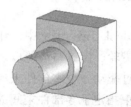

图7-27 反向对齐配合后的图形　　　　　　　图7-28 同向对齐配合后的图形

【选项说明】

反向 ：反转第一个选定零部件的配合方向。

对齐 ：反转第二个选定零部件的配合方向。

7.6.5 对称约束

对称约束是根据平面或平整面对称地放置两个对象

【操作步骤】

1）单击【装配】标签栏【位置】面板上的【约束】按钮 ，打开【放置约束】对话框如图 7-16 所示。

2）选择【类型】选项中的【对称】按钮 ，如图 7-29 所示。

3）在视图中选择如图 7-30 所示的零件 1。

4）在视图中选择如图 7-30 所示的零件 2。

图7-29 【对称】选项　　　　　　　　　　　图7-30 配合前的图形

5）在浏览器中零件 1 的原始坐标系文件中选择 YZ 平面为对称平面。

6）单击【确定】按钮即可完成对称约束的创建，结果如图 7-31 所示。

图7-31　对称配合后的图形

7.6.6　运动约束

在 Autodesk Inventor 中，还可以向部件中的零部件添加运动约束。运动约束用于驱动齿轮、带轮、齿条与齿轮以及其他设备的运动。可以在两个或多个零部件间应用运动约束，通过驱动一个零部件来使其他零部件做相应的运动。

运动约束指定了零部件之间的预定运动，因为它们只在剩余自由度上运转，所以不会与位置约束冲突，不会调整自适应零件的大小或移动固定零部件。要注意的是，运动约束不会保持零部件之间的位置关系，所以在应用运动约束之前需先完全约束零部件，然后便可以限制要驱动的零部件的运动约束。

【操作步骤】

1）单击【装配】标签栏【位置】面板上的【约束】按钮，打开【放置约束】对话框，选择【运动】选项卡，如图 7-32 所示。

2）选择运动类型，在视图中选择要约束到一起的零部件上的几何图元，可以指定一个或更多的曲面、平面或点以定义零部件如何固定在一起。

3）指定转动运动类型下的传动比、转动-平动类型下的距离，即指定相对于第一个零件旋转一次时第二个零件所移动的距离，以及两种运动类型下的运动方式。

4）单击【确定】按钮即可完成运动约束的创建，结果如图 7-33 所示。

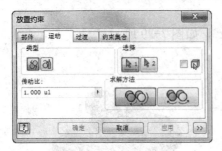

图7-32　【运动】选项卡

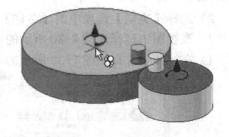

图7-33　完成运动约束的创建

【选项说明】

转动：指定选择的第一个零件按指定传动比相对于另一个零件的转动，典型的使用是齿轮和滑轮。

转动-平动约束：指定选择的第一个零件按指定距离相对于另一个零件的平动而转动，典型的使用是齿条与齿轮运动。

7.6.7　过渡约束

过渡约束指定了零件之间的一系列相邻面之间的预定关系。当零部件沿着开放的自由度滑动时，过渡约束会保持面与面之间的接触。

【操作步骤】

1）单击【装配】标签栏【位置】面板上的【约束】按钮，打开【放置约束】对话框，选择【过渡】选项卡，如图7-34所示。

2）分别选择要约束在一起的两个零部件的表面，第一次选择移动面，第二次选择过渡面。

3）单击【确定】按钮即可完成过渡约束的创建。

图7-34　【过渡】选项卡

7.7　编辑约束

当装配约束不符合实际的设计要求时就需要更改。在 Autodesk Inventor 中可以快速的修改装配约束。首先选择浏览器中的某个装配约束，单击右键，在弹出的快捷菜单中选择【编辑】选项，打开如图7-35所示的【编辑约束】对话框。用户可以通过重新定义装配约束的每一个要素来进行对应的修改，如重新选择零部件，重新定义运动方式和偏移量等。

1）如果要快速地修改装配约束的偏移量，选择右键快捷菜单中的【修改】选项，则打开【编辑尺寸】对话框，输入新的偏移量数值即可。

2）如果要使某个约束不再有效，可以选择右键快捷菜单中的【抑制】选项，此时装配约束被抑制，浏览器中的装配图标变成灰色。要解除抑制，再次选择右键快捷菜单中的【抑制】选项，将其前面的勾号去除即可。

3）如果约束策略或设计需求改变，也可以删除某个约束，以解除约束或者添加新的约束，选择右键快捷菜单中的【删除】选项即可将约束完全删除。

4）也可以重命名装配约束。选中相应的约束，然后再单击该约束，即可进行重命名。在实际设计应用中，可以给约束取一个易于辨别和查找的名称，以防止部件中存在大量的装配约束时无法快速地查找约束。

图7-35　【编辑约束】对话框

7.8　观察和分析部件

在 Autodesk Inventor 中，可以利用它提供的工具方便地观察和分析零部件，如可以创建各个方向的剖视图以观察部件的装配是否合理；可以分析零件的装配干涉以修正错误的装配关系；还可以驱动运动约束使零部件发生运动，从而更加直观地观察部件的装配是否可以达到预定的要求等。下面分别讲述如何实现上述功能。

7.8.1　部件剖视图

部件的剖视图可以帮助用户更加清楚地了解部件的装配关系，因为在剖切视图中，腔体内部或被其他零部件遮挡的部分完全可见。在剖切部件时，仍然可以使用零件和部件工具在部件环境中创建或修改零件。

要在部件环境中创建剖视图，可以选择【视图】标签栏【外观】面板上的【剖切】按钮，可以看到有 4 种剖切方式，即全剖视图、1/4 剖视图、半剖视图和 3/4 剖视图。

1. 半剖视图

【操作步骤】

1）单击【视图】标签栏【外观】面板上的【半剖视图】按钮。

2）在如图 7-36 所示的视图中选择工作平面，打开小工具栏，输入偏移距离为 0。

图7-36　建立作为剖切面的工作平面

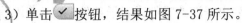

3）单击 ✓ 按钮，结果如图 7-37 所示。

2．1/4 剖视图

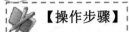【操作步骤】

1）单击【视图】标签栏【外观】面板上的【1/4 剖视图】按钮 🔲。

2）选择部件上如图 7-38 所示的任一工作平面，单击 ⇨ 按钮，然后再选择部件上的另一工作平面，单击 ✓ 按钮，则部件被剖切成如图 7-39 所示的形状。

 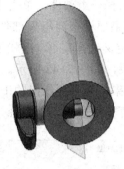

图7-37 半剖视图 　　　　图7-38 选择两个互相垂直的工作平面作为剖切面

3）在创建过程中，单击右键，在弹出的快捷菜单中选择【反向剖切】选项，则显示在相反方向上进行剖切的结果，图 7-40 所示。

4）在右键快捷菜单中选择【3/4 剖视图】选项，则部件被 1/4 剖切后的剩余部分即部件的 3/4 将成为剖切结果，如图 7-41 所示。同样，在【3/4 剖视图】的右键快捷菜单中也会出现【1/4 剖视图】选项，作用与此相反。

 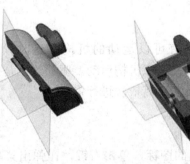 

图7-39 1/4剖视图 　　　　图7-40 1/4反向剖视图 　　　　图7-41 3/4剖视图

7.8.2 干涉检查

在部件中，如果两个零件同时占据了相同的空间，则称部件发生了干涉。Autodesk Inventor 的装配功能本身不提供智能检测干涉的功能，也就是说如果装配关系使得零部件发生了干涉，那么也会按照约束照常装配，不会提示用户或者自动更改。所以 Autodesk Inventor 在装配功能之外提供了干涉检查的工具，利用这个工具可以很方便的检查到两组零部件之间以及一组零部件内部的干涉部分，并且将干涉部分暂时显示为红色实体，

以方便用户观察，同时还会给出干涉报告，列出干涉的零件或者子部件，显示干涉信息，如干涉部分的质心的坐标和干涉的体积等。

【操作步骤】

1）单击【检验】标签栏【干涉】面板中的【干涉检查】按钮，打开如图 7-42 所示的"干涉检查"对话框。

2）如果要检查一组零部件之间的干涉，可以单击【定义选择集 1】选项前的箭头按钮，然后选择一组部件，单击【确定】按钮即可显示检查结果；

3）如果要检查两组零部件之间的干涉，就要分别在"干涉检查"对话框中定义选择集 1 和定义选择集 2，也就是要检查干涉两组零部件是否，单击【确定】按钮即可显示检查结果，如图 7-43 所示。

4）如果检查不到任何的干涉存在，则打开对话框显示【没有检测到干涉】，则说明部件中没有干涉存在。否则会打开"检查到干涉"对话框。

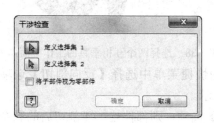

图7-42 【干涉检查】对话框

图7-43 干涉检查结果

7.8.3 驱动约束

往往在装配完毕的部件中包含有可以运动的机构，这时候可以利用 Autodesk Autodesk Inventor 的驱动约束工具来模拟机构运动。驱动约束是按照顺序步骤来模拟机械运动的，零部件按照指定的增量和距离依次进行定位。

【操作步骤】

1）选择浏览器中的某一个装配的图标，单击右键，在弹出菜单中选择【驱动】选项，打开如图 7-44 所示的【驱动约束】对话框。

2）【开始位置】选项用来设置偏移量或角度的起始位置，数值可以被输入、测量或设置为尺寸值，默认值是定义的偏移量或角度。

3）【结束位置】选项用来设置偏移量或角度的终止位置，默认是起始值加 10。

4）【暂停延迟】选项以秒为单位设置各步之间的延迟，默认值是 0.0。一组播放控制按钮用来控制演示动画的播放。

5）【录像】按钮用来将动画录制为 AVI 文件。

6）如果选中【驱动自适应】复选框，可以在调整零部件时保持约束关系。

7）如果选中【碰撞检测】选项，则驱动约束的部件同时检测干涉，如果检测到内部干涉，将给出警告并停止运动，同时在浏览器和工作区域内显示发生干涉的零件和约束值。

图7-44　【驱动约束】对话框

8）在增量选项中，【增量值】文本框中指定的数值将作为增量，【总步数】选项指定以相等步长将驱动过程分隔为指定的数目。

9）在【重复次数】选项中，选择【开始/结束】选项，则从起始值到结束值驱动约束，在起始值处重设。选择【开始/结束/开始】选项，则从起始值到结束值驱动约束并返回起始值，一次重复中完成的周期数取决于文本框中的值。

10）【Avi 速率】选项用来指定在录制动画时拍摄"快照"作为一帧的增量。

7.9　自上而下的装配设计

在产品的设计过程中，有两种较为常用的设计方法：一种是首先设计零件，最后把所有零件组装为部件，在组装过程中随时根据发现的问题进行零件的修改；另一种则是遵循从部件到零件的设计思路，即从一个空的部件开始，然后在具体设计时创建零件。如果要修改部件，则可以在位创建新零件，以使它们与现有的零件相配合。两种方法中，前者称作自下而上的设计方法，后者称作自上而下的设计方法。

自下而上的设计方法是传统的设计方法，在这种方法中，已有的特征将决定最终的装配体特征，这样使得设计者往往不能够对总体设计特征有很强的把握力度。因此，自上而下的设计方法应运而生。在这种设计思路下，用户首先从总体的装配组件入手，根据总体装配的需要，在位创建零件，同时创建的零件与其母体部件自动添加系统认为最合适的装配约束，当然用户可以选择是否保留这些自动添加的约束，也可以手工添加所需的约束。所以，在自上而下的设计过程中，最后完成的零件是最下一级的零件。

在产品的设计中，往往混合应用自上而下和自下而上的设计方法。混合部件设计的方法结合了自下而上的设计策略和自上而下的设计策略的优点，这样部件的设计过程十分灵活，可以根据具体的情况，选择自下而上还是自上而下的设计方法。

如果掌握了自上而下的装配设计思想，那么要实现自上而下的装配设计方法其实十分简单。自上而卜的设计方法的实现主要依靠在位创建和编辑零部件的功能来实现。

7.9.1　在位创建零件

在位创建零件就是在部件文件环境中新建零件。新建的零件是一个独立的零件，在位创建零件时需要制定创建零件的文件名和位置以及使用的模板等。

创建在位零件与插入先前创建的零件文件结果相同，而且可以方便地在零部件面（或部件工作平面）上绘制草图和在特征草图中包含其他零部件的几何图元。当创建的零件约束到部件中的固定几何图元时，可以关联包含于其他零件的几何图元，并把零件指定为自适应以允许新零件改变大小。用户还可以在其他零件的面上开始和终止拉伸特征。默认情况下，这种方法创建的特征是自适应的。另外，还可以在部件中创建草图和特征，但它们不是零件。它们包含在部件文件（.iam）中。

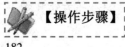【操作步骤】

1）单击【装配】标签栏【零部件】面板上的【创建】按钮，打开【创建在位零部件】对话框，如图 7-45 所示。

2）需要指定所创建的新零部件的文件名。

3）在【模板】选项中可以选择创建何种类型的文件，有零件和部件两个选项。

4）需要指定新文件的位置和创建文件所需要用的模板。

5）如果选中【将草图平面约束到选定的面或平面】选项，则在所选零件面和草图平面之间创建配合约束。如果新零部件是部件中的第一个零部件，则该选项不可用。

6）单击【确定】按钮，对话框关闭，回到部件环境中，首先需要选择一个用来创建在位零部件的草图，可以选择原始坐标系中的坐标平面、零部件的表面或者工作平面等以创建草图，绘制草图几何图元，

7）草图创建完毕后，选择【拉伸】、【旋转】、【放样】等工具创建零件的特征。

8）当一个特征创建完毕以后，还可以继续创建基于草图的特征或者放置特征。

9）当零件创建完毕后，在工作区域内单击右键，在弹出的快捷菜单中选择【完成编辑】选项即可回到部件环境中。

如果在【创建在位零部件】对话框中选中【将草图平面约束到选定的面或平面】选项，则在所选零件面和草图平面之间创建配合约束。如图 7-46 所示，在圆柱体零件的上表面在位创建了一个锥形零件，则锥形零件的底面与圆柱体零件的上表面自动添加了一个配合约束，从部件的浏览器中可以清楚的看出这一点。

7.9.2　在位编辑零件

Autodesk Inventor 可以直接在部件环境中编辑零部件，与在特征环境中编辑零件的方法和形式完全一样。

【操作步骤】

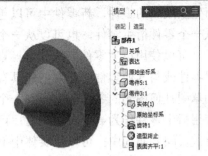

图7-45 【创建在位零部件】对话框   图7-46 自动放置约束

1）在部件环境中激活零部件的方法如下：

①在浏览器中单击要激活的零部件，单击右键，在弹出的快捷菜单中选择【编辑】选项。

②工作区域内双击要激活的零部件。

2）当零件激活后，【装配】标签栏变为【三维模型】标签栏。

3）用户可以为该零件添加新的特征，也可以修改、删除零件的已有特征，既可以通过修改特征的草图来修改零件的特征，也可以直接修改特征。要修改特征的草图，可以右键快捷单击该特征，在弹出的快捷菜单上选择【编辑草图】选项即可。要编辑特征，可以选择右键快捷菜单中的【编辑特征】选项。

4）可以通过右键快捷菜单中的【显示尺寸】选项显示选中特征的关键尺寸，通过【抑制特征】选项抑制选中的特征，通过【自适应】选项使得当前零件变为自适应零件等。

当子部件被激活后，可以删除零件，改变固定状态，显示自由度，或把零部件指定为自适应，但不能直接编辑子部件中的零件。要编辑子部件中的零件，方法同在部件环境中编辑零件的过程一样，首先要在子部件中激活这个零件，然后进行编辑操作。

如果要从激活的零部件环境退回到部件环境，在工作区域内单击右键，在弹出的如图7-47所示的快捷菜单中选择【完成编辑】选项。

图7-47 快捷菜单

7.10 衍生零件和部件

衍生零件和衍生部件是将现有零件和部件作为基础特征而创建的新零件。可以将一个零件作为基础特征，通过衍生生成新的零件，也可以把一个部件作为基础特征，通过衍生生成新的零件，新零件中可以包含部件的全部零件，也可以包含一部分零件。可以从一个零件衍生零件，也可以从一个部件衍生零件。衍生零件和衍生部件是有区别的。

可以使用衍生零件来探究替换设计和加工过程。例如，在部件中，可以通过去除一组零件或与其他零件合并来创建具有所需形状的单一零件；可以从一个仅包含定位特征和草图几何图元的零件衍生得到一个或多个零件；当为部件设计框架时，可以在部件中使用衍生零件作为一个布局，之后可以编辑原始零件，并更新衍生零件以自动将所做的更改反映到布局中；可以从实体中衍生一个曲面作为布局，或用来定义部件中零件的包容要求；可以从零件中衍生参数并用于新零件等。

源零部件与衍生的零件存在着关联，如果修改了源零部件，则衍生零件也会随之变化。也可以选择断开两者之间的关联关系，此时源零部件与衍生零件成为独立的个体，衍生零件成为一个常规特征（或部件中的零部件），对它所做的更改只保存在当前文件中。因为衍生零件是单一实体，因此可以用任意零件特征来对其进行自定义。从部件衍生出零件后，可以添加特征。这种工作流程在创建焊接件，以及对衍生零件中包含的一个或多个零件进行打孔或切割时很有用处。

7.10.1 衍生零件

可以用 Autodesk Inventor 零件作为基础零件创建新的衍生零件，零件中的实体特征、可见草图、定位特征、曲面、参数和 iMate 都可以合并到衍生零件中。在产生衍生零件的过程中，可以将衍生零件相对于原始零件按比例放大或缩小，或者用基础零件的任意基准工作平面进行镜像。衍生几何图元的位置和方向与基础零件完全相同。

1. 创建衍生零件

【操作步骤】

1）单击【管理】标签栏【插入】面板中的【衍生】按钮，打开【打开】对话框，在该对话框中浏览并选择要作为基础零件的零件文件（.ipt），然后单击【打开】按钮。

2）此时工作区域内出现源零件的预览图形及其尺寸，同时出现【衍生零件】对话框，如图 7-48 所示。

3）在【衍生零件】对话框中，模型元素（如实体特征以及定位特征、曲面、Imate 信息等）以层次结构显示。

4）指定创建衍生零件的比例系数和镜像平面，默认比例系数为 1.0，或者输入任意正数。如果需要以某个平面为镜像产生镜像零件，可以选中【零件镜像】复选框，然后选择一个基准工作平面作为镜像平面。

5）单击【确定】按钮即可创建衍生零件。图 7-49 所示为衍生零件的范例。

图7-48　【衍生零件】对话框

选项说明

（1）衍生样式：选择按钮来创建包含平面接缝或不包含平面接缝的单实体零件、多实体零件（如果源包含多个实体）或包含工作曲面的零件。

：创建包含平面之间合并的接缝的单实体零件。

：创建保留平面接缝的单实体零件。

：如果源包含单个实体，则创建单实体零件。如果源包含多个可见的实体，则选择所需的实体以创建多实体零件。这是默认选项。

：创建保留平面接缝的单实体零件。

（2）状态：单击下列符号可以相互转变。

：表示要选择包含在衍生零件中的元素。

：表示要排除衍生零件中不需要的元素，如果某元素用此符号标记，则在衍生的新零件中该元素不被包含。

2．创建衍生零件的注意事项

1）可以选择根据源零件衍生成实体，或者生成工作曲面以用于定义草图平面、工作几何图元和布尔特征（如拉伸到曲面），可以通过在【衍生零件】对话框中将【实体】或者【实体作为工作平面】前面的符号变成或者。

2）如果选择要包含到衍生零件中的几何图元组（如曲面），则以后添加到基础零件上的任意可见表面在更新时都会添加到衍生零件中。

3）将衍生零件放置到部件中以后，单击【管理】标签【更新】面板上的【更新】按钮可以只重新生成本地零件，单击【全部重建】选项将更新整个部件。

3．编辑衍生零件

当创建了衍生零件以后，浏览器中会出现对应的图标，在该图标上单击右键，弹出快捷菜单，如图7-50所示。如果要打开衍生零件的源零件，在右键快捷菜单中选择【打开基础零部件】选项即可。如果要对衍生零件重新进行编辑，可以选择右键快捷菜单中的【编辑衍生零件】选项。如果要断开衍生零件与源零件的关联，使得改变源零件时衍生零件不随之变化，可以选择右键快捷菜单中的【断开与基础零部件的链接】选项。如果要删除衍生特征，选择右键快捷菜单中的【删除】选项即可。

衍生的零件实际上是一个实体特征，与用拉伸或者旋转创建的特征没有本质的不同。创建了衍生零件后，完全可以再次添加其他的特征来改变衍生零件的形状。

图7-49　衍生零件的范例

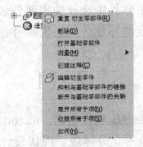

图7-50　衍生零件在浏览器中的右键快捷菜单

7.10.2 衍生部件

衍生部件是基于现有部件的新零件。可以将一个部件中的多个零件连接为一个实体，也可以从另一个零件中提取出一个零件。这类自上而下的装配造型更易于观察，并且可以避免出错和节省时间。

衍生部件的组成部分源自于部件文件，它可能包含零件、子部件和衍生零件。

【操作步骤】

1）单击【管理】标签栏【插入】面板上的【衍生】按钮 ，打开【打开】对话框，浏览要作为基础部件的部件文件（.iam），然后单击【打开】按钮。

2）此时工作区域内出现源部件的预览图形及其尺寸（如果包含尺寸的话），同时出现【衍生部件】对话框，如图 7-51 所示。

3）在【衍生部件】对话框中，模型元素（如零件或者子部件等）以层次结构显示。

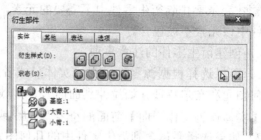

图7-51 "衍生部件"对话框

4）单击【确定】按钮，完成衍生部件的创建。

衍生部件不像衍生零件那样能够镜像或调整比例，但是一些编辑操作（如打开基础零部件、编辑衍生部件以及删除等操作）在衍生部件环境中同样可以进行。另外，如果选择了添加或去除子部件，则在更新时任何以后添加到子部件的零部件将自动反映出来。将衍生零件放置到部件中以后，选择标准工具栏上的【本地更新】选项可以只重新生成本地零件，选择【完全更新】选项将更新整个部件。

：表示选择要包含在衍生零件中的组成部分。

：表示排除衍生零件中不需要的组成部分，用此符号标记的项在更新到衍生零件时将被忽略。

：表示去除衍生零件中的组成部分，如果被去除的组成部分与零件相交，其结果将形成空腔。

：将衍生零件中选择的零部件表示为边框。

：使选定的零部件与衍生零件相交。

7.11 自适应设计

与其他三维 CAD 软件相比，Autodesk Inventor 的一个突出的技术优势就是自适应功能。自适应技术充分体现了现代设计的理念，并且将计算机辅助设计的长处发挥到了极致。在实际的设计中，自适应设计方法能够在一定的约束条件下，自动调整特征的尺寸、草图的尺寸以及零部件的装配位置，因此给设计者带来了很大的方便和极高的设计

效率。

7.11.1 自适应设计基础知识

1. 自适应设计原理

自适应功能简言之就是利用自适应零部件中存在的欠约束几何图元，在该零部件的装配条件改变时，自动调整零部件的对应特征以满足新的装配条件。在实际的部件设计中，部件中的某个零件由于种种原因往往需要在设计过程中进行修改，当这个零件的某些特征被修改后，与该特征有装配关系的零部件也往往需要修改。例如，图 7-52 所示为轴和轴套零件，轴套的内表面与轴的外表面有配合的装配约束，如果因为某种需要修改了轴的直径尺寸，那么轴套的内径也必须同时修改以维持二者的装配关系，此时就可以将轴套设计为自适应的零件，这样当轴的直径尺寸发生变化时，轴套的尺寸也会自动变化，如图 7-53 所示。同时还可以将轴套的端面与轴的端面利用对齐约束进行配合，此时自适应的轴套的长度将随着轴的长度变化而自动变化，如图 7-54 所示。

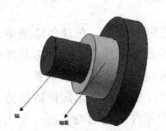

图7-52 轴和轴套零件

图7-53 轴套直径随着轴的直径变化而变化

图7-54 轴套的长度将随着轴的长度变化而变化

要实现零件的自适应，那么零件的某些几何图元就应该是欠约束的，也就是说几何图元不是完全被尺寸约束的。如图 7-52 所示的轴套零件是通过拉伸形成的，其拉伸的草图及其尺寸标注如图 7-55 所示，可以看到拉伸的环形截面的内径和外径都没有标注，仅标注了内外环的距离，也就是轴套的厚度，在这种欠约束的情况下，轴套零件的厚度永远都会是 4mm，但是轴套的内径是可以变化的，这是形成自适应的基础。当然，自适应特征不仅仅是靠欠约束的几何图元形成的，还要为基于欠约束几何图元的特征指定自适应特性才可以，我们将在后面的章节中讲述。

➢ 在 Autodesk Inventor 中，所有欠约束的几何图元都可以被指定为欠约束的，具有未定自由度的特征或者零件也被称为欠约束的，所以欠约束的范围可以包括以下几种情况：

1）未标注尺寸的草图几何图元。

2）从未标注尺寸的草图几何图元创建的特征。

3）具有未定义的角度或长度的特征。

4）参考其他零件上的几何图元的定位特征。

5）包含投影原点的草图。

6）包含自适应草图或特征的零件。

7）包含带自适应草图或特征的零件的子部件。

➢ 从以上可以看出，具有自适应特征的几何图元主要包括以下几种：

1）自适应特征。在欠约束的几何图元和其他零部件的完全约束特征之间添加装配约束时，自适应特征会改变大小和形状。可以在零件文档中将某一个特征指定为自适应。

2）自适应零件。如果某个零件被指定为自适应的零件，那么欠约束的零件几何图元能够自动调整自身大小，装配约束根据其他零件来定位自适应零件，并根据完全约束的零件特征调整零件的拓补结构。总之，自适应零件中的欠约束特征可以根据装配约束和其他零件的位置调整自身大小。

3）自适应子部件。欠约束的子部件可以指定为自适应子部件。在部件环境中，自适应子部件可以被拖动到任何位置，或者约束到上级部件或者其他部件中的零部件中。例如，自适应的活塞和连杆子部件在插入到汽缸部件中时可以改变大小和位置。

4）自适应定位特征。如果将定位特征设置为自适应，那么当创建定位特征的几何图元发生变化时，定位特征也会随之变化，例如，由一个零件的表面偏移出一个工作平面，当零件的表面因为设计的变动发生变化时，该工作平面也自动随之变化。当某些零件的特征依赖于这些定位特征时，这些特征也会自动变化，如果这种变化符合设计要求，那么会显著地节约工作时间，提高效率。

在图 7-56 所示的部件中，圆管零件文件中创建的工作平面被约束到另一个零件的面。尽管工作平面"属于"圆管零件文件，但它并不依赖于任何圆管几何图元。圆管的一端终止于从零件面偏移出来的工作平面。圆管零件中的工作平面是自适应的，因为如果关联的零件面移动了，它允许圆管长度相应地自动改变。

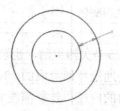

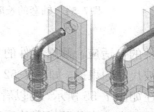

图7-55　轴套拉伸的草图及其尺寸标注　　　　图7-56　圆管长度随工作平面位置变化而变化

2．自适应模型准则

在部件设计的早期阶段，某些要求是已知的，而其他要求却经常改变，自适应零件在这时就很有用，因为它们可以根据设计的更改而调整。通常，在以下情况下使用自适应模型：

1）如果部件设计没有完全定义，并且在某个特殊位置需要一个零件或子部件，但它的最终尺寸还不知道，此时可以考虑自适应设计方法。

2）一个位置或特征大小由部件中的另一个零件的位置或特征大小确定，未确定的零件或者其特征可以使用自适应方法。

3）一个部件中的多个引用随着另一个零件的位置和特征尺寸做调整时，可以考虑自适应方法。只有一个零件引用定义其自适应特征。如果部件中使用了同一零件的多个引用，那么所有引用（包括其他部件中的引用）都是自适应性的。

3．使用自适应几何图元的限制条件

1）每个旋转特征仅使用一个相切。

2）在两点、两线或者点和线之间应用约束时，避免使用偏移。

3）避免在两点、点和面、点和线、线和面之间使用配合约束。

4）避免球面与平面、球面与圆锥面、两个球面之间的相切等。

在带有一个自适应零件的多个引用的部件中，非自适应引用间的约束可能需要两次更新才能正确解决。在非自适应的部件中，可以将几何图元约束到原始定位特征（平面、轴和原点）。在自适应的部件中，这种约束不会影响零部件的位置。

!　注　意

在外部 CAD 系统中创建的零件不能变为自适应，因为输入的零件被认为是完全尺寸标注的。另外，一个零件只有一个引用可以设置为自适应，如果零件已经被设置为自适应，关联菜单中的【自适应】选项将不可用。

7.11.2　控制对象的自适应状态

在 Autodesk Inventor 中可以将零件特征、零件或者子部件以及定位特征（如工作平面、工作轴等）指定为自适应状态，并修改其自适应状态。

1．指定零件特征为自适应

1）在零件文件中或者激活某个零件的部件文件中找到该特征，单击右键，从弹出的快捷菜单中选择【特性】选项，打开【特征特性】对话框。

2）在【自适应】选项中选择成为自适应的参数，如图 7-57 所示。

3）选择【草图】选项则控制截面轮廓草图是否自适应。

4）选择【参数】选项则控制特征参数（如拉伸深度和旋转角度）是否自适应。

5）选择【起始/终止平面】选项则控制终止平面是否自适应。

6）单击【确定】按钮完成设置。

需要指出，不同类型的特征的【特征特性】对话框是不相同的，能够指定成为自适应元素的项目也不完全相同。

1）对于拉伸和旋转特征，【特征特性】对话框如图 7-57 所示。

2）对于孔特征，其【特征特性】对话框如图 7-58 所示。在该对话框中，可以指定关于孔的各种要素（如草图、孔深、公称直径和沉头孔的沉头深度等）为自适应的特征。

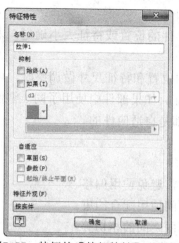

图7-57 特征的【特征特性】对话框　　　　　　图7-58 孔【特征特性】对话框

3）对于放样和扫掠特征，其【特征特性】对话框如图 7-59 所示，可以看到能够修改的只有特征名称、抑制状态以及颜色样式，不能设置自适应特征。要将放样和扫掠特征指定为自适应，只有通过将整个零件指定为自适应才能将零件的全部特征指定为自适应。

如果要将某个特征的所有参数设置为自适应，在零件特征环境下选中浏览器中的零件图标，单击右键，选择快捷菜单中的【自适应】选项即可，如图 7-60 所示。

图7-59 放样和扫掠特征的【特征特性】对话框　　图7-60 将特征的所有参数设置为自适应

2. 指定零件或者子部件为自适应

在部件文件中，可以将一个零件或者子部件指定为自适应的零部件。首先在浏览器中选择该零件或者子部件，单击右键，在弹出的快捷菜单中选择【自适应】选项，则零部件被指定为自适应状态，其图标也发生变化，如图 7-61 所示。

仅仅在部件中将一个零件设置为自适应以后，该零件是无法进行自适应操作的，还必须进入零件特征环境，将该零件对应的特征设置为自适应。这两个步骤缺一不可，否则部件中的零件不能够进行自适应装配以及其他相关的自适应操作。

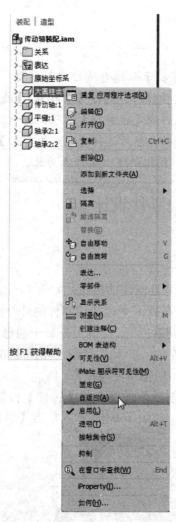

图7-61　指定零件或者子部件为自适应

3．指定定位特征为自适应

使用自适应定位特征可以在几何特征和零部件之间构造关系模型。自适应定位特征用作构造几何图元（点、平面和轴），以定位在部件中在位创建的零件。

➢ 如果要将非自适应定位特征转换为自适应定位特征，可以：

1）在浏览器或图形窗口中选择定位特征并单击鼠标右键，在弹出的快捷菜单中选择【自适应】选项。

2）单击【装配】标签栏【关系】面板中的【约束】按钮。

3）将定位特征约束到部件中的零件上，使它适应零件的改变。

➤ 在部件中，如果要使用单独零件上的几何图元作为定位特征的基准，可以：

1）在浏览器中，双击激活一个零件文件。

2）单击【模型】标签栏【定位特征】面板中的定位特征工具，然后在另一个零部件上选择几何图元来放置该定位特征。

3）使用特征工具创建新特征（例如拉伸或旋转），然后使用定位特征作为其终止平面或旋转轴。

> **注 意**
>
> 如果需要，可以使用以下提示创建自适应定位特征：1）当某些定位特征由另一个定位特征使用时，隐藏这些定位特征。选择【工具】>【选项】>【应用程序选项】>【零件】选项卡，选择【自动隐藏内嵌定位特征】选项。2）创建内嵌定位特征。例如，单击【工作点】按钮，单击鼠标右键，然后选择【创建工作轴】或【创建工作平面】，继续单击鼠标右键并创建定位特征，直到创建出工作点为止。

7.11.3　基于自适应的零件设计

 【操作步骤】

1）新建一个部件文件，并且创建轴零件，如图 7-62 所示。

2）在位创建轴套零件。在视图中选择轴零件的外平面新建草图，单击【草图】标签栏【绘图】面板中的【圆】按钮⊙，绘制另外一个圆形以组成轴套的界面轮廓，单击【约束】面板中的【尺寸】按钮⎯⎯，标注草图，如图 7-63 所示。单击【草图】标签中的【完成草图】工具按钮✔，退出草图环境。

单击【模型】标签栏【创建】面板上的【拉伸】按钮▣，打开【拉伸】对话框，选择环形截面轮廓进行拉伸，如图 7-64 所示。单击【确定】按钮，完成轴套零件的创建。

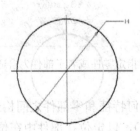

图7-62　创建轴零件　　　　　　图7-63　创建草图及标注尺寸　　　　　　图7-64　拉伸操作

3）选择右键快捷菜单中的【完成编辑】选项，返回到部件环境中，此时可以看到浏览器中的轴套零件自动被设置为自适应零件，如图 7-65 所示。轴和轴套部件如图 7-66 所示。这时候如果改变轴零件的直径和高度，则轴套零件也会自动变化以适应轴

的变化。

图7-65　轴套零件自动被设置为自适应零件

图7-66　轴和轴套部件

7.12　综合实例——机械臂装配

本节通过机械臂装配实例来讲解装配的综合使用方法，机械臂装配体如图 7-67 所示。

操作步骤

01　新建文件。运行 Autodesk Inventor，选择【快速入门】标签栏，选择【启动】面板上的【新建】选项，在打开的【新建文件】对话框中选择【Standard.iam】选项，如图 7-68 所示，新建一个部件文件，命名为"机械臂装配.iam"。新建部件文件后，在默认情况下，进入装配环境。

图7-67　机械臂装配体

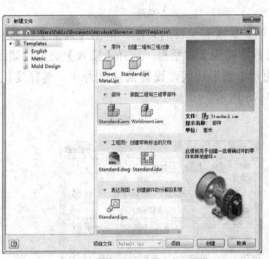

图7-68　【新建文件】对话框

02　装入基座。单击【装配】标签栏【零部件】面板上的【放置】按钮，打开如图 7-69 所示的【装入零部件"】对话框，选择"基座"零件，单击【打开】按钮，装入基座，单击鼠标右键，在弹出的如图 7-70 所示的快捷菜单中选择【在原点处固定放置】选项，系统默认此零件为固定零件，零件的坐标原点与部件的坐标原点重合。然后单击鼠标右键，在弹出的快捷菜单中选择【确定】选项，完成基座的装配，如图 7-71 所示。

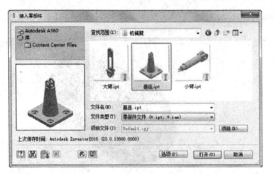

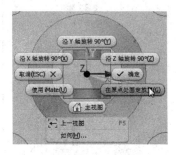

图7-69 【装入零部件】对话框　　　　　　　　　图7-70 快捷菜单

03 放置大臂。单击【装配】标签栏【零部件】面板上的【放置】按钮，打开【装入零部件】对话框，选择"大臂"零件，单击【打开】按钮，装入大臂，将其放置到视图中适当位置。单击鼠标右键，在弹出的快捷菜单中选择【确定】选项，完成大臂的放置，如图 7-72 所示。

图7-71 装入基座　　　　　　　　　　　　图7-72 放置大臂

04 基座与大臂的装配。单击【装配】标签栏【位置】面板上的【约束】按钮，打开【放置约束】对话框，选择【插入】类型，如图 7-73 所示。在视图中选取如图 7-74 所示的两个圆形边线，设置偏移量为 0，选择【反向】选项，单击【确定】按钮，结果如图 7-75 所示。

图7-73 【放置约束】对话框　　　　　　　　　图7-74 选择边线

05 放置小臂。单击【装配】标签栏【零部件】面板上的【放置】按钮，打开【装入零部件】对话框，选择"小臂"零件，单击【打开】按钮，装入小臂，将其放置到视图中适当位置。单击鼠标右键，在弹出的快捷菜单中选择【确定】选项，完成小臂的放置，如图 7-76 所示。

图7-75 装配大臂

图7-76 放置小臂

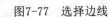

图7-77 选择边线

06 基座与小臂的装配。单击【装配】标签栏【位置】面板上的【约束】按钮 ，打开【放置约束】对话框，选择【插入】类型，在视图中选取如图 7-77 所示的两个圆形边线，设置偏移量为 0，选择【反向】选项，单击【确定】按钮，结果如图 7-78 所示。拖动小臂旋转到适当位置，如图 7-79 所示。

图7-78 基座与小臂的装配

图7-79 调整小臂位置

第8章

工程图

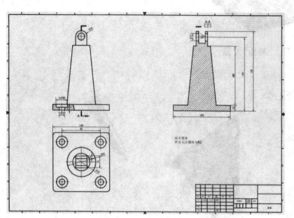

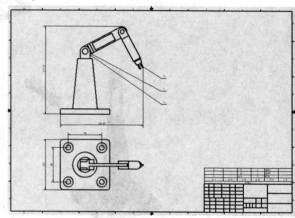

在实际生产中，二维工程图依然是表达零件和部件信息的一种重要方式。本章重点讲述了 Autodesk Inventor 中二维工程图的创建和编辑等相关知识。此外，本章还介绍了用来表达零部件装配过程和装配关系的表达视图的有关知识。

- 创建工程图
- 工程图环境设置
- 标注工程视图
- 添加引出序号和明细栏

8.1 工程图环境

前面章节已经介绍了 Autodesk Inventor 强大的三维造型功能。就目前国内的加工制造条件来说还不能够达到无图化生产加工的条件，工人还必须依靠二维工程图来加工零件，依靠二维装配图来组装部件，因此二维工程图仍然是表达零部件信息的一种重要的方式。

1. 工程图环境概述

在 Autodesk Inventor 中完成了三维零部件的设计造型后，接下来的工作就是要生成零部件的二维工程图了。Autodesk Inventor 与 AutoCAD 同出于 Autodesk 公司，但 Autodesk Inventor 不仅继承了 AutoCAD 的众多优点，而且具有更多强大和人性化的功能。

1）Autodesk Inventor 自动生成二维视图，用户可自由选择视图的格式，如标准三视图（主视图、俯视图、侧视图）、局部视图、打断视图、剖面图和轴测图等，Autodesk Inventor 还支持生成零件的当前视图，也就是说可从任何方向生成零件的二维视图。

2）用三维视图生成的二维视图是参数化的，同时二维三维两者之间可双向关联，也就是说当改变了三维实体的尺寸的时候，对应的二维工程图的尺寸会自动更新；当改变了二维工程图的某个尺寸的时候，对应的三维实体的尺寸也随之改变。这就大大减少了设计过程中的工作量。

2. 工程图环境的组成部分

在【新建文件】对话框中选择【Standard.idw】选项，就可进入工程图环境中，如图 8-1 所示。

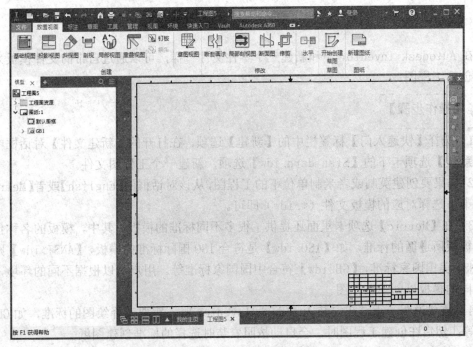

图8-1 工程图环境

工程图环境是由菜单栏、快速工具栏、工程图视图功能区和浏览器（左部）以及绘图区域等组成。工程图视图功能区如图 8-2 所示，工程图标注功能区如图 8-3 所示。

图8-2 工程图视图功能区

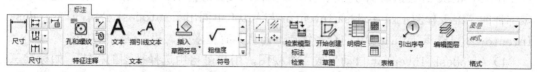

图8-3 工程图标注功能区

3．工程图工具面板的作用

利用工程图视图功能区可生成各种需要的二维视图，如基础视图，投影视图、斜视图、剖视图等。利用工程图标注功能区则可对生成的二维视图进行尺寸标注、公差标注、基准标注、表面粗糙度标注以及生成部件的明细栏等。

8.2 创建工程图

8.2.1 新建工程图

在 Autodesk Inventor 中和新建一个零件文件一样，可以通过自带的文件模板来快捷地创建工程图。

【操作步骤】

1）选择【快速入门】标签栏中的【新建】选项，在打开的【新建文件】对话框中选择【默认】选项卡下的【Stan dard.idw】选项，新建一个工程图文件。

2）如果要创建英制或者米制单位下的工程图，从该对话框的【English】或者【Metric】选项卡下选择对应的模板文件（*.idw）即可。

3）在【Metric】选项卡里面还提供了很多不同标准的模板，其中，模板的名称代表了该模板所遵循的标准，如【ISO.idw】是符合 ISO 国际标准的模板，【ANSI.idw】则符合 ANSI 美国国家标准，【GB.idw】符合中国国家标准等。用户可以根据不同的环境，选择不同的模板以创建工程图。

4）需要说明一点，在安装 Autodesk Inventor 时，需要选择绘图的标准，如 GB 或 ISO 等，然后在创建工程图时，会自动按照安装时选择的标准创建图纸。

5）单击【确定】按钮完成工程图文件的创建，如图 8-4 所示。

图8-4 【新建文件】对话框

8.2.2 编辑图纸

要设置当前工程图的名称、大小等，可以在浏览器中的图纸名称上单击右键，在弹出的快捷菜单中选择【编辑图纸】选项，如图 8-5 所示，打开【编辑图纸】对话框，如图 8-6 所示。

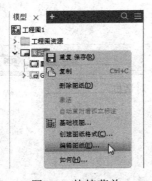

图8-5 快捷菜单

图8-6 【编辑图纸】对话框

在该对话框中：

1）可以设定图纸的名称；设置图纸的大小，如 A4、A2 图纸等，也可以选择【自定义大小】选项来具体指定图纸的高度和宽度；可以设置图纸的方向，如纵向或者横向等。

2）选择【不予记数】选项则所选择图纸不算在工程图图纸的计数之内，选择【不予打印】选项则在打印工程图纸时不打印所选图纸。

3）【编辑图纸】对话框中的参数的设置主要是为了在不同类型的打印机中打印图纸的需要；如在普通的家用或者办公打印机中打印图纸，图纸的大小最大只能设定为 A4，因为这些打印机最大只能支持 A4 图幅的打印。

8.2.3 编辑图纸的样式和标准

如果要对工程图环境进行更加具体的设定，单击【管理】标签栏【样式和标准】面板中的【样式编辑器】按钮，打开"样式和标准编辑器"对话框，如图 8-7 所示，可以在该对话框中设置长度单位、中心标记样式、各种线如可见边、剖切线等的样式、图纸的颜色、尺寸样式、焊接符号和文本样式等。单击【导入】按钮，可以将样式定义文件(*.styxml)中定义的样式应用到当前的文档样式设置中来。

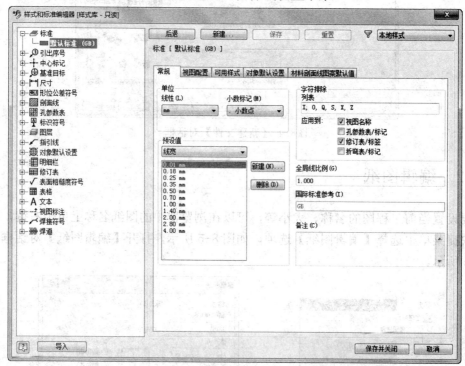

图8-7 【样式和标准编辑器】对话框

8.2.4 创建和管理多个图纸

可以在一个工程图文件中创建和管理多个图纸。

【操作步骤】

1）在浏览器内单击右键，打开如图 8-8 所示的快捷菜单，选择【新建图纸】选项，新建一张图纸。

2）在浏览器中选中要删除的图纸，单击右键，打开如图 8-9 所示的快捷菜单，选择【删除图纸】选项，删除选中的图纸。

3）在浏览器中选择要复制的图纸，单击右键，打开如图 8-9 所示的快捷菜单，选择【复制】选项，复制选中的图纸。

4）虽然在一幅工程图中允许有多幅图纸，但是只能有一个图纸处于激活状态，图纸只有处于激活状态，才可以进行各种操作，如创建各种视图。在浏览器中选中要激活的图纸，单击右键，打开如图 8-5 所示的快捷菜单，选择【激活】选项。在浏览器中，激活的图纸将被亮显，未激活的图纸将暗显。

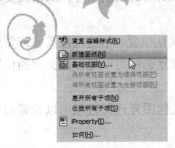

图8-8　快捷菜单1　　　　　　　　　　图8-9　快捷菜单2

8.3　工程图环境设置

单击【工具】标签栏【选项】面板上的【应用程序选项】按钮，打开【应用程序选项】对话框，选择【工程图】选项卡，如图 8-10 所示。在该选项卡中可以对工程图环境进行定制。

图8-10　【工程图】选项卡

（1）放置视图时检索所有模型尺寸：设置在工程图中放置视图时检索所有模型尺寸；选择此复选框，在放置工程图时，将向各个工程图添加适用的模型尺寸；取消此复选框的勾选，则在放置视图后手动检索尺寸。

（2）创建标注文字时居中对齐：设置尺寸文本的默认位置。创建线性尺寸或角度尺寸时，选中该复选框可以使标注文字居中对齐，清除该复选框可以使标注文字的位置由放置尺寸时的鼠标位置决定。

（3）启用同基准尺寸几何图元选择：启用同基准几何图元选择选项用以设置创建同基准时如何选择工程图几何图元。

（4）标注类型配置：标注类型配置框中的选项为线性、直径和半径尺寸标注设置首选类型，如在标注圆的尺寸时，选择⊘则标注直径尺寸，选择⊘则标注半径尺寸。

（5）视图对齐：为工程图设置默认的对齐方式，有【居中】和【固定】两种。

（6）剖视标准零件：可以设置标准零件在部件工程图中的剖切操作。默认情况下选中【遵从浏览器】选项，图形浏览器中的【剖视标准零件】被关闭。当然可以将此设置更改为【始终】或【从不】。

（7）显示线宽：选择此复选框，则工程图中的可见线条将以激活的绘图标准中定义的线宽显示。如果清除该复选框，则所有可见线条将以相同线宽显示。注意：此设置不影响打印工程图的线宽。

（8）默认对象样式：

1）按标准：在默认情况下，将对象默认样式指定为采用当前标准的"对象默认值"中指定的样式。

2）按上次使用的样式：指定在关闭并重新打开工程图文档时，默认使用上次使用的对象和尺寸样式。该设置可在任务之间继承。

（9）默认图层样式：

1）按标准：将图层默认样式指定为采用当前标准的"对象默认值"中指定的样式。

2）按上次使用的样式：指定在关闭并重新打开工程图文档时，默认使用上次使用的图层样式。该设置可在任务之间继承。

（10）查看预览显示：

1）预览显示为：设置预览图像的配置。默认设置为"所有零部件"。单击下拉箭头，选择【部分】或【边框】。【部分】或【边框】选项可以减少内存消耗。

2）以未剖形式预览剖视图：通过剖切或不剖切零部件来控制剖视图的预览。选中此复选框将以未剖形式预览模型，清除此复选框（默认设置）将以剖切形式预览。

（11）容量/性能：

1）内存节约模式：指示 Autodesk Autodesk Inventor 在进行视图计算之前和期间通过降低性能来更保守地占用内存。它通过更改加载和卸载零部件的方式来保留内存。

2）启用后台更新：启用或禁用光栅工程图显示。

8.4 建立工程视图

在 Autodesk Inventor 中可以创建基础视图、投影视图、斜视图、剖视图、局部视图和打断视图。

8.4.1 基础视图

新工程图中的第一个视图是基础视图，基础视图是创建其他视图（如剖视图、局部视图）的基础。用户也可以随时为工程图添加多个基础视图。

1. 创建基础视图

【操作步骤】

1）单击【放置视图】标签栏【创建】面板上的【基础视图】按钮，打开【工程视图】对话框，如图 8-11 所示。

2）在打开【工程视图】对话框中选择要创建工程图的零部件。

3）图纸区域内出现要创建的零部件视图的预览，可以移动鼠标把视图放置到合适的位置。

图8-11 【工程视图】对话框

4）在【工程视图】对话框中设置所有的参数。

5）单击【确定】按钮或者在图纸上单击左键，即可完成基础视图的创建。

2. 编辑基础视图

【操作步骤】

1）把鼠标移动到创建的基础视图的上面，视图周围出现红色虚线形式的边框。当把鼠标移动到边框的附近时，指针旁边出现移动符号，此时按住左键就可以拖动视图，以改变视图在图纸中的位置。

2）在视图上单击右键，打开快捷菜单。

> ➢ 选择右键快捷菜单中的【复制】和【删除】选项可以复制和删除视图。
> ➢ 选择【打开】选项，则会在新窗口中打开要创建工程图的源零部件。
> ➢ 在视图上双击左键，则重新打开【工程视图】对话框，用户可以修改其中可以进行修改的选项。
> ➢ 选择【对齐视图】或者【旋转】选项可以改变视图在图纸中的位置。

【选项说明】

（1）【零部件】选项卡（见图 8-11）：文件选项用来指定要用于工程视图的零件、部件或表达视图文件。单击【打开现有文件】按钮，打开【打开】对话框，在对话框中选择文件。

（2）显示方式：用来定义工程图视图的显示样式。可以选择三种显示样式：显示隐藏线、不显示隐藏线和着色。

（3）比例：设置生成的工程视图相对于零件或部件的比例。另外在编辑从属视图时，该选项可以用来设置视图相对于父视图的比例。可以在文本框中输入所需的比例，或者单击下拉箭头，从常用比例列表中选择。

（4）标签：

1）名称：指定视图的名称。默认的视图名称由激活的绘图标准所决定，要修改名称，可以选择编辑框中的名称并输入新名称。

2）切换标签可见性：显示或隐藏视图名称。

（5）【模型状态】选项卡（见图 8-12）：指定要在工程视图中使用的焊接件状态和 iAssembly 或 iPart 成员；指定参考数据，如线样式和隐藏线计算配置。

1）焊接件：仅在选定文件包含焊接件时可用。单击要在视图中表达的焊接件状态，"准备"分隔符行下列出了所有处于准备状态的零部件。

2）成员：对于 iAssembly 工厂，选择要在视图中表达的成员。

图8-12 【工程视图】对话框的【模型状态】选项卡

3）参考数据：设置视图中参考数据的显示。

> ➢ 线样式：为所选的参考数据设置线样式，单击列表框以选择样式。可选样式有【按参考零件】、【按零件】和【关】。
> ➢ 边界：设置【边界】选项的值来查看更多参考数据。设置边界值可以使得边界在所有边上以指定值扩展。
> ➢ 隐藏线计算：指定是计算"所有实体"的隐藏线还是计算"分别参考数据"的隐藏线。

（6）【显示选项】选项卡（见图 8-13）：设置工程视图的元素是否显示。注意：只有适用于指定模型和视图类型的选项才可用。可以选中或者清除一个选项来决定该选项对应的元素是否可见。

图8-13 【工程视图】对话框中的【显示选项】选项卡

（7）"恢复选项"选项卡（见图 8-14）：用于定义在工程图中对曲面和网格实体以及模型尺寸和定位特征的访问。

图 8-14 【工程视图】对话框中的【恢复选项】选项卡

1）混合实体类型的模型：

①包含曲面体：可控制工程视图中曲面体的显示。该选项默认情况下处于选中状态，用于包含工程视图中的曲面体。

②包含网格实体：可控制工程视图中网格实体的显示。该选项默认情况下处于选中状态，用于包含工程视图中的网格实体。

2）所有模型尺寸：选中该复选框以检索模型尺寸。只显示与视图平面平行并且没有被图纸上现有视图使用的尺寸。清除该复选框，则在放置视图时不带模型尺寸。如果模型中定义了尺寸公差，则模型尺寸中会包括尺寸公差。

3）用户定位特征：从模型中恢复定位特征，并在基础视图中将其显示为参考线。选择复选框来包含定位特征。

此设置仅用于最初放置基础视图。若要在现有视图中包含或排除定位特征，请在【模型】浏览器中展开视图节点，然后在模型上单击右键，选择【包含定位特征】，然后在【包含定位特征】对话框中指定相应的定位特征。或者在定位特征上单击右键，然后选择【包含】。

若要从工程图中排除定位特征，则在单个定位特征上单击鼠标右键，然后清除【包含】复选框。

8.4.2 投影视图

创建了基础视图以后，可以利用一角投影法或者三角投影法创建投影视图。在创建投影视图以前，必须首先创建一个基础视图。

 【操作步骤】

1）单击【放置视图】标签栏【创建】面板中的【投影视图】按钮 ，在图纸上选择一个基础视图。

2）向不同的方向拖动鼠标以预览不同方向的投影视图。如果竖直向上或者向下拖动鼠标，则可以创建仰视图或者俯视图；如果水平向左或者向右拖动鼠标，则可以创建左视图或者右视图；如果向图纸的 4 个角落处拖动鼠标，则可以创建轴测视图，如图 8-15 所示。

3）确定投影视图的形式和位置以后，单击鼠标左键，指定投影视图的位置。

4）在鼠标单击的位置处出现一个矩形轮廓，单击右键，打开如图 8-16 所示的快捷菜单，若选择【创建】选项，则在矩形轮廓内部创建投影视图。创建完毕后矩形轮廓自动消失。

由于投影视图是基于基础视图创建的，因此常称基础视图为父视图，称投影视图以及其他以基础视图为基础创建的视图为子视图。在默认的情况下，子视图的很多特性继承自父视图。

1）如果拖动父视图，则子视图的位置随之改变，以保持和父视图之间的位置关系。

2）如果删除了父视图，则子视图也同时被删除。

3）子视图的比例和显示方式同父视图保持一致，当修改父视图的比例和显示方式时，子视图的比例和显示方式也随之改变。

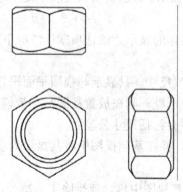

图8-15 创建投影视图

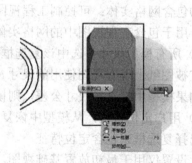

图8-16 快捷菜单

8.4.3 斜视图

通过从父视图中的一条边或直线投影来放置斜视图时，得到的视图将与父视图在投影方向上对齐。

【操作步骤】

1）单击【放置视图】标签栏【创建】面板上的【斜视图】按钮 ，选择一个基础视图，然后打开【斜视图】对话框，如图 8-17 所示。

图8-17 【斜视图】对话框

2）在【斜视图】对话框中指定视图的名称和比例等基本参数以及显示方式。

3）鼠标指针旁边出现一条直线标志，选择垂直于投影方向的平面内的任意一条直线，此时移动鼠标则出现斜视图的预览。

4）在合适的位置上单击左键，或者单击【斜视图】对话框中的【确定】按钮，则斜视图被创建。

8.4.4 剖视图

剖视图是表达零部件上被遮挡的特征以及部件装配关系的有效方式。

【操作步骤】

1）单击【放置视图】标签栏【创建】面板上的【剖视】按钮 ，选择一个父视图，这时鼠标形状变为十字形。

2）单击左键设置视图剖切线的起点，然后单击以确定剖切线的其余点，视图剖切线上点的个数和位置决定了剖视图的类型。

3）在剖切线绘制完毕后，单击右键，在弹出的快捷菜单中选择【继续】选项，此时打开【剖视图】对话框，如图 8-18 所示。

4）在对话框中设置视图名称、比例、显示方式等参数，并设置【剖切深度】选项。

5）图纸内出现剖视图的预览，移动鼠标以选择创建位置。

6）确定视图位置后，单击左键或者单击【剖视图】对话框中的【确定】按钮以完成剖视图的创建。

【选项说明】

（1）视图/比例标签：

1）视图标识符：编辑视图标识符号字符串。

2）比例：设置相对于零件或部件的视图比例。在文本框中输入比例，或者单击下拉箭头，从常用比例列表中选择。

（2）剖切深度：

1）全部：零部件被完全剖切。

2）距离：按照指定的深度进行剖切。

（3）切片：

1）包括切片：如果选中此选项，则会根据浏览器属性创建包含一些切割零部件和剖视零部件的剖视图。

2）剖切整个零件：如果选中此选项，则会取代浏览器属性，并会根据剖视线几何图元切割视图中的所有零部件。

（4）方式：

1）投影视图：从草图线创建的投影视图。

2）对齐：选择此选项，生成的剖视图将垂直于投影线。

注意

1）一般来说，剖切面由绘制的剖切线决定，剖切面过剖切线且垂直于屏幕方向。对于同一个剖切面，不同的投影方向生成的剖视图也不相同，因此在创建剖面图时，一定要选择合适的剖切面和投影方向。在图 8-19 所示的具有内部凹槽的零件中，要表达零件内壁的凹槽，必须使用剖视图。

图8-18 【剖视图】对话框

图8-19 具有内部凹槽的零件

为了表现方形的凹槽特征和圆形的凹槽特征，必须创建不同的剖切平面。表现方形凹槽所选择的剖切平面以及生成的剖视图如图 8-20 所示，表现圆形凹槽所选择的剖切平面以及生成的剖视图如图 8-21 所示。

2）需要特别注意的是，剖切的范围完全由剖切线的范围决定，剖切线在其长度方向上延展的范围决定了所能够剖切的范围。图 8-22 显示了不同长度的剖切线所创建的剖视图是不同的。

3）剖视图中投影的方向就是观察剖切面的方向，它也决定了所生成的剖视图的外观。可以选择任意的投影方向生成剖视图，投影方向既可以与剖切面垂直，也可以不垂直，如图 8-23 所示。其中，H—H 视图和 J—J 视图是由同一个剖切面剖切生成的，但是因投影方向不相同，所以生成的剖视图也不相同。

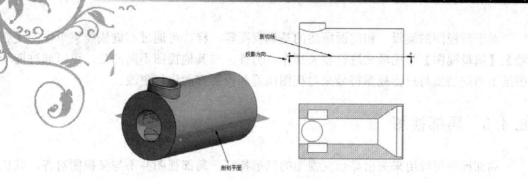

图8-20 表现方形凹槽的剖视图

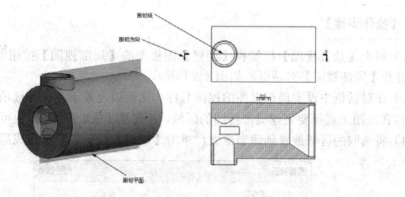

图8-21 表现圆形凹槽的剖视图

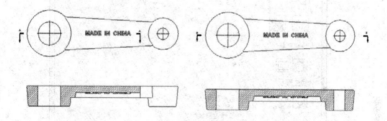

图8-22 不同长度的剖切线所创建的剖视图

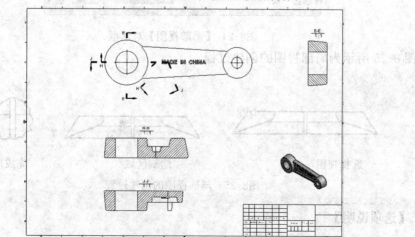

图8-23 选择任意的投影方向生成剖视图

对于剖视图的编辑，和前面所述的基础视图等一样，可通过右键快捷菜单中的【删除】、【编辑视图】等选项来进行相关操作。另外，与其他视图不同的是，可以通过拖动图纸上的剖切线与投影视图符号来对视图位置和投影方向进行更改。

8.4.5　局部视图

局部视图可以用来突出显示父视图的局部特征。局部视图并不与父视图对齐，默认情况下也不与父视图同比例。

【操作步骤】

1）单击【放置视图】标签栏【创建】面板上的【局部视图】按钮，选择一个视图，打开【局部视图】对话框，如图 8-24 所示。

2）在对话框中设置局部视图的视图名称、比例以及显示方式等选项。

3）在视图上选择要创建局部视图的区域，区域可以是矩形区域，也可以是圆形区域。

4）将选取的区域放置到适当位置，单击【确定】按钮，即可完成局部视图的创建。

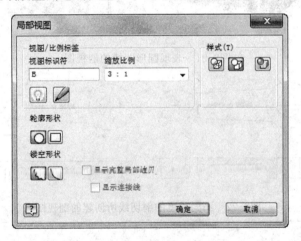

图8-24　【局部视图】对话框

图 8-25 所示为局部视图的创建过程。

选择视图　　　　　　　　绘制区域　　　　　　　　完成局部视图

图8-25　局部视图的创建过程

【选项说明】

1）轮廓形状：为局部视图指定圆形或矩形轮廓形状。父视图和局部视图的轮廓形

状相同。

2）镂空形状：可以将切割线型指定为【锯齿过渡】或【平滑过渡】。

3）显示完整局部边界：在产生的局部视图周围显示全边界（环形或矩形）。

4）显示连接线：显示局部视图中轮廓和全边界之间的连接线。

局部视图创建后，可以通过局部视图的右键快捷菜单中的【编辑视图】选项来进行编辑以及复制、删除等操作。

如果要调整父视图中创建局部视图的区域，可以在父视图中将鼠标指针移动到创建局部视图时拉出的圆形或者矩形上，则圆形或者矩形的中心和边缘上出现绿色小圆点。在中心的小圆点上按住鼠标，移动鼠标则可以拖动区域的位置；在边缘的小圆点上按住鼠标左键拖动，则可以改变区域的大小。当改变了区域的大小或者位置以后，局部视图会自动随之更新。

8.4.6 打断视图

打断视图是通过修改已建立的工程视图来创建的。可以创建打断视图的工程图有零件视图、部件视图、投影视图、等轴测视图、剖视图和局部视图，也可以用打断视图来创建其他视图。

1. 创建打断视图

 【操作步骤】

1）单击【放置视图】标签栏【修改】面板中的【断裂画法】按钮，在图纸上选择一个视图，打开【断开】对话框，如图8-26所示。

2）在对话框中设置断开视图的样式、方向、间隙和符号等参数。

3）设定好所有参数后，可以在图纸中单击鼠标左键以放置第一条打断线，然后在另外一个位置单击鼠标左键以放置第二条打断线，两条打断线之间的区域就是零件中要被打断的区域。放置完毕两条打断线后，打断视图即被创建，其过程如图8-27所示。

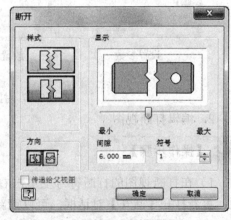

图8-26 【断开】对话框

 【选项说明】

（1）样式：

1）矩形样式：为非圆柱形对象和所有剖视打断的视图创建打断。

2）构造样式：使用固定格式的打断线创建打断。

（2）方向：

1）水平⊠：设置打断方向为水平方向。

2）竖直⊠：设置打断方向为竖直方向。

（3）显示：

1）显示：设置每个打断类型的外观。当拖动滑块时，控制打断线的波动幅度，表示为打断间隙的百分比。

2）间隙：指定打断视图中打断之间的距离。

3）符号：指定所选打断处的打断符号的数目，每处打断最多允许使用 3 个符号，并且只能在"结构样式"的打断中使用。

（4）传递给父视图：如果选择此选项，则打断操作将扩展到父视图。此选项的可用性取决于视图类型和【打断继承】选项的状态。

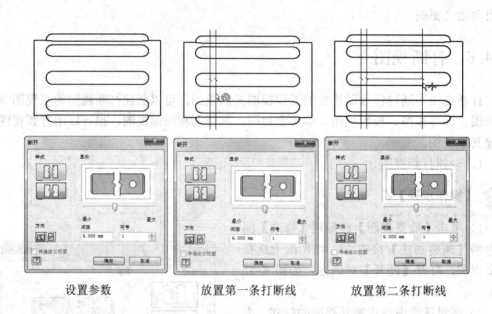

设置参数　　　　　　　放置第一条打断线　　　　　　放置第二条打断线

图8-27　打断视图的创建过程

2．编辑打断视图

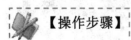
【操作步骤】

1）在打断视图的打断符号上单击右键，在弹出的快捷菜单中选择【编辑打断】选项，重新打开【断开】对话框，可以重新对打断视图的参数进行定义。

2）如果要删除打断视图，选择右键快捷菜单中的【删除】选项即可。

3）打断视图提供了打断控制器以直接在图纸上对打断视图进行修改。当鼠标指针位于打断视图符号的上方时，打断控制器（一个绿色的小圆形）即会显示，可以用鼠标左键点住该控制器，左右或者上下拖动以改变打断的位置，如图 8-28 所示。还可以通过拖动两条打断线来改变去掉的零部件部分的视图量。如果将打断线从初始视图的打断位置移走，则会增加去掉零部件的视图量，将打断线移向初始视图的打断位置，则会减少去掉零部件的视图量，如图 8-29 所示。

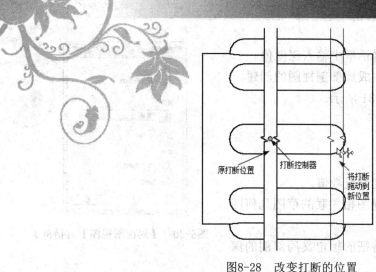

图8-28　改变打断的位置

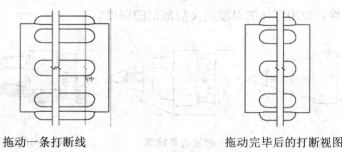

拖动一条打断线　　　　　　　　　拖动完毕后的打断视图

图8-29　拖动打断线

8.4.7　局部剖视图

要显示零件局部被隐藏的特征，可以创建局部剖视图，通过去除一定区域的材料，以显示现有工程视图中被遮挡的零件或特征。局部剖视图需要依赖于父视图，所以要创建局部剖视图，必须先放置父视图，然后创建与一个或多个封闭的截面轮廓相关联的草图，来定义局部剖区域的边界。需要注意的是，父视图必须与包含定义局部剖边界的截面轮廓的草图相关联。

【操作步骤】

1）选择图纸内一个要进行局部剖切的视图。

2）单击【放置视图】标签栏【草图】面板中的【开始创建草图】按钮 $\boxed{\triangledown}$，则此时在图纸内新建一个草图，切换到【草图】面板，选择其中的草图图元绘制工具，绘制封闭的作为剖切边界的几何图形，如圆形和多边形等。

3）绘制完毕后，单击【草图】标签上的【完成草图】按钮 ✔，退出草图环境。

4）单击【放置视图】标签栏【创建】面板上的【局部剖视图】按钮 ⤵，然后选择绘制草图的视图，打开【局部剖视图】对话框，如图 8-30 所示。

5）在【局部剖视图】对话框中的【边界】选项中需要定义截面轮廓，即选择草图几何图元以定义局部剖边界。

6）在视图中选择点，在对话框中输入深度值。

7）单击【确定】按钮，完成局部剖视图的创建。局部剖视图的创建过程如图 8-31 所示。

【选项说明】

图8-30 【局部剖视图】对话框

（1）深度：

1）自点：为局部剖的深度设置数值。

2）至草图：使用与其他视图相关联的草图几何图元定义局部剖的深度。

3）至孔：使用视图中孔特征的轴定义局部剖的深度。

4）贯通零件：使用零件的厚度定义局部剖的深度。

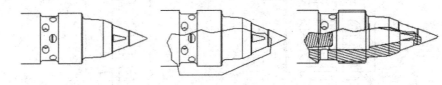

父视图　　　　　　创建边界轮廓　　　　　　形成局部剖视图

图8-31 局部剖视图的创建过程

（2）显示隐藏边：临时显示视图中的隐藏线，可以在隐藏线几何图元上拾取一点来定义局部剖深度。

（3）剖切所有零件：勾选此复选框，则剖切当前未在局部剖视图区域中剖切的零件。

8.4.8 实例——创建机械臂基座工程图

思路分析

本例绘制的机械臂基座工程图如图 8-32 所示。首先创建主视图，然后创建投影视图，最后创建全剖视图。

操作步骤

01 新建文件。运行 Autodesk Inventor，单击【快速入门】标签栏【启动】面板上的【新建】按钮，在打开的【新建文件】对话框中选择【Standard.idw】选项，然后单击【创建】按钮新建一个工程图文件。

02 创建基础视图。单击【放置视图】标签栏【创建】面板上的【基础视图】按钮，打开【工程视图】对话框，在对话框中单击【打开现有文件】按钮，打开【打开】对话框,选择"基座",单击【打开】按钮,打开"基座"零件;在 ViewCube 中选择【下视图】,输入比例为 1.2:1,选择显示方式为【不显示隐藏线】<img_1 icon>,如图 8-33 所示;设置完参数,单击【确定】按钮完成基础视图的创建,结果如图 8-34 所示。

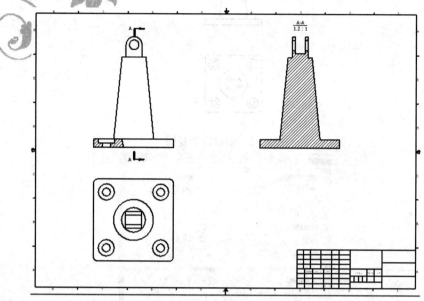

图8-32 机械臂基座工程图

03 创建投影视图。单击【放置视图】标签栏【创建】面板中的【投影视图】按钮<img icon>,在视图中选择上步创建的基础视图,然后向下拖动鼠标,在适当位置单击鼠标左键确定创建投影视图的位置。再单击鼠标右键,在弹出的快捷菜单中选择【创建】选项,生成投影视图,如图 8-35 所示。

图8-33 【工程视图】对话框　　　　　图8-34 基础视图

04 创建剖视图。单击【放置视图】标签栏【创建】面板上的【剖视】按钮<img icon>,在视图中选择步骤 2 中创建的基础视图,再单击左键设置视图剖切线的起点,然后单击以确定剖切线的其余点。确定剖切视图的位置后,单击鼠标右键,在弹出的快捷菜单中选择【继续】选项,打开【剖视图】对话框,参数设置如图 8-36 所示。将剖视图放置到适当位置,完成剖视图的创建,结果如图 8-37 所示。

图8-35　创建投影视图

图8-36　"剖视图"对话框

05 创建局部视图。

❶在视图中选取主视图，单击【放置视图】标签栏【草图】面板中的【开始创建草图】按钮，进入草图绘制环境。单击【草图】标签栏【绘图】面板中的【圆】按钮，绘制一个圆，如图 8-38 所示。单击【草图】标签上的【完成草图】按钮，退出草图环境。

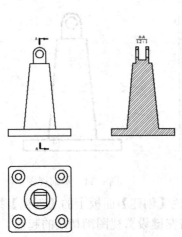

图8-37　创建剖视图

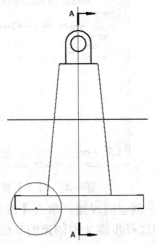

图8-38　绘制草图

❷单击【放置视图】标签栏【创建】面板上的【局部剖视图】按钮，在视图中选取主视图，打开"局部剖视图"对话框，系统自动捕捉上步绘制的草图为截面轮廓，选

择如图 8-39 所示的点为基础点，输入深度为 16mm，单击【确定】按钮，完成局部剖视图的创建，结果如图 8-40 所示。

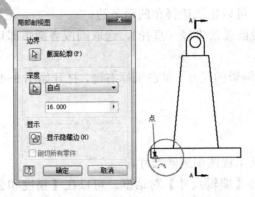

图8-39 【局部剖视图】对话框和选择点

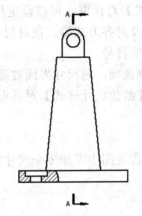

图8-40 创建局部剖视图

8.5 标注工程图

创建完视图后，需要对工程图进行尺寸标注。尺寸标注是工程图设计中的重要环节，它关系到零件的加工、检验和实用各个环节。只有配合合理的尺寸标注才能帮助设计者更好地表达其设计意图。

8.5.1 尺寸标注

工程图中的尺寸标注是与模型中的尺寸相关联的，模型尺寸的改变会导致工程图中尺寸的改变，同样工程图中尺寸的改变会导致模型尺寸的改变。

1. 尺寸

尺寸包括线性尺寸、角度尺寸、圆弧尺寸等。

单击【标注】标签栏【尺寸】面板上的【尺寸】按钮，依次选择几何图元的组成要素即可，如：

1）要标注直线的长度，可以依次选择直线的两个端点，或者直接选择整条直线。

2）要标注角度，可以依次选择角的两条边。

3）要标注圆或者圆弧的半径（直径），选取圆或者圆弧即可等。

在视图中选择要编辑的尺寸，单击鼠标右键，打开如图 8-41 所示的快捷菜单。

图8-41 快捷菜单

【选项说明】

（1）删除：将从工程图中删除尺寸。

（2）编辑：打开【编辑尺寸】对话框。可以在【精度和公差】选项卡中选定并且修改尺寸公差的具体样式。

（3）文本：打开【文本格式】对话框，可以设定尺寸文本的特性，如字体、字号、间距以及对齐方式等。在对尺寸文本修改前，需要在【文本格式】对话框中选中代表尺寸文本的符号。

（4）隐藏尺寸界线：选择该选项，则尺寸界线被隐藏。

（5）新建尺寸样式：打开【新建尺寸样式】对话框，可以新建各种标准（如 GB、ISO）的尺寸样式。

2．基线尺寸和基线尺寸集

当要以自动标注的方式向工程视图中添加多个尺寸时，基线尺寸是很有用的。

【操作步骤】

1）单击【标注】标签栏【尺寸】面板上的【基线】按钮，在视图中选择要标注的图元。

2）选择完毕后，单击右键，在弹出的快捷菜单中选择【继续】选项，出现基线尺寸的预览。

3）在要放置尺寸的位置单击鼠标左键，即完成基线尺寸的创建。

4）如果要在其他位置放置相同的尺寸集，可以在结束命令之前按 Backspace 键，则再次出现尺寸预览，单击其他位置即可放置尺寸。

3．同基准尺寸

可以在 Autodesk Inventor 中创建同基准尺寸或者由多个尺寸组成的同基准尺寸集。

【操作步骤】

1）单击【标注】标签栏【尺寸】面板上的【同基准】按钮，然后在图纸上用鼠标左键单击一个点或者一条直线边作为基准，此时移动鼠标以指定基准的方向，基准的方向垂直于尺寸标注的方向，单击鼠标左键即可完成基准的选择。

2）依次选择要进行标注的特征的点或者边，选择完则尺寸自动被创建。

3）当全部选择完毕后单击右键，在弹出的快捷菜单中选择【创建】选项，即可完成同基准尺寸的创建。

4．孔/螺纹孔尺寸

当零件上存在孔以及螺纹孔时，就要考虑孔和螺纹孔的标注问题。在 Autodesk Inventor 中，可以利用【孔和螺纹标注】工具在完整的视图或者剖视图上为孔和螺纹孔标注尺寸。注意：孔标注和螺纹标注只能添加到在零件中使用"孔"特征和"螺纹"特征工具创建的特征上。典型的孔和螺纹标注如图 8-42 所示。

【操作步骤】

1）单击【标注】标签栏【特征注释】面板上的【孔和螺纹】按钮 📷，在视图中选择孔或者螺纹孔。

2）鼠标指针旁边出现要添加的标注的预览，移动鼠标以确定尺寸放置的位置。

3）单击鼠标左键以完成尺寸的创建。

➤ 孔/螺纹孔尺寸编辑：

1）在孔/螺纹孔尺寸的右键快捷菜单中选择【文本】选项，打开【文本格式】对话框以编辑尺寸文本的格式，如设定字体和间距等。

2）选择【编辑孔尺寸】选项，打开【编辑孔注释】对话框，如图 8-42 所示，可以为现有孔标注添加符号或值、编辑文本或者修改公差。在【编辑孔注释】对话框中，单击以清除【使用默认值】复选框中的复选标记；在编辑框中单击并输入修改内容；单击相应的按钮为尺寸添加符号或值；要添加文本，可以使用键盘进行输入；要修改公差格式或精度，可以单击【精度与公差】按钮并在【精度与公差】对话框中进行修改。需要注意的是，孔标注的默认格式和内容由该工程图的激活尺寸样式控制。要改变默认设置，可以编辑尺寸样式或改变绘图标准以使用其他尺寸样式。

图8-42　【编辑孔注释】对话框

8.5.2　表面粗糙度标注

表面粗糙度是评价零件表面质量的重要指标之一，它对零件的耐磨性、耐蚀性以及零件之间的配合和外观都有影响。

【操作步骤】

（1）单击【标注】标签栏【符号】面板上的【表面粗糙度】按钮√。

（2）要创建不带指引线的符号，可以双击符号所在的位置，打开【表面粗糙度】对话框，如图 8-43 所示。

（3）要创建与几何图元相关联的、不带指引线的符号，可以双击亮显的边或点，该符号随即附着在边或点上，并且将打开【表面粗糙度】对话框。可以拖动符号来改变其位置。

（4）要创建带指引线的符号，可以单击指引线起点的位置。如果单击亮显的边或点，则指引线将被附着在边或点上，移动光标并单击左键以为指引线添加另外一个顶点。当表面粗糙度符号指示器位于所

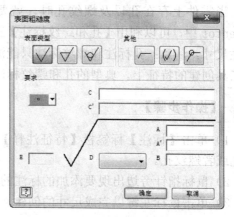

图8-43 【表面粗糙度符号】对话框

需的位置时单击右键，在弹出的快捷菜单中选择【继续】选项以放置符号，此时也会打开【表面粗糙度】对话框。

【选项说明】

（1）表面类型：

1）√：基本表面粗糙度符号。

2）▽：表面用去除材料的方法获得。

3）▽：表面用不去除材料的方法获得。

（2）其他：

1）长边加横线：该符号为符号添加一个尾部符号。

2）多数：该符号为工程图指定了标准的表面特性。

3）所有表面相同：该符号添加表示所有表面粗糙度相同的标识。

（3）定义表面特性的值：在文本框框中输入适当的值。

8.5.3 形位公差标注

【操作步骤】

1）单击【标注】标签栏【符号】面板上的【形位公差符号】按钮。

2）要创建不带指引线的符号，可以双击符号所在的位置，此时打开【形位公差符号】对话框，如图 8-44 所示。

3）要创建与几何图元相关联的、不带指引线的符号，可以双击亮显的边或点，则符号将被附着在边或点上，并打开【形位公差符号】对话框，然后可以拖动符号来改变

其位置。

4）如果要创建带指引线的符号，首先左键单击指引线起点的位置，如果选择单击亮显的边或点，则指引线将被附着在边或点上，然后移动光标并单击，来为指引线添加另外一个顶点。当符号标识位于所需的位置时，单击右键，然后在弹出的快捷菜单中选择【继续】选项，则符号成功放置，并打开【形位公差符号】对话框，如图8-44所示。

5）参数设置完毕后，单击【确定】按钮以完成形位公差的标注。

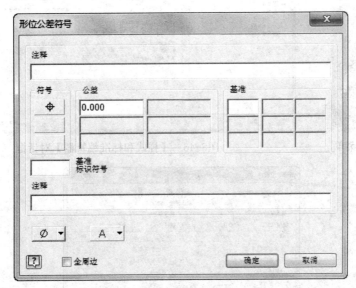

图8-44　【形位公差符号】对话框

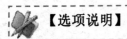　【选项说明】

（1）符号：选择要进行标注的项目。一共可以设置三个，可以选择直线度、圆度、垂直度、同心度等公差项目。

（2）公差：设置公差值，可以分别设置两个独立公差的数值，但是第二个公差仅适用于ANSI标准。

（3）基准：指定影响公差的基准，基准符号可以从下面的符号栏中选择，如A，也可以手工输入。

（4）全周边：用来在形位公差旁添加周围焊缝符号。

编辑形位公差有几种类型：

1）选择要修改的形位公差，在打开的如图8-45所示的快捷菜单中选择【编辑形位公差符号样式】，打开【样式和标准编辑器】对话框，其中的【形位公差符号】选项自动打开，如图8-46所示。在该对话框中可以编辑形位公差符号的样式。

2）在快捷菜单中选择【编辑单位属性】选项后会打开【编辑单位属性】对话框对公差的基本单位和换算单位进行更改，如图8-47所示。

3）在快捷菜单中选择【编辑箭头】选项则打开【改变箭头】对话框。在该对话框中可以修改箭头的形状。

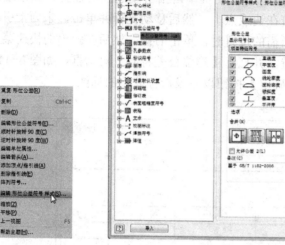

图8-45 快捷菜单　　　　　　图8-46 【样式和标准编辑器】对话框

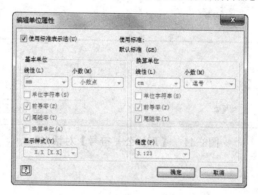

图8-47 【编辑单位属性】对话框

8.5.4　基准符号

基准目标按基准起点分为基准目标—指引线、基准目标—圆、基准目标—线、基准目标—点和基准目标—矩形。

➢　对于直线和指引线基准来说，起点就是直线和指引线的起点。
➢　矩形基准起点需要设置矩形的中心，再次单击以定义其面积。
➢　圆基准起点需要设置圆心，再次单击以定义其半径。
➢　点基准起点放置了点指示器。
下面以基准目标—指引线为例讲解基准符号的标注过程。

【操作步骤】

1）单击【标注】标签栏【符号】面板上的【形位公差符号】按钮。
2）要创建不带指引线的符号，可以双击符号所在的位置，此时打开"文本格式"

222

对话框。

3）要创建与几何图元相关联的不带指引线的符号，可以双击亮显的边或点，则符号将被附着在边或点上，并打开【文本格式】对话框，然后可以拖动符号来改变其位置。

4）如果要创建带指引线的符号，首先左键单击指引线起点的位置，如果选择单击亮显的边或点，则指引线将被附着在边或点上，然后移动光标并单击左键来为指引线添加另外一个顶点。当符号标识位于所需的位置时，单击鼠标右键，然后选择【继续】选项，则符号成功放置，并打开【文本格式】对话框。

5）参数设置完毕后，单击【确定】按钮以完成形位公差的标注。

8.5.5 文本标注和指引线文本

在 Autodesk Inventor 中，可以向工程图中的激活草图或工程图资源（例如标题栏格式、自定义图框或略图符号）中添加文本框或者带有指引线的注释文本，作为图纸标题、技术要求或者其他的备注说明文本等。

1. 文本标注

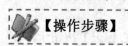
【操作步骤】

1）单击【标注】标签栏【文本】面板上的【文本】按钮**A**。

2）在草图区域或者工程图区域按住左键，移动鼠标拖出一个矩形作为放置文本的区域，松开鼠标后打开【文本格式】对话框，如图 8-48 所示。

3）设置好文本的特性、样式等参数后，在下面的文本框中输入要添加的文本。

4）单击【确定】按钮以完成文本的添加。

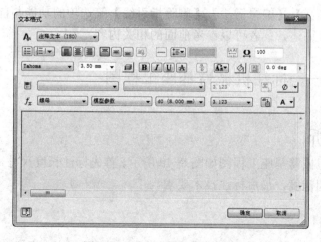

图8-48 【文本格式】对话框

2. 编辑文本

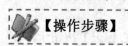
【操作步骤】

1）可以在文本上按住鼠标左键拖动，以改变文本的位置。

2）要编辑已经添加的文本，可以双击已经添加的文本，重新打开【文本格式】对话框，然后编辑已经输入的文本。通过文本右键快捷菜单中的【编辑文本】选项可以达到相同的目的。

3）选择右键快捷菜单中的【顺时针旋转 90 度】和【逆时针旋转 90 度】选项可以将文本旋转 90°。

4）通过【编辑单位属性】选项可以打开【编辑单位属性】对话框，以编辑基本单位和换算单位的属性。

5）选择【删除】选项则删除所选择的文本。

3．指引线文本标注

也可以为工程图添加带有指引线的文本注释。需要注意的是如果将注释指引线附着到视图或视图中的几何图元上，则当移动或删除视图时，注释也将被移动或删除。

【操作步骤】

1）单击【标注】标签栏【文本】面板上的【指引线文本】按钮 A，在图形窗口中单击某处以设置指引线的起点，如果将点放在亮显的边或点上，则指引线将附着到边或点上，此时出现指引线的预览，移动光标并单击鼠标左键来为指引线添加顶点。

2）在文本位置上单击鼠标右键，在弹出的快捷菜单中选择【继续】选项，则打开【文本格式】对话框。

3）在【文本格式】对话框的文本框中输入文本，可以使用该对话框中的选项添加符号和命名参数，或者修改文本格式。

4）单击【确定】按钮，完成指引线文本的添加。

编辑指引线也可以用过其右键快捷菜单来完成。右键快捷菜单中的【编辑指引线文本】、【编辑单位属性】、【编辑箭头】、【删除指引线】等选项的功能与前面所讲述的均类似，这里不再重复讲述，读者可以参考前面的相关内容。

8.5.6　实例——标注机械臂基座工程图

思路分析

本例标注的机械臂基座工程图如图 8-49 所示。首先标注长度尺寸，然后标注直径尺寸，再标注表面粗糙度，最后标注技术要求。

操作步骤

01 打开文件。运行 Autodesk Inventor，单击【快速入门】标签栏【启动】面板上的【打开】按钮 ，打开【打开】对话框，在对话框中选择"创建基座工程视图.idw"文件，然后单击【打开】按钮打开工程图文件。

02 添加中心线。单击【标注】标签栏【符号】面板上的【中心标记】按钮 ，在视图中选择圆，为圆添加中心线。单击【标注】标签栏【符号】面板上的【对分中心线】

按钮 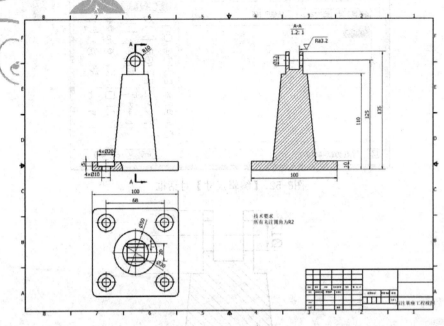，为孔添加中心线，如图 8-50 所示。

图8-49 标注机械臂基座工程图

03 标注基本尺寸。单击【标注】标签栏【尺寸】面板中的【尺寸】按钮 ，在视图中选择要标注尺寸的边线，拖出尺寸线放置到适当位置，打开【编辑尺寸】对话框，单击【确定】按钮，完成一个尺寸的标注；同理标注其他尺寸，结果如图 8-51 所示。

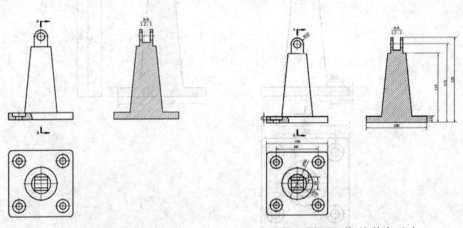

图8-50 添加中心线   图8-51 标注基本尺寸

04 标注直径尺寸。单击【标注】标签栏【尺寸】面板中的【尺寸】按钮 ，在视图中选择要标注直径尺寸的两条边线，拖出尺寸线放置到适当位置，打开【编辑尺寸】对话框，将光标放置在尺寸值的前端，然后在【插入符号】列表中选择【直径】符号 ⌀，如图 8-52 所示，单击【确定】按钮完成直径尺寸的标注，结果如图 8-53 所示。同理标注其他直径尺寸，结果如图 8-54 所示。

图8-52 【编辑尺寸】对话框

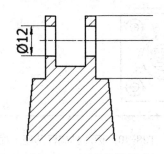

图8-53 标注直径尺寸

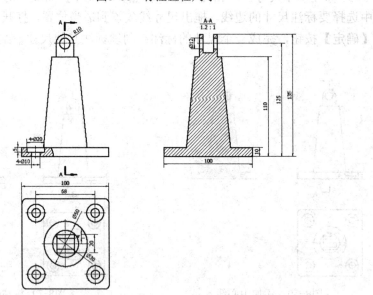

图8-54 完成尺寸标注

05 标注表面粗糙度。单击【标注】标签栏【符号】面板上的【表面粗糙度】按钮√，在视图中要标注表面粗糙度的表面上双击，打开【表面粗糙度符号】对话框，在对话框中选择【表面用去除材料的方法获得】 ▽，输入表面粗糙度值为 Ra3.2，如图8-55 所示。单击【确定】按钮完成表面粗糙度的标注，结果如图 8-56 所示。

图8-55 【表面粗糙度符号】对话框

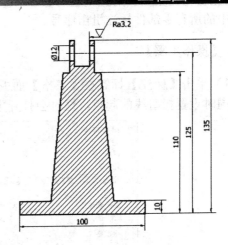

图8-56 标注表面粗糙度

06 填写技术要求。单击【标注】标签栏【文本】面板上的【文本】按钮**A**，在视图中指定一个区域，打开【文本格式】对话框，在文本框中输入文本，并设置参数，如图 8-57 所示；单击【确定】按钮完成技术要求的填写，结果如图 8-58 所示。

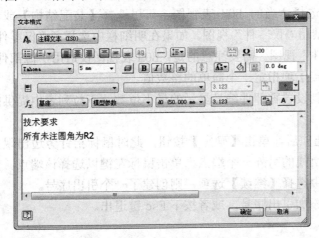

图8-57 【文本格式】对话框

技术要求
所有未注圆角为R2

图8-58 标注技术要求

8.6 添加引出序号和明细栏

创建工程视图尤其是部件的工程图后，往往需要向该视图中的零件和子部件添加引出序号和明细栏。明细栏是显示在工程图中的 BOM 表标注，为部件的零件或者子部件按照顺序标号。它可以显示两种类型的信息：仅零件或第一级零部件。引出序号就是一个标注标志，用于标识明细栏中列出的项，引出序号的数字与明细栏中零件的序号相对应。

8.6.1 引出序号

在 Autodesk Inventor 中，可以为部件中的单个零件标注引出序号，也可以一次为部件中的所有零部件标注引出序号。

【操作步骤】

1）单击【标注】标签栏【表格】面板上的【引出序号】按钮 ，左键单击一个零件，同时设置指引线的起点，这时会打开【BOM 表特性】对话框，如图 8-59 所示。

图8-59　【BOM表特性】对话框

2）【源】选项中的【文件】文本框显示用于在工程图中创建 BOM 表的源文件。

3）【BOM 表设置】中，可以选择适当的 BOM 表视图，可以选择【装配结构】或者【仅零件】选项。源部件中可能禁用"仅零件"视图。如果在明细栏中选择了"仅零件"视图，则源部件中将启用"仅零件"视图。需要注意的是：BOM 表视图仅适用于源部件。

4）【级别】中的第一级为直接子项指定一个简单的整数值。

5）【最少位数】选项用于控制设置零部件编号显示的最小位数。下拉列表中提供的固定位数范围是 1～6。

6）设置好该对话框的所有选项后，单击【确定】按钮，此时鼠标指针旁边出现指引线的预览，移动鼠标以选择指引线的另外一个端点，单击鼠标左键以选择该端点。然后单击右键，在弹出的快捷菜单中选择【继续】选项，则创建了一个引出序号。

此时可以继续为其他零部件添加引出序号，或者按下 Esc 键退出。

【操作步骤】

1）单击【标注】标签栏【表格】面板上的【自动引出符号】按钮 。

2）选择一个视图，此时打开【自动引出序号】对话框，如图 8-60 所示。

3）设置完毕后单击【确定】按钮，则该视图中的所有零部件都会自动添加引出序号。

当引出序号被创建以后，可以用鼠标左键点住某个引出序号，将其拖动到新的位置。还可以利用右键快捷菜单的相关选项对齐进行编辑。

1）选择【编辑引出序号】选项，打开【编辑引出序号】对话框，如图 8-61 所示，可以编辑引出符号的形状、符号等。

2）【附着引出符号】选项可以将另一个零件或自定义零件的引出序号附着到现有的引出序号。

其他的选项的功能和前面讲过的类似，这里不再重复。

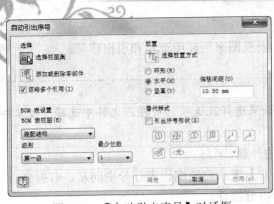

图8-60 【自动引出序号】对话框

图8-61 【编辑引出序号】对话框

8.6.2 明细栏

除了可以为部件自由添加明细，还可以对关联的 BOM 表进行相关设置。

【操作步骤】

1）单击【标注】标签栏【表格】面板上的【明细栏】按钮，在图示上左键单击一个视图，打开如图 8-62 所示【明细栏】对话框。

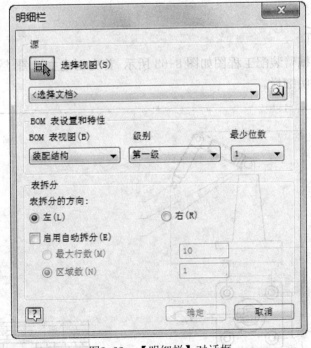

图8-62 【明细栏】对话框

2）选择要为其创建明细栏的视图以及视图文件，单击该对话框的【确定】按钮。

3）在鼠标指针旁边出现矩形框，即明细栏的预览，在合适的位置单击左键，则自动创建部件明细栏。

229

【选项说明】

（1）BOM 表视图：选择适当的 BOM 表视图来创建明细栏和引出序号。

注意

源部件中可能禁用"仅零件"类型。如果选择此选项，将在源文件中选择"仅零件"
BOM 表类型。

（2）表拆分：管理工程图中明细栏的外观。

➤ 【表拆分的方向】中的【左】、【右】表示将明细栏表行分别向左、右拆分。

➤ 【启用自动拆分】选项启用自动拆分控件。

➤ 【最大行数】选项指定一个截面中所显示的行数。键入适当的数字。

➤ 【区域数】选项指定要拆分的截面数。

创建明细栏以后，可以在上面按住鼠标左键拖动它到新的位置。利用鼠标右键快捷
菜单中的【编辑明细表】选项或者在明细栏上双击，可以打开【编辑明细表】对话框，
编辑序号、代号和添加描述等，以及排序、比较等操作。选择【输出】选项则可以将明
细栏输出为 Microsoft Acess 文件（*.mdb）。

8.6.3 实例——机械臂装配工程图

思路分析

本例绘制的机械臂装配工程图如图 8-63 所示。首先创建主视图，然后创建投影视图，
再标注序号，生成明细栏。

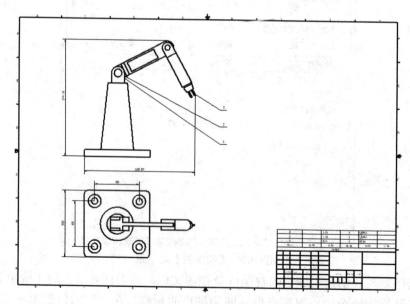

图8-63 机械臂装配工程图

操作步骤

01 新建文件。运行 Autodesk Inventor，单击【快速入门】标签栏【启动】面板上的【新建】按钮，在打开的【新建文件】对话框中选择【Standard.idw】选项，然后单击【确定】按钮新建一个工程图文件。

02 创建基础视图。单击【放置视图】标签栏【创建】面板上的【基础视图】按钮，打开【工程视图】对话框，在对话框中单击【打开现有文件】按钮，打开【打开】对话框，选择"机械臂装配.iam"文件，单击【打开】按钮，打开"机械臂装配"装配体；在 ViewCube 中选择【下视图】。输入比例为 1:1，选择显示方式为【不显示隐藏线】。设置完参数，单击【确定】按钮完成基础视图的创建，创建的主视图如图 8-64 所示。

03 创建投影视图。单击【放置视图】标签栏【创建】面板中的【投影视图】按钮，在视图中选择上步创建的基础视图，然后向下拖动鼠标，在适当位置单击鼠标左键确定创建投影视图的位置。再单击鼠标右键，在弹出的快捷菜单中选择【创建】选项，生成投影视图，如图 8-65 所示。

04 标注尺寸。单击【标注】标签栏【尺寸】面板中的【尺寸】按钮，在视图中选择要标注尺寸的边线，拖出尺寸线放置到适当位置，打开【编辑尺寸】对话框，单击【确定】按钮，完成一个尺寸的标注。同理标注其他尺寸，结果如图 8-66 所示。

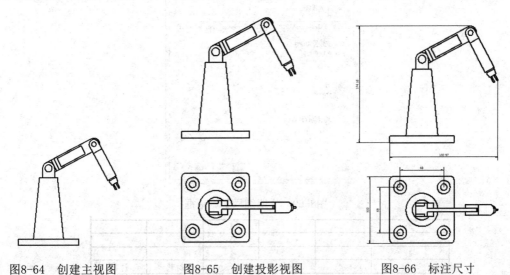

图8-64　创建主视图　　　　图8-65　创建投影视图　　　　图8-66　标注尺寸

05 添加序号。单击【标注】标签栏【表格】面板上的【自动引出符号】按钮，打开如图 8-67 所示的【自动引出序号】对话框，在视图中选择主视图，然后添加视图中所有的零件，选择序号的放置位置为竖直，将序号放置到视图中适当的位置，结果如图 8-68 所示。

06 添加明细栏。

❶单击【标注】标签栏【表格】面板上的【明细栏】按钮，打开"明细栏"对话框，在视图中选择主视图，其他采用默认设置，如图 8-69 所示。单击【确定】按钮，将

明细栏放置到图中适当的位置，结果如图 8-70 所示。

❷双击明细栏，打开【明细栏：机械臂装配】对话框，在对话框中填写零件名称、
材料等参数，如图 8-71 所示。单击【确定】按钮，完成明细栏的填写，如图 8-72 所示。

图8-67　【自动引出序号】对话框

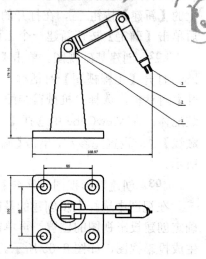

图8-68　添加序号

图8-69　【明细栏】对话框

3			1	常规	
2			1	常规	
1			1	常规	
项目	标准	名称	数量	材料	注释
			明细栏		

图8-70　生成明细栏

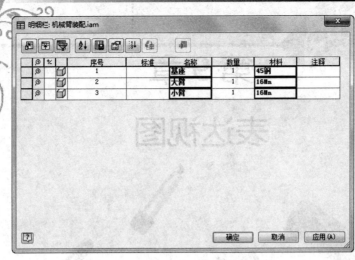

图8-71 【明细栏：机械臂装配】对话框

3		小臂	1	16Mn	
2		大臂	1	16Mn	
1		基座	1	45钢	
项目	标准	名称	数量	材料	注释
明细栏					

图8-72 明细栏

第9章

表达视图

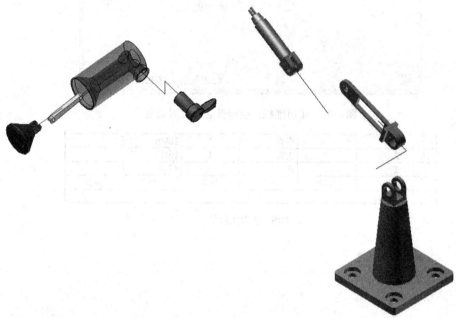

 Autodesk Inventor 的表达视图用来表现部件中的零件如何相互影响和相互配合，如使用动画分解装配视图来图解装配说明。表达视图还可以显示出可能会被部分或完全遮挡的零件，如使用表达视图创建轴测的分解装配视图以显示出部件中的所有零件。

- 表达视图环境
- 创建表达视图
- 调整零部件位置
- 精确视图旋转
- 创建动画
- 综合实例——创建机械臂表达视图

9.1 表达视图环境

1. 表达视图的必要性

在实际生产中，工人往往是按照装配图的要求对部件进行装配。装配图相对于零件图来说具有一定的复杂性，需要有一定看图经验的人才能明白设计者的意图。如果部件非常复杂，那么即使有看图经验的老手也要花费很多的时间和精力来读图。如果能动态地显示部件中每一个零件的装配位置，甚至显示部件的装配过程，那么势必能节省工人读懂装配图的时间，大大提高工作效率。表达视图的产生就是为了满足这种需要。

2. 表达视图概述

表达视图是动态显示部件装配过程的一种特定视图，在表达视图中，通过给零件添加位置参数和轨迹线，使其成为动画，动态演示部件的装配过程。表达视图不仅仅说明了模型中零件和部件之间的相互关系，还说明了零部件按什么顺序组成总装。还可将表达视图用在工程图文件中来创建分解视图，也就是俗称的爆炸图。

3. 进入表达视图环境

选择【快速入门】标签栏中的【新建】选项，在打开的【新建文件】对话框中的【默认】选项卡下选择【Standard.ipn】，如图 9-1 所示，单击【确定】按钮，进入表达视图环境，如图 9-2 所示。从左部的表达视图面板就可看出表达视图的主要功能是创建表达视图、调整表达视图中零部件的位置、按照增量旋转视图、创建动画以演示部件装配的过程。

图9-1　【新建文件】对话框

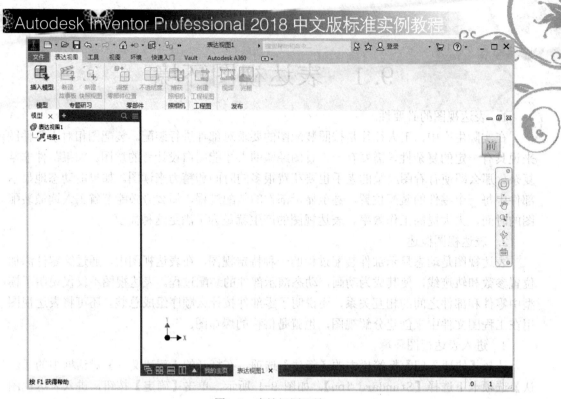

图9-2 表达视图环境

9.2 创建表达视图

每个表达视图文件可以包含指定部件所需的任意多个表达视图。当对部件进行改动时，表达视图会自动更新。

【操作步骤】

1）单击【表达视图】标签栏【模型】面板上的【插入模型】按钮，打开【插入】对话框，如图9-3所示。

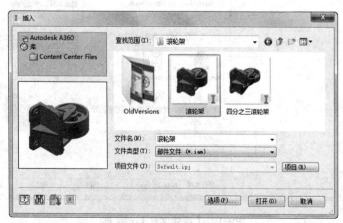

图9-3 【插入】对话框

2）在对话框中选择要创建表达视图的零部件，单击【打开】按钮，进入表达视图环境。

【选项说明】

单击图9-3中的【选项】按钮，打开如图9-4所示的【文件打开选项】对话框，在该对话框中显示了可供选择的指定文件的选项。如果文件是部件，也可以选择文件打开时显示的表达。如果文件是工程图，可以改变工程图的状态，在打开工程图之前延时更新。

图9-4　【文件打开选项】对话框

（1）位置表达：单击下拉箭头以打开带有指定的位置表达的文件。表达可能会包括关闭某些零部件的可见性、改变某些柔性零部件的位置以及其他显示属性。

（2）详细等级表达：单击下拉箭头以打开带有指定的详细等级表达的文件。该表达用于内存管理，可能包含零部件抑制。

技巧：

创建了表达视图后，在浏览器中会出现对应部件的图标。在一个表达视图文件中可以包含多个表达视图，但是当前只有一个视图处于激活状态。激活的视图将在浏览器中亮显，未激活的视图将暗显，如图9-5所示。用户还可以选中某个菜单命令，利用右键快捷菜单中的【激活】选项来激活某个视图，如图9-6所示。

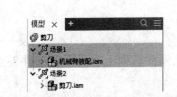

图9-5　激活的视图将在浏览器中亮显

图9-6　快捷菜单

9.3　调整零部件位置

自动生成的表达视图在分解效果上有时不太令人满意，有时可能需要在局部调整零件之间的位置关系以便于更好地观察，这时可以使用【调整零部件位置】工具来达到目的。

9.3.1 调整零部件位置创建步骤

1）单击【表达视图】标签栏【创建】面板上的【调整零部件位置】按钮，打开【调整零部件位置】小工具栏，如图9-7所示。

2）当鼠标在零部件上移动时，出现一个坐标系的预览，如图9-8所示，在要调整位置的零件上单击，创建一个坐标系，可以设定零部件沿着这个坐标系的某个轴移动。

3）选择零件移动的方向，可以在小工具栏中设定零部件调整的距离参数。也可以直接拖到零件沿选定的方向移动或沿选定的轴旋转，然后单击 ✓ 按钮即可。

4）单击【关闭】按钮，完成零部件位置的调整。

图9-7 【调整零部件位置】小工具栏

图9-8 坐标系的预览

9.3.2 调整零部件位置选项说明

（1）移动：创建平动位置参数。

（2）继续移动：创建一系列平动位置参数。

（3）旋转：创建旋转位置参数。

（4）选择过滤器：

➢ 零部件：选择部件或零件。

➢ 零件：可以选择零件。

（5）定位：放置或移动空间坐标轴。将光标悬停在模型上以显示零部件夹点，然后单击一个点来放置空间坐标轴。

（6）空间坐标轴的方向：

➢ 局部：使空间坐标轴的方向与附着空间坐标轴的零部件坐标系一致。

➢ 将空间坐标轴与几何图元对齐：旋转空间坐标轴，使坐标与选定零部件的几何图元对齐。

➢ 世界：使空间坐标轴的方向与表达视图中的世界坐标系一致。

（7）添加：为当前位置参数创建另一条轨迹。

（8）删除：删除为当前位置参数创建的轨迹。

9.4 创建动画

Autodesk Inventor 的动画功能可以创建部件表达视图的装配动画，并且可以创建动画的视频文件（如 AVI 文件），便于随时随地的动态重现部件的装配过程。创建动画的步骤如下。

1）单击【视图】选项卡【窗口】面板上的【用户界面】按钮，勾选【故事板面板】选项，打开【故事板面板】栏，如图9-9所示。

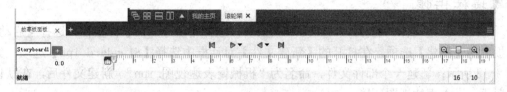

图9-9 【故事板面板】栏

2）单击【故事板面板】栏中的【播放当前故事板】按钮▷▼，可以查看动画效果。

3）单击【表达视图】选项卡【发布】面板上的【视频】按钮，打开【发布为视频】对话框，输入文件名，选择保存文件的位置，选择文件格式为"avi"，如图9-10所示，单击【确定】按钮，弹出【视频压缩】对话框，采用默认设置，如图9-11所示。单击【确定】按钮，开始生成动画。

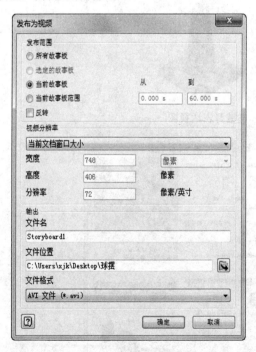

图9-10 【发布为视频】对话框

图9-11 【视频压缩】对话框

239

9.5 综合实例——创建机械臂表达视图

思路分析

本例创建的机械臂表达视图如图 9-12 所示。首先手动调整各个零件的位置，然后创建表达视图动画并保存。

操作步骤

01 新建文件。运行 Autodesk Inventor，选择【快速入门】标签栏，选择【启动】面板上的【新建】选项，在打开的【新建文件】对话框中选择【Standard.ipn】选项，如图 9-13 所示；新建一个部件文件，命名为"机械臂表达视图.ipn"。新建文件后，在默认情况下，进入表达视图环境。

图9-12　机械臂表达视图

图9-13　【新建文件】对话框

02 创建视图。单击【表达视图】标签栏【模型】面板上的【插入模型】按钮，则打开【插入】对话框，如图 9-14 所示。选择"机械臂装配.iam"文件，单击【打开】按钮，打开机械臂装配文件，如图 9-15 所示。

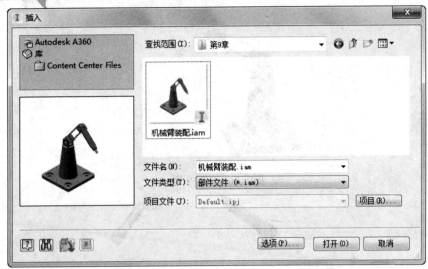

图9-14 【选择部件】对话框

03 调整零部件位置。

❶调整小臂位置。单击【表达视图】标签栏【零部件】面板上的【调整零部件位置】按钮，打开【调整零部件位置】小工具栏。在视图中选择小臂，指定移动方向并输入距离，如图 9-16 所示，单击 ✓ 按钮分解小臂，结果如图 9-17 所示。

图9-15 机械臂装配文件

图9-16 选择小臂

❷重复【调整零部件位置】命令，在视图中选择大臂，指定方向并输入距离为 50mm，如图 9-18 所示。单击 ✓ 按钮分解大臂，结果如图 9-19 所示。

❸指定方向并输入距离为-50mm，如图 9-20 所示。单击 ✓ 按钮移动大臂，结果如图 9-21 所示。

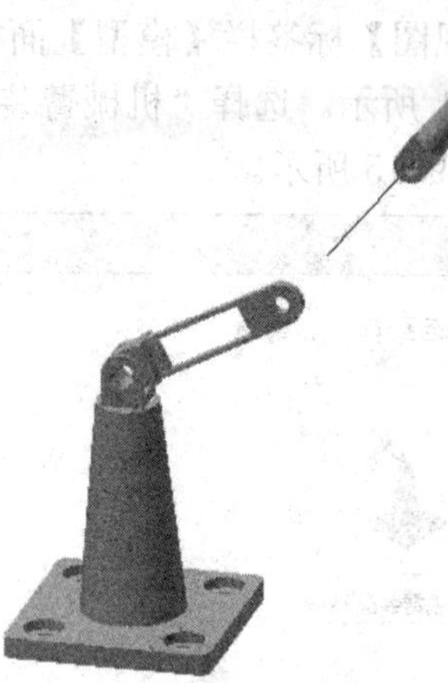

图9-17　分解小臂

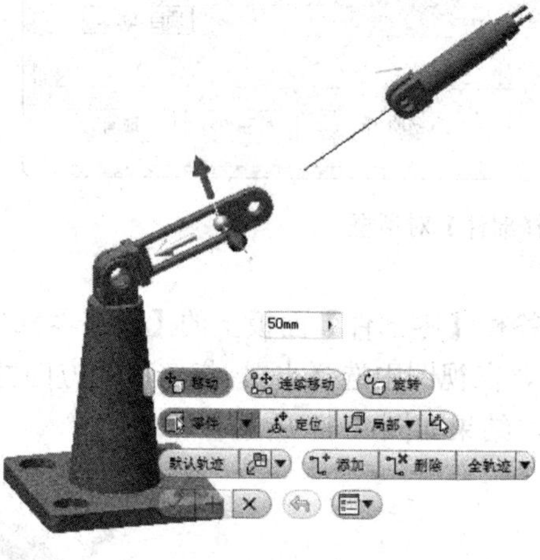

图9-18　选择大臂和方向

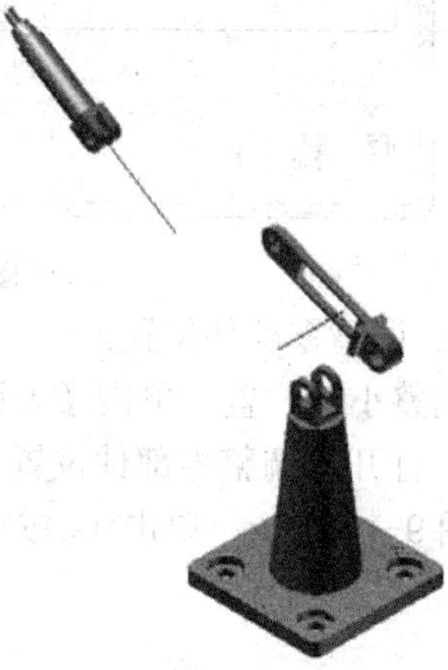

图9-19　分解大臂

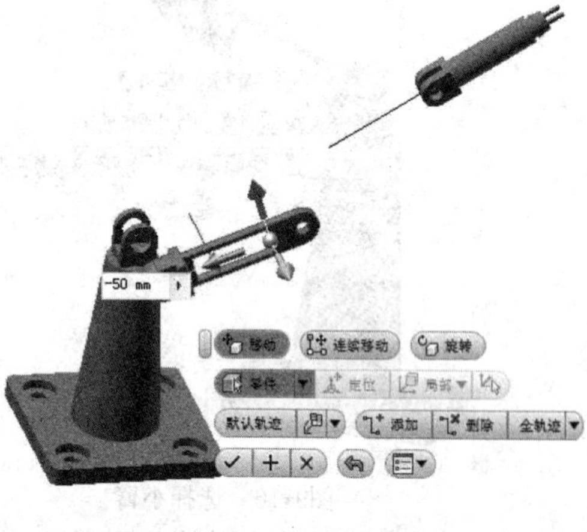

图9-20　设置参数2

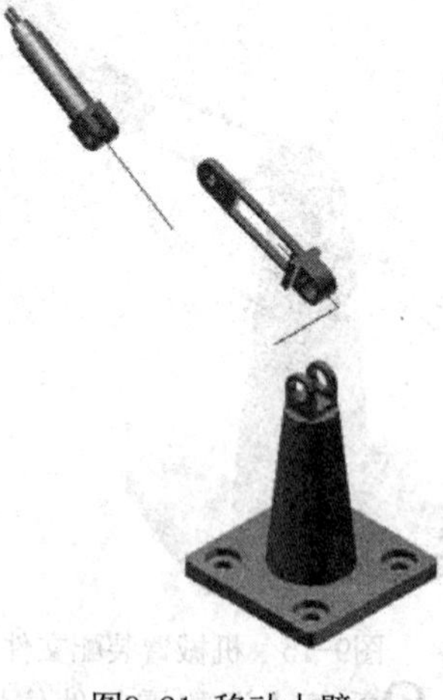

图9-21 移动大臂

04 创建动画。单击【视图】标签栏【窗口】面板上的【用户界面】按钮，勾选【故事板面板】选项，打开【故事板面板】栏，如图 9-22 所示。单击【播放当前故事板】按钮，播放并观察动画，如图 9-23 所示。

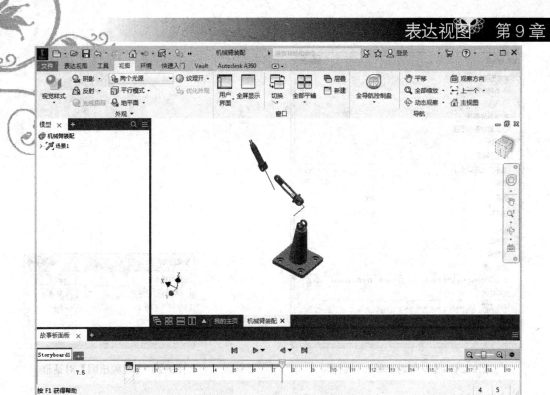

图9-22 【故事板面板】栏

图9-23 播放并观察动画

05 保存动画。单击【表达视图】选项卡【发布】面板上的【视频】按钮 ，打开【发布为视频】对话框，输入文件名为"机械臂"，选择保存文件的位置，选择文件格式为"avi"，如图 9-24 所示，单击"确定"按钮，弹出【视频压缩】对话框，采用默认设置，如图 9-25 所示。单击【确定】按钮，开始生成动画。

保存文件。单击主菜单下【另存为】命令，打开【另存为】对话框，输入文件名为"机械臂表达视图.ipn"，单击【保存】按钮，保存文件。

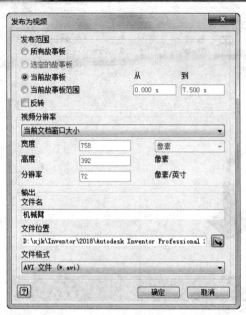

图9-24 【发布为视频】对话框

图9-25 【视频压缩】对话框

09 保存视频。单击【发布为视频】按钮 6 ，弹出【发布为视频】对话框，如图9-24所示。在【发布范围】栏中选择【当前故事板】；在【文件名】选项中输入视频名称；选择合适的保存位置，【文件格式】为【AVI 文件(*.avi)】，如图9-24所示。单击【确定】按钮，弹出【视频压缩】对话框，采用默认设置，如图9-25所示。单击【确定】按钮，即可生成视频。

接着会弹出【渲染】对话框，对话框中【时间剩余】的后面，显示大约还有多长时间完成视频生成。单击 ▶即可。生成的视频画面如图9-26所示。

第 10 章

齿轮泵综合实例

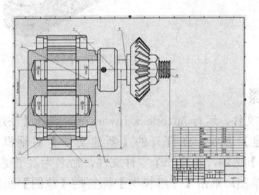

本章以齿轮泵为例，讲述用 Autodesk Inventor 创建模型、装配以及工程图的综合运用。

10.1　齿轮泵零件

本节主要介绍齿轮泵零件的创建，包括平键、压紧螺母、螺母、支撑轴、圆柱齿轮、锥齿轮，前盖以及基座等零件。

10.1.1　平键

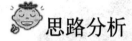 **思路分析**

本例绘制的平键如图 10-1 所示。首先绘制草图通过拉伸创建平键，最后对其进行倒角。

图10-1　平键

操作步骤

01　新建文件。运行 Autodesk Inventor，选择【快速入门】标签栏，选择【启动】面板上的【新建】选项，在打开的【新建文件】对话框中的【默认】选项卡中选择【Standard.ipt】选项，新建一个零件文件，命名为"平键.ipt"。

02　创建草图。单击【三维模型】标签栏【草图】面板上的【开始创建二维草图】按钮 ，选择 XY 平面为草图绘制面，进入草图绘制环境。单击【草图】标签栏【创建】面板中的【中心到中心槽】按钮 ，绘制草图；单击【约束】面板中的【尺寸】按钮 ，标注尺寸，如图 10-2 所示。单击【草图】标签上的【完成草图】按钮 ，退出草图环境。

03　创建拉伸体。单击【三维模型】标签栏【创建】面板上的【拉伸】按钮 ，打开"拉伸"对话框，由于草图中只有图 10-2 所示的一个截面轮廓，所以自动被选取为拉伸截面轮廓，将拉伸距离设置为5mm，如图 10-3 所示。单击【确定】按钮完成拉伸，创建的拉伸体如图 10-4 所示。

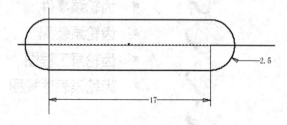

图10-2　绘制草图

图10-3 【拉伸】对话框

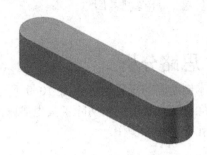

图10-4 创建拉伸体

04 倒角处理。单击【三维模型】标签栏【修改】面板上的【倒角】按钮，打开【倒角】对话框，选择【倒角边长】类型，输入倒角边长为0.5mm，在视图中拾取拉伸体的上下所有边线，如图10-5所示。单击【确定】按钮完成倒角的创建，结果如图10-6所示。

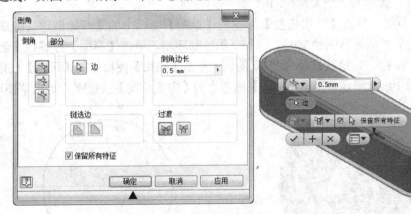

图10-5 【倒角】对话框及预览

图10-6 创建倒角

重复上述步骤，绘制草图，如图10-7所示，绘制完成的平键如图10-8所示。

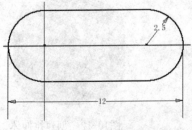

图10-7 绘制草图

图10-8 平键

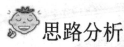

10.1.2 压紧螺母

思路分析

本例绘制的压紧螺母如图 10-9 所示。首先创建压紧螺母的轮廓实体，然后利用打孔创建螺纹孔，利用旋转切除工具生成内部退刀槽，利用环形阵列生成 4 个安装孔，最后进行通孔、倒角等操作。

操作步骤

01 新建文件。运行 Autodesk Inventor，选择【快速入门】标签栏，选择【启动】面板上的【新建】选项，在打开的"新建文件"对话框中选择【Standard.ipt】选项，新建一个零件文件，命名为"压紧螺母.ipt"。

02 创建草图。单击【三维模型】标签栏【草图】面板上的【开始创建二维草图】按钮，选择 XY 平面为草图绘制面，进入草图绘制环境。单击【草图】标签栏【创建】面板中的【圆】按钮，绘制直径为 35mm 的圆；单击【约束】面板中的【尺寸】按钮，标注尺寸，如图 10-10 所示。单击【草图】标签上的【完成草图】按钮，退出草图环境。

图10-9　压紧螺母

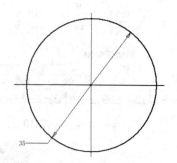

图10-10　绘制草图

03 创建拉伸体。单击【三维模型】标签栏【创建】面板上的【拉伸】按钮，打开【拉伸】对话框，由于草图中只有图 10-10 所示的一个截面轮廓，所以自动被选取为拉伸截面轮廓，将拉伸距离设置为 16mm，如图 10-11 所示。单击【确定】按钮完成拉伸，创建的拉伸体如图 10-12 所示。

图10-11　【拉伸】对话框

图10-12　创建拉伸体

04 创建草图。在圆柱体的上表面单击鼠标右键，弹出快捷菜单，选择【新建草图】

选项，进入草图绘制环境。单击【草图】标签栏【创建】面板上的【点】按钮 +，在圆心创建点。单击【草图】标签上的【完成草图】按钮 ✔，退出草图环境。

05 打孔。单击【三维模型】标签栏【修改】面板上的【孔】按钮 ⓘ，打开【孔】对话框，设置孔的类型为直螺纹孔，终止方式为【距离】，选择【全螺纹】选项，其他设置如图10-13所示。单击【确定】按钮完成螺纹孔的创建，结果如图10-14所示。

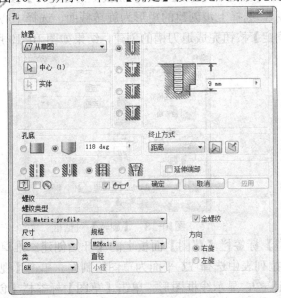

图10-13 【孔】对话框　　　　　　　　　　　图10-14 创建螺纹孔

06 创建草图。单击【三维模型】标签栏【草图】面板上的【开始创建二维草图】按钮 ⬚，在视图中选择圆柱体的下表面为草图绘制面。单击【草图】标签栏【创建】面板中的【投影几何图元】按钮 ⬚，投影外圆。单击【草图】标签上的【完成草图】按钮 ✔，退出草图环境。

07 创建拉伸体。单击【三维模型】标签栏【创建】面板上的【拉伸】按钮 ⬚，打开【拉伸】对话框，选择上步创建的草图为拉伸截面，将拉伸距离设置为4mm，选择【方向2】，如图10-15所示。单击【确定】按钮完成拉伸，创建的拉伸体如图10-16所示。

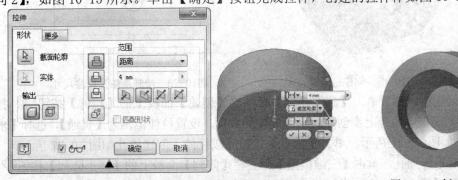

图10-15 【拉伸】对话框及预览　　　　　　　　图10-16 创建拉伸体

08 创建草图。单击【三维模型】标签栏【草图】面板上的【开始创建二维草图】按钮 ⬚，在浏览器【原始坐标系】下拉列表中选择 YZ 平面为草图绘制面。单击【视图】标签栏【外观】面板上的【线框】按钮 ⬚，显示线框图形。单击【草图】标签栏【创建】

面板中的【投影几何图元】按钮🔲，提取图素。单击【草图】标签栏【创建】面板中的【矩形】按钮🔲和【直线】按钮✏，绘制与提取的图素重合的矩形和中心线，单击【约束】面板中的【尺寸】按钮🔲，标注尺寸，如图 10-17 所示。单击【草图】标签上的【完成草图】按钮✔，退出草图环境。

09 旋转切除退刀槽。单击【三维模型】标签栏【创建】面板上的【旋转】按钮🔲，打开【旋转】对话框，如图 10-18 所示，选择上步创建的矩形为旋转截面，选择中心线为旋转轴，选择【求差】选项，单击【确定】按钮完成退刀槽的创建，结果如图 10-19 所示。

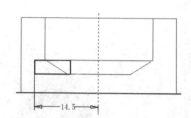

图10-17　绘制草图及标注尺寸　　　　图10-18　【旋转】对话框

10 创建草图。单击【三维模型】标签栏【草图】面板上的【开始创建二维草图】按钮🔲，在浏览器【原始坐标系】下拉列表中选择 YZ 平面为草图绘制面。单击【视图】标签栏【外观】面板上的【线框】按钮🔲，显示线框图形。单击【草图】标签栏【创建】面板中的【圆】按钮⭕，绘制圆，单击【约束】面板中的【尺寸】按钮🔲，标注尺寸，如图 10-20 所示。单击【草图】标签上的【完成草图】按钮✔，退出草图环境。

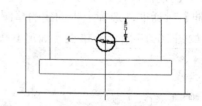

图10-19　创建退刀槽　　　　　　图10-20　绘制草图及标注尺寸

11 创建拉伸体。单击【三维模型】标签栏【创建】面板上的【拉伸】按钮🔲，打开【拉伸】对话框，选择上步创建的草图为拉伸截面，设置拉伸范围为【贯通】，选择【求差】选项，如图 10-21 所示。单击【确定】按钮完成拉伸，创建的孔如图 10-22 所示。

12 环形阵列孔。单击【三维模型】标签栏【阵列】面板上的【环形阵列】按钮🔲，打开【环形阵列】对话框，如图 10-23 所示，选择【阵列各个特征】类型，在视图中拾取上步创建的孔为阵列特征，选择圆柱的外表面为旋转轴，输入阵列个数为 4，单击【确定】按钮完成孔的创建，结果如图 10-24 所示。

图10-21　【拉伸】对话框

图10-22　创建孔

图10-23　【环形阵列】对话框

图10-24　阵列孔

13 倒角处理。单击【三维模型】标签栏【修改】面板上的【倒角】按钮，打开【倒角】对话框，选择【倒角边长】类型，设置倒角边长为 2mm，在视图中拾取圆柱体的上下两条边线，如图 10-25 所示。单击【确定】按钮完成倒角的创建，结果如图 10-26 所示。

图10-25　【倒角】对话框及预览

图10-26　边倒角

14 创建直孔。单击【三维模型】标签栏【修改】面板上的【孔】按钮，打开【孔】对话框，在对话框中选择【同心】类型，在视图中选取如图 10-27 所示的面为孔放置面，选择圆弧边线为同心参考，设置终止方式为【贯通】，设置直径为 16mm，如图 10-27 所示。单击【确定】按钮完成直孔的创建，结果如图 10-28 所示。

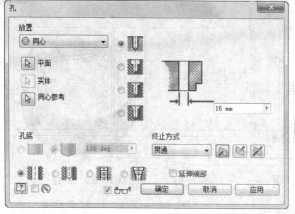

图10-27 【孔】对话框及预览

图10-28 创建直孔

10.1.3 螺母

思路分析

本例绘制的螺母如图 10-29 所示。首先创建螺母的轮廓实体，然后利用打孔创建螺纹孔，再利用旋转切除工具生成倒角，最后利用镜像创建另一侧倒角。

操作步骤

01 新建文件。运行 Autodesk Inventor，选择【快速入门】标签栏，选择【启动】面板上的【新建】选项，在打开的【新建文件】对话框中选择【Standard.ipt】选项，新建一个零件文件，命名为"螺母.ipt"。

02 绘制拉伸草图轮廓。单击【三维模型】标签栏【草图】面板上的【开始创建二维草图】按钮，选择 XY 平面为草图绘制面，进入草图绘制环境。单击【草图】标签栏【创建】面板中的【圆】按钮，绘制两个同心的圆形，单击【约束】面板中的【尺寸】按钮，分别将其直径尺寸标注为 14mm 和 21mm。单击【草图】标签栏【创建】面板中的【多边形】按钮，选择圆心为多边形中心，在【多边形】对话框中设置边数为 6，选择【外切】选项，创建直径为 21mm 的圆形的外接六边形，如图 10-30 所示。单击【草图】标签上的【完成草图】按钮，退出草图环境。

03 拉伸螺母基本实体。单击【三维模型】标签栏【创建】面板上的【拉伸】按钮，打开【拉伸】对话框，选择上步绘制的草图作为拉伸截面，将拉伸距离设置为12.8mm，如图10-31所示。单击【确定】按钮创建出螺母的基本实体。

图10-29　螺母

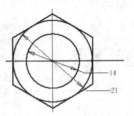

图10-30　绘制六边形

图10-31　【拉伸】对话框及预览

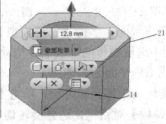

04 创建内螺纹。单击【三维模型】标签栏【修改】面板上的【螺纹】按钮，打开【螺纹】对话框，选择螺母的内表面作为螺纹表面，设置如图10-32所示，为螺母内表面创建螺纹特征。

05 创建工作平面。单击【三维模型】标签栏【定位特征】面板上的【工作平面】按钮，选择螺母的两条相对棱边以创建工作平面1，如图10-33所示。

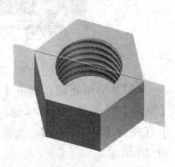

图10-32　【螺纹】对话框及螺纹预览

图10-33　创建工作平面1

06 创建工作轴。单击【三维模型】标签栏【定位特征】面板上的【工作轴】按钮，选择螺母的内表面，即建立一条与螺母的轴线重合的工作轴。

07 绘制草图。单击【三维模型】标签栏【草图】面板上的【开始创建二维草图】按钮，在浏览器中选取工作平面1为草图绘制面，单击【草图】标签栏【零件特征】面板上的【投影几何图元】按钮，将工作轴1投影到当前草图中来。单击【草图】标签栏【创建】面板中的【直线】按钮，绘制草图。单击【约束】面板中的【尺寸】按钮，标注如图10-34所示的尺寸。单击【草图】标签上的【完成草图】按钮，退出草图环境。

08 旋转切削出螺母的边缘特征.单击【三维模型】标签栏【创建】面板上的【旋转】

按钮，在打开的"旋转"对话框中选择截面轮廓为图 10-34 中的三角形，旋转轴为所建立的直线，选择【求差】选项，如图 10-35 所示，单击【确定】按钮完成螺母边缘的绘制，结果如图 10-36 所示。

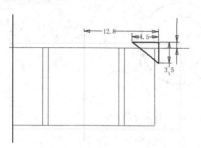

图10-34　绘制草图及标注尺寸　　　图10-35　【旋转】对话框　　　图10-36　切削后的零件

09 创建工作平面。单击【三维模型】标签栏【定位特征】面板上的【工作平面】按钮，在视图中选取螺母的上表面并拖动鼠标，输入距离为-6.4mm，如图 10-37 所示。单击 ✓ 按钮完成工作平面 2 的创建。

10 镜像旋转切削得到的特征。单击【三维模型】标签栏【阵列】面板上的【镜像】按钮，打开【镜像】对话框，选择旋转切削得到的特征为基本特征，选择上步创建的工作平面 2 作为镜像平面，单击【确定】按钮完成镜像特征的创建，结果如图 10-38 所示。

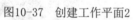

图10-37　创建工作平面2　　　　　　　　图10-38　完成镜像特征

11 倒角处理。单击【三维模型】标签栏【修改】面板上的【倒角】按钮，打开【倒角】对话框，将螺母的内表面的两条圆形边线作为倒角边，如图 10-39 所示；选择倒角方式为【倒角边长】，设置倒角距离为 1mm，单击【确定】按钮完成边倒角，结果如图 10-40 所示。

图10-39　【倒角】对话框　　　　　　　　图10-40　边倒角

10.1.4　支撑轴

思路分析

本例绘制的支撑轴如图 10-41 所示。首先绘制支撑轴的轴向截面草图，通过标注尺寸来调整草图尺寸，然后旋转生成实体，最后倒角。

操作步骤

01 新建文件。运行 Autodesk Inventor，选择【快速入门】标签栏，选择【启动】面板上的【新建】选项，在打开的【新建文件】对话框中选择【Standard.ipt】选项，新建一个零件文件，命名为"支撑轴.ipt"。

02 创建草图。单击【三维模型】标签栏【草图】面板上的【开始创建二维草图】按钮，选择 XY 平面为草图绘制面，进入草图绘制环境。单击【草图】标签栏【创建】面板中的【直线】按钮，绘制草图。单击【约束】面板中的【尺寸】按钮，标注尺寸，如图 10-42 所示。单击【草图】标签上的【完成草图】按钮，退出草图环境。

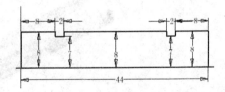

图10-41　支撑轴　　　　　　　　　　　　　　　图10-42　绘制草图及标注尺寸

03 旋转创建主体。单击【三维模型】标签栏【创建】面板上的【旋转】按钮，打开【旋转】对话框，如图 10-43 所示。选择上步创建的草图为旋转截面，选择草图中最下端直线为旋转轴，选择范围为【全部】，单击【确定】按钮，结果如图 10-44 所示。

图10-43　【旋转】对话框　　　　　　　　　　　图10-44　创建主体

04 倒角处理。单击【三维模型】标签栏【修改】面板上的【倒角】按钮，打开【倒角】对话框，选择【倒角边长】类型，设置倒角边长为 2mm，在视图中拾取旋转体的两条边线，如图 10-45 所示。单击【确定】按钮完成边倒角，结果如图 10-46 所示。

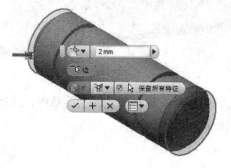

图10-45　选取边　　　　　　　　　图10-46　边倒角

10.1.5　传动轴

思路分析

本例绘制的转动轴如图 10-47 所示。首先绘制支撑轴的轴向截面草图，通过标注尺寸来调整草图尺寸，然后旋转生成实体，接着设置基准面，创建键槽，最后创建轴端的螺纹，并进行相应的倒角操作。

图10-47　传动轴

操作步骤

01　新建文件。运行 Autodesk Inventor，选择【快速入门】标签栏，选择【启动】面板上的【新建】选项，在打开的【新建文件】对话框中选择【Standard.ipt】选项，新建一个零件文件，命名为"传动轴.ipt"。

02　创建草图。单击【三维模型】标签栏【草图】面板上的【开始创建二维草图】按钮，选择 XY 平面为草图绘制面，进入草图绘制环境。单击【草图】标签栏【创建】面板中的【直线】按钮，绘制草图。单击【约束】面板中的【尺寸】按钮，标注尺寸，如图 10-48 所示。单击【草图】标签上的【完成草图】按钮，退出草图环境。

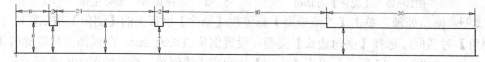

图10-48　绘制草图及标注尺寸

03 旋转创建主体。单击【三维模型】标签栏【创建】面板上的【旋转】按钮，打开【旋转】对话框，如图 10-49 所示。选择上步创建的草图为旋转截面，选择草图中最下端直线为旋转轴，选择范围为【全部】，单击【确定】按钮完成主体的创建，结果如图 10-50 所示。

04 创建工作平面。单击【三维模型】标签栏【定位特征】面板上的【工作平面】按钮，在浏览器【原始坐标系】文件夹中选择 XY 平面，在视图中选择第二段直径为 16mm 的圆柱体外表面，完成工作平面 1 的创建，如图 10-51 所示。

图10-49 【旋转】对话框

图10-50 创建主体

图10-51 创建工作平面1

05 创建草图。单击【三维模型】标签栏【草图】面板上的【开始创建二维草图】按钮，选择上步创建的工作平面 1 作为草图绘制面。单击【草图】标签栏【创建】面板中的【中心到中心槽】按钮，绘制键槽草图 1；单击【约束】面板中的【尺寸】按钮，标注尺寸，如图 10-52 所示。单击【草图】标签上的【完成草图】按钮，退出草图环境。

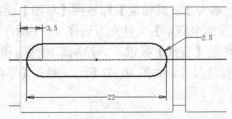

图10-52 绘制键槽草图1及标注尺寸

06 创建拉伸体。单击【三维模型】标签栏【创建】面板上的【拉伸】按钮，打开【拉伸】对话框，选取上步创建的键槽草图 1 为拉伸截面轮廓，将拉伸距离设置为3mm，选择【求差】选项，如图 10-53 所示。单击【确定】按钮完成拉伸，创建的键槽 1 的如图 10-54 所示。

07 创建工作平面。单击【三维模型】标签栏【定位特征】面板上的【工作平面】

按钮，在浏览器【原始坐标系】文件夹中选择 XY 平面，在视图中选择最后一段直径为14mm 的圆柱体外表面，完成工作平面 2 的创建。

图10-53　【拉伸】对话框　　　　　　　　　　图10-54　创建键槽1

08 创建草图。单击【三维模型】标签栏【草图】面板上的【开始创建二维草图】按钮，选择上步创建的工作平面 2 作为草图绘制面。单击【草图】标签栏【创建】面板中的【中心到中心槽】按钮，绘制键槽草图 2；单击【约束】面板中的【尺寸】按钮，标注尺寸，如图 10-55 所示。单击【草图】标签上的【完成草图】按钮，退出草图环境。

09 创建拉伸体。单击【三维模型】标签栏【创建】面板上的【拉伸】按钮，打开【拉伸】对话框，选取上步创建的键槽草图 2 为拉伸截面轮廓，将拉伸距离设置为 3mm，选择【求差】选项。单击【确定】按钮完成拉伸，隐藏工作平面，结果如图 10-56 所示。

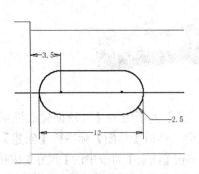

图10-55　绘制键槽草图2及标注尺寸　　　　图10-56　创建键槽2

10 创建螺纹草图。单击【三维模型】标签栏【草图】面板上的【开始创建二维草图】按钮，在浏览器【原始坐标系】文件夹下选择 XZ 平面作为草图绘制面。单击【草图】标签栏【创建】面板中的【直线】按钮，绘制草图截面和中心线；单击【约束】面板中的【尺寸】按钮，标注尺寸，如图 10-57 所示。单击【草图】标签上的【完成草图】按钮，退出草图环境。

图10-57　绘制螺纹草图及标注尺寸

11 创建螺纹。单击【三维模型】标签栏【创建】面板上的【螺旋扫掠】按钮，打开【螺纹扫掠】对话框，单击【螺旋规格】选项卡，选择【螺距和转数】类型，设置螺距为 2mm，转数为 10，如图 10-58 所示；单击【螺旋形状】选项卡，选取上步创建的草图为截面轮廓，选择水平中心线为旋转轴，选择【求差】选项，单击【确定】按钮完成螺纹的创建，结果如图 10-59 所示。

图10-58 【螺旋扫掠】对话框中【螺旋规格】选项卡　　　　图10-59 创建螺纹

12 倒角处理。单击【三维模型】标签栏【修改】面板上的【倒角】按钮，打开"倒角"对话框，选择【倒角边长】类型，设置倒角边长为 1mm，在视图中拾取左端边线，如图 10-60 所示。单击【确定】按钮完成边倒角，结果如图 10-61 所示。

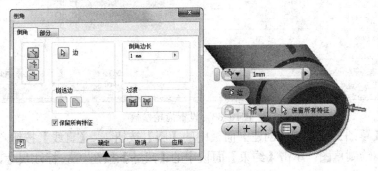

图10-60 【倒角】对话框及预览

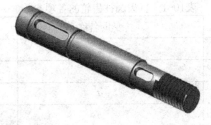

图10-61 边倒角

10.1.6 直齿圆柱齿轮

思路分析

本例绘制的直齿圆柱齿轮如图 10-62 所示。首先使用参数来绘制渐开线齿轮的外轮廓，然后通过拉伸和共享草图来创建

图10-62 直齿圆柱齿轮

259

单齿和主体，并通过环形阵列的方法阵列齿轮的齿特征，从而完成多齿齿轮的效果，齿轮的键槽和通孔则通过拉伸切除特征来实现。

操作步骤

01 新建文件。运行 Autodesk Inventor，选择【快速入门】标签栏，选择【启动】面板上的【新建】选项，在打开的【新建文件】对话框中选择【Standard.ipt】选项，新建一个零件文件，命名为"圆柱齿轮 1.ipt"。

02 绘制草图。

❶单击【三维模型】标签栏【草图】面板上的【开始创建二维草图】按钮，选择 XY 平面为草图绘制面，进入草图绘制环境。单击【管理】标签栏【参数】面板上的【参数】按钮f_x，打开【参数】对话框，设置齿轮参数如图 10-63 所示，参数设置参考表 10-1。单击【完毕】按钮，完成齿轮参数设置。

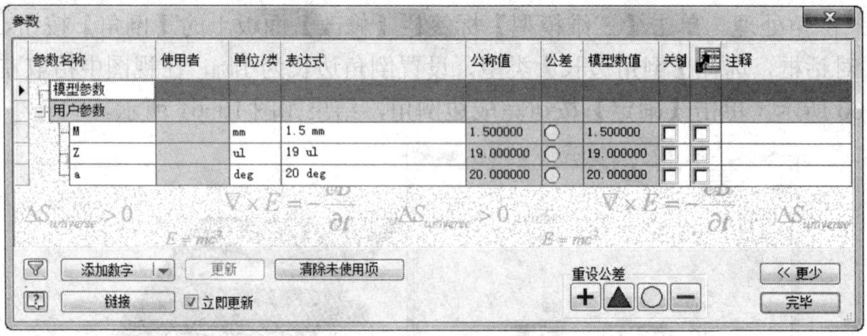

图10-63　设置齿轮参数

❷单击【草图】标签栏【创建】面板中的【圆】按钮、【直线】按钮和【三点圆弧】按钮，绘制草图；单击【约束】面板中的【尺寸】按钮，标注尺寸，如图 10-64 所示。

表10-1　直齿圆柱齿轮的各项参数

参数名称	变量名称	参数值
模数	m	1.5
齿数	z	19
分度圆压力角	a	20°
齿顶高系数	h	1
径向变位系数	x	0
精度等级	7-6-6-6GB（GB10095—2008）	
公法线长度变动公差	F_w	0.036
径向综合公差	F_i	0.090
一齿径向综合公差	f_i	0.032
齿向公差	F_β	0.011

> **注意**
>
> 这里应该完全根据国标所规定的齿轮标准尺寸进行标注，如分度圆直径应该是模数×齿数，齿根圆直径应该是模数×（齿数−2.5）等。在草图工作区域内单击右键，在弹出的快捷菜单中选择【尺寸显示】选项，在它的子菜单中选择【表达式】选项，这样尺寸就会以表达式的方式显示，如图10-65所示。

03 创建拉伸体。单击【三维模型】标签栏【创建】面板上的【拉伸】按钮 ，打开【拉伸】对话框，选取齿根圆为拉伸截面轮廓，将拉伸距离设置为24mm，如图10-66所示。单击【确定】按钮完成拉伸，创建的基本齿轮如图10-67所示。

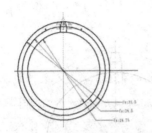

图10-64　绘制草图及标注尺寸

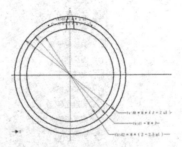

图10-65　表达式

图10-66　【拉伸】对话框

图10-67　创建基本齿轮

04 共享草图。在浏览器中，单击【拉伸1】特征选项前面的展开符号，被【拉伸1】选项消耗的退化的草图将会显示出来，右键单击该草图，在弹出 快捷菜单中选择【共享草图】选项，如图10-68所示，则拉伸1的退化的草图会重新显示。虽然现在不是在草图环境，但是还可利用这个草图创建特征。重新编辑一下该草图，使得其截面轮廓如图10-69所示。

05 创建单齿。选择【三维模型】标签栏【创建】面板上的【拉伸】按钮 ，选择轮齿的截面轮廓作为轮廓截面，将拉伸的深度设置为24mm，拉伸完毕隐藏该拉伸特征的草图，结果如图10-70所示。

06 环形阵列齿。单击【三维模型】标签栏【阵列】面板上的【环形阵列】按钮 ，打开"环形阵列"对话框，如图10-71所示。选取上步创建的齿，选取圆柱体的外表面为旋转轴，输入阵列个数为Z，单击"确定"按钮完成齿的形阵列，结果如图10-72所示。

07 创建草图。单击【三维模型】标签栏【草图】面板上的【开始创建二维草图】

按钮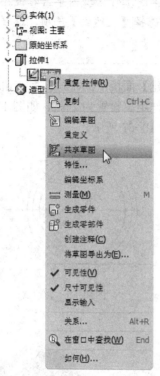，在视图中选取齿轮的外表面为草图绘制面。单击【草图】标签栏【创建】面板上的【直线】按钮 和【圆】按钮，绘制草图。单击【约束】面板中的【尺寸】按钮，标注尺寸，如图 10-73 所示。单击【草图】标签上的【完成草图】按钮，退出草图环境。

图10-68　快捷菜单　　　　　　　　　　　　图10-69　共享草图

图10-70　创建单齿　　　　　图10-71　【环形阵列】对话框　　　　　图10-72　阵列齿

08 创建拉伸体。单击【三维模型】标签栏【创建】面板上的【拉伸】按钮，打开【拉伸】对话框，如图 10-74 所示。选取上步创建的草图为拉伸截面轮廓，将拉伸距离设置为【贯通】，选择【求差】选项。单击【确定】按钮完成拉伸，结果如图 10-75 所示。

09 创建另一个齿轮实体。

❶编辑草图。在浏览器中选择【拉伸 3】特征，单击鼠标右键，在弹出的快捷菜单中选择【编辑草图】选项，如图 10-76 所示，对【拉伸 3】特征的草图进行修改，删除键槽，结果如图 10-77 所示，得到的圆柱齿轮 2 如图 10-78 所示。

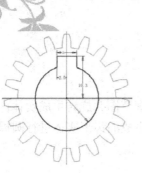

图10-73 绘制草图

图10-74 "拉伸"对话框

图10-75 创建孔和键槽

图10-76 选择编辑命令

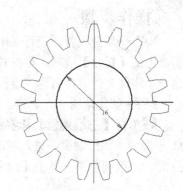

图10-77 编辑草图

❷另存文件。执行菜单栏中的【文件】→【另存为】命令,将零件文件另存为"圆柱齿轮2",作为装配零件使用。

图10-78 圆柱齿轮2

10.1.7　锥齿轮

思路分析

本例绘制的锥齿轮如图 10-79 所示。首先绘制其轮廓草图并旋转生成实体；然后绘制锥齿轮的齿形草图，对草图进行放样切除生成实体；对生成的齿形实体进行圆周阵列，生成全部齿形实体；最后创建键槽轴孔实体。

图10-79　锥齿轮

操作步骤

01 新建文件。运行 Autodesk Inventor，选择【快速入门】标签栏，选择【启动】面板上的【新建】选项，在打开的【新建文件】对话框中选择【Standard.ipt】选项，新建一个零件文件，命名为"锥齿轮.ipt"。

02 创建草图。

❶单击【三维模型】标签栏【草图】面板上的【开始创建二维草图】按钮，选择 XY 平面为草图绘制面，进入草图绘制环境。单击【草图】标签栏【创建】面板中的【圆】按钮，绘制草图；单击【约束】面板中的【尺寸】按钮，标注尺寸，如图 10-80 所示。

❷单击【草图】标签栏【创建】面板中的【直线】按钮，首先绘制两条 45°的斜直线，然后通过直线与直径为 70.72mm 圆的交点绘制与圆相切的直线，最后过斜直线与竖直直线的交点绘制与直径为 74.72mm 圆相切的直线，结果如图 10-81 所示。

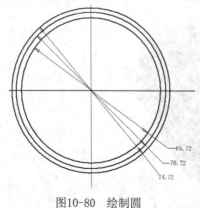

图10-80　绘制圆

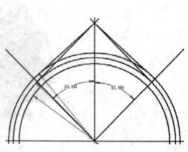

图10-81　绘制直线

❸单击【草图】标签栏【创建】面板中的【直线】按钮✏，绘制齿轮轮廓线。单击【约束】面板中的【尺寸】按钮▭，标注尺寸，如图 10-82 所示。

❹单击【草图】标签栏【修改】面板中的【修剪】按钮✂，裁剪多余的线条，如图 10-83 所示。单击【草图】标签上的【完成草图】按钮✔，退出草图环境。

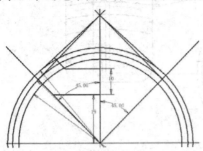

图10-82 绘制轮廓及标注尺寸

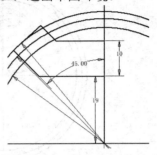

图10-83 修剪草图

03 旋转主体。单击【三维模型】标签栏【创建】面板上的【旋转】按钮🔄，打开【旋转】对话框，如图 10-84 所示，选取上步创建的草图为拉伸截面轮廓，选取竖直线为旋转轴。单击【确定】按钮完成旋转，创建如图 10-85 所示。

图10-84 【旋转】对话框

图10-85 创建旋转主体

04 创建工作平面。单击【三维模型】标签栏【定位特征】面板上的【工作平面】按钮▱，在浏览器【原始坐标系】文件夹中选择 XZ 平面和 Z 轴，输入旋转角度为 45°，单击✔按钮，完成工作平面的创建，结果如图 10-86 所示。

图10-86 创建工作平面

05 创建齿轮齿形草图。

❶在上步创建的工作平面上单击右键，在弹出快捷菜单中选择【新建草图】选项，进

265

入草图绘制环境。单击【草图】标签栏【创建】面板上的【直线】按钮 ⁄ 和【圆】按钮 ○，绘制草图。单击【约束】面板中的【尺寸】按钮 ⊢，标注尺寸，如图 10-87 所示。

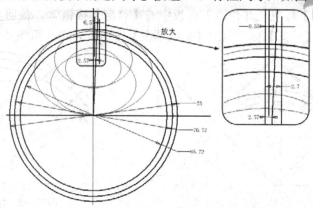

图10-87　绘制直线和圆及标注尺寸

❷单击【草图】标签栏【创建】面板中的【三点圆弧】按钮 ⁄，以图中的三点绘制圆弧；单击【草图】标签栏【阵列】面板上的【镜像】按钮 ⋈，将圆弧以竖直直线进行镜像；单击【草图】标签栏【修改】面板中的【修剪】按钮 ✄，修剪多余的线段，如图 10-88 所示。单击【草图】标签上的【完成草图】按钮 ✓，退出草图环境。

06　创建草图。单击【三维模型】标签栏【草图】面板上的【开始创建二维草图】按钮 ⧉，选择 XY 工作平面为草图绘制面。单击【草图】标签栏【创建】面板中的【投影几何图元】按钮 ⧉，提取齿轮基体的外轮廓线。单击【草图】标签栏【创建】面板中的【直线】按钮 ⁄，绘制一条与轮廓线重合的直线和一条竖直线。单击【草图】标签栏【创建】面板上的【点】按钮 ⊹，在竖直线和斜直线的交点处创建点，如图 10-89 所示。然后删除多余的直线。单击【草图】标签上的【完成草图】按钮 ✓，退出草图环境。

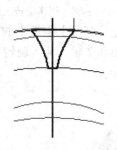

图10-88　完善草图

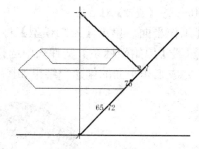

图10-89　绘制草图

07　创建单齿。单击【三维模型】标签栏【创建】面板上的【放样】按钮 ⬮，打开【放样】对话框，选取上两步创建的草图为放样截面，选择【求差】选项，如图 10-90 所示。单击【确定】按钮完成放样，隐藏工作平面，创建的单齿如图 10-91 所示。

08　环形阵列齿。单击【三维模型】标签栏【阵列】面板上的【环形阵列】按钮 ✛，打开【环形阵列】对话框，在视图中选择上步创建的放样特征为阵列特征，选择外圆环面为旋转轴，输入阵列个数为 25，如图 10-92 所示。单击【确定】按钮完成齿的环形阵列，结果如图 10-93 所示。

图10-90 【放样】对话框

图10-91 创建单齿

图10-92 【环形阵列】对话框及预览

09 创建草图。在齿轮的下底面单击鼠标右键，在弹出的快捷菜单中选择"新建草图"选项，进入草图绘制环境。单击【草图】标签栏【创建】面板中的【圆】按钮，绘制直径为25的圆。单击【约束】面板中的【尺寸】按钮，标注尺寸，如图10-94所示。单击【草图】标签上的【完成草图】按钮，退出草图环境。

10 创建拉伸体。单击【三维模型】标签栏【创建】面板上的【拉伸】按钮，打开【拉伸】对话框，选取上步创建的草图为拉伸截面轮廓，将拉伸距离设置为3mm，如图10-95所示。单击【确定】按钮完成拉伸，结果如图10-96所示。

图10-93 环形阵列齿

图10-94 绘制草图及标注尺寸

11 创建草图。在上步创建的拉伸体下表面单击右键，在弹出快捷菜单中选择【新建草图】选项，进入草图绘制环境。单击【草图】标签栏【创建】面板中的【圆】按钮◯和【直线】按钮╱，绘制草图。单击【约束】面板中的【尺寸】按钮，标注尺寸，如图 10-97 所示。单击【草图】标签上的【完成草图】按钮✔，退出草图环境。

图10-95 【拉伸】对话框

图10-96 创建拉伸体

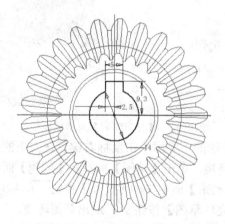

图10-97 绘制轴孔草图及标注尺寸

12 创建键槽轴孔。单击【三维模型】标签栏【创建】面板上的【拉伸】按钮，打开【拉伸】对话框，选取上步创建的草图为拉伸截面轮廓，设置拉伸范围为【贯通】，选择【求差】选项，如图 10-98 所示。单击【确定】按钮完成拉伸，创建的键槽轴孔如图 10-99 所示。

图10-98 【拉伸】对话框

图10-99 创建键槽轴孔

10.1.8 前盖

思路分析

本例绘制的前盖如图 10-100 所示。首先绘制前盖的轮廓草图并拉伸实体，然后创建齿轮安装孔，再通过圆周阵列、镜像等操作创建螺钉通孔，最后创建圆角。

操作步骤

01 新建文件。运行 Autodesk Inventor，选择【快速入门】标签栏，选择【启动】面板上的【新建】选项，在打开的【新建文件】对话框中选择【Standard.ipt】选项，新建一个零件文件，命名为"前盖.ipt"。

02 创建草图。单击【三维模型】标签栏【草图】面板上的【开始创建二维草图】按钮，选择 XY 平面为草图绘制面，进入草图绘制环境。单击【草图】标签栏【创建】面板中的【中心到中心槽】按钮，绘制草图。单击【约束】面板中的【尺寸】按钮，标注尺寸，如图 10-101 所示。单击【草图】标签上的【完成草图】按钮，退出草图环境。

图10-100 前盖

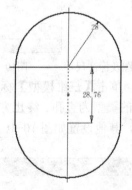

图10-101 绘制草图及标注尺寸

03 创建拉伸体。单击【三维模型】标签栏【创建】面板上的【拉伸】按钮，打开【拉伸】对话框，由于草图中只有图 10-101 所示的一个截面轮廓，所以自动被选取为拉伸截面轮廓，将拉伸距离设置为 9mm，如图 10-102 所示。单击【确定】按钮完成拉伸，创建的主体如图 10-103 所示。

04 创建草图。在上步创建的主体上表面单击鼠标右键，在弹出的快捷菜单中选择【新建草图】选项，进入草图绘制环境。单击【草图】标签栏【创建】面板上的【偏移】按钮，将外边线向内偏移；单击【约束】面板中的【尺寸】按钮，标注尺寸，如图 10-104 所示。单击【草图】标签上的【完成草图】按钮，退出草图环境。

05 创建拉伸体。单击【三维模型】标签栏【创建】面板上的【拉伸】按钮，打开【拉伸】对话框，选取上步创建的偏移曲线为拉伸截面轮廓，将拉伸距离设置为 7mm，如图 10-105 所示。单击【确定】按钮完成拉伸，创建的拉伸体如图 10-106 所示。

06 创建草图。在上步创建的拉伸体下表面单击右键，在弹出的快捷菜单中选择"新建草图"选项，进入草图绘制环境。单击【草图】标签栏【创建】面板上的【点】按钮，在两个圆心处创建点。单击【草图】标签上的【完成草图】按钮✔️，退出草图环境。

图10-102 【拉伸】对话框

图10-103 创建主体

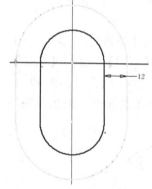

图10-104 绘制草图及标注尺寸

图10-105 【拉伸】对话框

图10-106 创建拉伸体

07 打孔。单击【三维模型】标签栏【修改】面板上的【孔】按钮⚙️，打开【孔】对话框，设置孔的类型为直孔、终止方式为【距离】，输入孔的深度为11mm、直径为16mm、顶锥角为150°，其他设置如图10-107所示。单击【确定】按钮完成孔的创建，结果如图10-108所示。

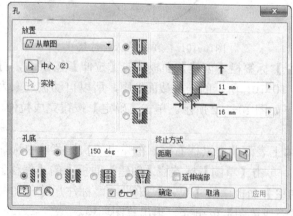

图10-107 【孔】对话框

图10-108 创建孔

08 创建草图。单击【三维模型】标签栏【草图】面板上的【开始创建二维草图】按钮🗗，在视图中选取图10-106所示的面1为草图绘制面。单击【草图】标签栏【创建】面板上的【直线】按钮╱和【点】按钮➕，创建两点。单击【约束】面板中的【尺寸】按钮╟，标注尺寸，如图10-109所示。单击【草图】标签上的【完成草图】按钮✔️，退出草图环境。

09 打孔。单击【三维模型】标签栏【修改】面板上的【孔】按钮⬙，打开【孔】
对话框，设置孔的类型为直孔、终止方式为【贯通】，输入直径为5mm，其他设置如图10-110
所示。单击【确定】按钮完成孔的创建，结果如图10-111所示。

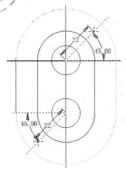

图10-109　绘制草图及标注尺寸　　　　　　　　　　　图10-110　【孔】对话框

10 创建草图。单击【三维模型】标签栏【草图】面板上的【开始创建二维草图】
按钮⬚，在视图中选取图10-106所示的面1为草图绘制面。单击【草图】标签栏【创建】
面板上的【点】按钮┼，创建点。单击【约束】面板中的【尺寸】按钮▭，标注尺寸，如
图10-112所示。单击【草图】标签上的【完成草图】按钮✔，退出草图环境。

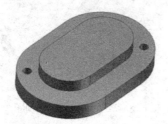

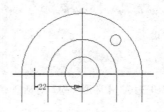

图10-111　创建销孔　　　　　　　　　　　　图10-112　绘制草图

11 打孔。单击【三维模型】标签栏【修改】面板上的【孔】按钮⬙，打开【孔】
对话框，设置孔的类型为沉头孔、终止方式为【贯通】，输入沉头直径为9mm、深度为6mm、
孔的直径7mm，其他设置如图10-113所示。单击【确定】按钮完成沉头孔的创建，结果如
图10-114所示。

12 环形阵列孔。单击【三维模型】标签栏【阵列】面板上的【环形阵列】按钮⬦，
打开【环形阵列】对话框，如图10-115所示，选择"阵列各个特征"类型，在视图中拾
取上步创建的沉头孔特征为阵列特征，选择圆柱的外表面为旋转轴，输入阵列个数为3、
角度为180°。单击【确定】按钮完成孔的创建，结果如图10-116所示。

13 创建工作平面。单击【三维模型】标签栏【定位特征】面板上的【工作平面】
按钮▦，在浏览器【原始坐标系】中选择XZ平面，然后在视图中选择侧边线中点，创建
的工作平面如图10-117所示。

14 镜像沉头孔。单击【三维模型】标签栏【阵列】面板上的【镜像】按钮⬖，打
开【镜像】对话框，如图10-118所示。选择11和12步创建的沉头孔为镜像特征，选择
上步创建的工作平面为镜像平面，单击"确定"按钮完成沉头孔的镜像，结果如图10-119

所示。

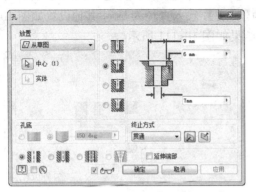

图 10-113　【孔】对话框

图 10-114　创建沉头孔

图10-115　【环形阵列】对话框

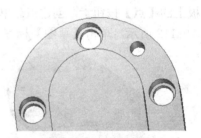

图10-116　阵列孔

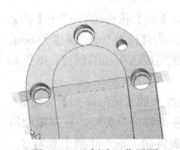

图10-117　创建工作平面

图10-118　【镜像】对话框

图10-119　镜像沉头孔

15　隐藏工作平面。在浏览器中选择"工作平面 1"，单击右键，在弹出的快捷菜单中选择【可见性】选项，如图 10-120 所示，使工作平面不可见，如图 10-121 所示。

16　创建圆角。单击【三维模型】标签栏【修改】面板上的【圆角】按钮，打开【圆角】对话框，输入半径为 1.5mm，在视图中选择如图 10-122 所示的边线，单击【确定】按钮完成圆角的创建，结果如图 10-123 所示。

图10-120　快捷菜单　　　　　　　　　图10-121　隐藏工作平面

图10-122　【圆角】对话框及预览　　　　　　　图10-123　创建圆角

10.1.9　后盖

思路分析

本例绘制的后盖如图 10-124 所示。首先绘制其主体轮廓草图并拉伸生成实体，然后创建螺纹特征，再绘制草图切除拉伸实体，最后创建螺钉连接孔，进行阵列和镜像操作生成实体。

操作步骤

01　新建文件。运行 Autodesk Inventor，选择【快速入门】标签栏，选择【启动】面板上的【新建】选项，在打开的【新建文件】对话框中选择【Standard.ipt】选项，新建一个零件文件，命名为"后盖.ipt"。

02　创建草图。单击【三维模型】标签栏【草图】面板上的【开始创建二维草图】按钮，选择 XY 平面为草图绘制面，进入草图绘制环境。单击【草图】标签栏【创建】面板中的【中心到中心】按钮，绘制草图；单击【约束】面板中的【尺寸】按钮，标注尺寸，如图 10-125 所示。单击【草图】标签上的【完成草图】按钮，退出草图环境。

03　创建拉伸体。单击【三维模型】标签栏【创建】面板上的【拉伸】按钮，打开【拉伸】对话框，由于草图中只有图 10-125 所示的一个截面轮廓，所以自动被选取为拉伸截面轮廓，将拉伸距离设置为9mm，如图 10-126 所示。单击【确定】按钮完成拉伸，创建的拉伸体如图 10-127 所示。

图10-124 后盖

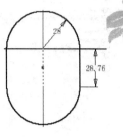

图10-125 绘制草图

图10-126 【拉伸】对话框

图10-127 创建拉伸体

04 创建草图。在上步创建的拉伸体上表面单击右键，在弹出的快捷菜单中选择"新建草图"选项，进入草图绘制环境。单击【草图】标签栏【创建】面板上的【偏移】按钮，将外边线向内偏移。单击【约束】面板中的【尺寸】按钮，标注尺寸，如图 10-128 所示。单击【草图】标签上的【完成草图】按钮，退出草图环境。

05 创建拉伸体。单击【三维模型】标签栏【创建】面板上的【拉伸】按钮，打开"拉伸"对话框，选取上步创建的偏移曲线为拉伸截面轮廓，将拉伸距离设置为 7mm，如图 10-129 所示。单击【确定】按钮完成拉伸，创建的拉伸体如图 10-130 所示。

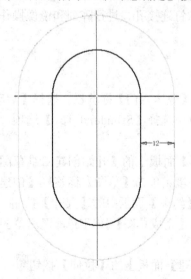

图10-128 绘制草图及标注尺寸

图10-129 【拉伸】对话框

06 创建草图。在上步创建的拉伸体的上表面单击鼠标右键，在弹出的快捷菜单中选择"新建草图"选项，进入草图绘制环境。单击【草图】标签栏【创建】面板中的【圆】按钮⊙，在下半圆的圆心处绘制直径为25mm的圆；单击【约束】面板中的【尺寸】按钮，标注尺寸，如图10-131所示。单击【草图】标签上的【完成草图】按钮✓，退出草图环境。

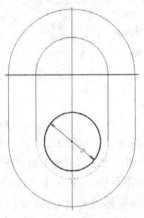

图10-130 创建拉伸体　　　　　　　　图10-131 绘制草图及标注尺寸

07 创建拉伸体。单击【三维模型】标签栏【创建】面板上的【拉伸】按钮，打开【拉伸】对话框，选取上步创建的圆为拉伸截面轮廓，将拉伸距离设置为3mm，如图10-132所示。单击【确定】按钮完成拉伸，创建的拉伸体如图10-133所示。

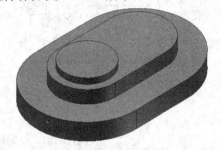

图10-132 【拉伸】对话框　　　　　　　图10-133 创建拉伸体

08 创建草图。在上步创建的拉伸体的上表面单击鼠标右键，在弹出的快捷菜单中选择【新建草图】选项，进入草图绘制环境。单击【草图】标签栏【创建】面板中的【圆】按钮⊙，在下半圆的圆心处绘制直径为27mm的圆；单击【约束】面板中的【尺寸】按钮，标注尺寸，如图10-134所示。单击【草图】标签上的【完成草图】按钮✓，退出草图环境。

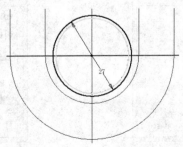

图10-134 绘制草图及标注尺寸

09 创建拉伸体。单击【三维模型】标签栏【创建】面板上的【拉伸】按钮，打开【拉伸】对话框，选取上步创建的圆为拉伸截面轮廓，将拉伸距离设置为 11mm，如图10-135 所示。单击【确定】按钮完成拉伸，创建的拉伸体如图 10-136 所示。

图10-135 【拉伸】对话框

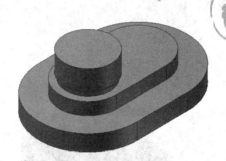

图10-136 创建拉伸体

10 创建草图。单击【三维模型】标签栏【草图】面板上的【开始创建二维草图】按钮，在浏览器【原始坐标系】下拉列表中选择 YZ 平面为草图绘制面。单击【草图】标签栏【创建】面板中的【直线】按钮，绘制牙形。单击【约束】面板中的【尺寸】按钮，标注尺寸，如图 10-137 所示。单击【草图】标签上的【完成草图】按钮，退出草图环境。

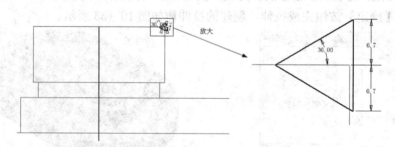

图10-137 绘制螺纹草图及标注尺寸

11 创建螺旋扫掠。单击【三维模型】标签栏【创建】面板上的【螺旋扫掠】按钮，打开【螺旋扫掠】对话框，单击【螺旋规格】选项卡，如图 10-138 所示，选择【螺距和转数】类型，输入螺距为 1.5mm、转数为 8；单击【螺旋形状】选项卡，如图 10-139 所示，选择上步创建的草图为扫掠截面，选择中心线为旋转轴，选择【求差】选项，单击【确定】按钮完成螺纹的创建，结果如图 10-140 所示。

图10-138 【螺旋规格】选项卡

图10-139 【螺旋形状】选项卡

12 创建草图。单击【三维模型】标签栏【草图】面板上的【开始创建二维草图】按钮，在视图中选取拉伸体的上表面为草图绘制面。单击【草图】标签栏【创建】面板中的【圆】按钮，在下半圆的圆心处绘制直径为20mm的圆。单击【约束】面板中的【尺寸】按钮，标注尺寸。单击【草图】标签上的【完成草图】按钮，退出草图环境。

13 创建拉伸体。单击【三维模型】标签栏【创建】面板上的【拉伸】按钮，打开【拉伸】对话框，选取上步创建的圆为拉伸截面轮廓，将拉伸距离设置为11mm，选择【求差】选项，如图10-141所示。单击【确定】按钮完成拉伸，创建的孔如图10-142所示。

图10-140 创建螺纹

图10-141 【拉伸】对话框

14 创建草图。单击【三维模型】标签栏【草图】面板上的【开始创建二维草图】按钮，在视图中选取拉伸体的下表面为草图绘制面。单击【草图】标签栏【创建】面板中的【圆】按钮，在下半圆圆心处绘制直径为16mm的圆。单击【约束】面板中的【尺寸】按钮，标注尺寸。单击【草图】标签上的【完成草图】按钮，退出草图环境。

15 创建拉伸体。单击【三维模型】标签栏【创建】面板上的【拉伸】按钮，打开"拉伸"对话框，选取上步创建的圆为拉伸截面轮廓，将范围设置为【贯通】，选择【求差】选项。单击【确定】按钮完成拉伸，创建的孔如图10-143所示。

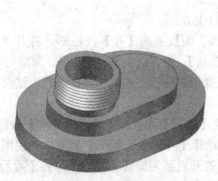

图10-142 创建孔

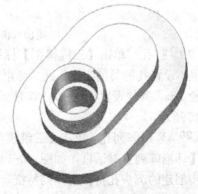

图10-143 创建孔

16 创建草图。单击【三维模型】标签栏【草图】面板上的【开始创建二维草图】按钮，在视图中选取拉伸体的下表面为草图绘制面。单击【草图】标签栏【创建】面板上的【点】按钮，在上半圆圆心处绘制点。单击【草图】标签上的【完成草图】按钮，退出草图环境。

17 打孔。单击【三维模型】标签栏【修改】面板上的【孔】按钮，打开【孔】

对话框，设置孔的类型为直孔，终止方式为【距离】，输入距离为 11mm，直径为 16mm，顶锥角为 150°，其他设置如图 10-144 所示。单击【确定】按钮完成孔的创建，结果如图 10-145 所示。

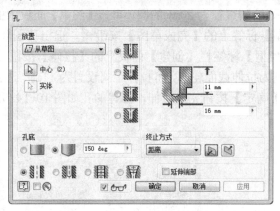

图10-144　【孔】对话框　　　　　　　　　　　图10-145　创建孔

18 创建草图。在视图中选取拉伸体的上表面，单击右键，在弹出的快捷菜单中选择【新建草图】选项，进入草图绘制环境。单击【草图】标签栏【创建】面板上的【点】按钮┼，绘制点。单击【约束】面板中的【尺寸】按钮，标注尺寸，如图 10-146 所示。单击【草图】标签上的【完成草图】按钮，退出草图环境。

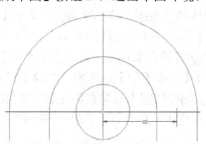

图10-146　绘制草图及标注尺寸

19 打孔。单击【三维模型】标签栏【修改】面板上的【孔】按钮，打开"孔"对话框，设置孔的类型为沉头孔、终止方式为【贯通】，输入沉头直径为 9mm、深度为 6mm、孔直径 7mm，其他设置如图 10-147 所示。单击【确定】按钮完成沉头孔的创建，结果如图 10-148 所示。

20 环形阵列孔。单击【三维模型】标签栏【阵列】面板上的【环形阵列】按钮，打开【环形阵列】对话框，如图 10-149 所示。选择【阵列各个特征】类型，在视图中拾取上步创建的沉头孔特征为阵列特征，选择圆柱的外表面为旋转轴，输入阵列个数为 3、角度为 180°，单击【确定】按钮完成沉头孔的创建，结果如图 10-150 所示。

21 创建工作平面。单击【三维模型】标签栏【定位特征】面板上的【工作平面】按钮，在【原始坐标系】中选择 XZ 平面，然后在视图中选择侧边线中点，创建的工作平面如图 10-151 所示。

22 镜像沉头孔。单击【三维模型】标签栏【阵列】面板上的【镜像】按钮，打开【镜像】对话框，如图 10-152 所示。选择第 20 步创建的沉头孔为镜像特征，选择上步创建的工作平面为镜像平面，单击【确定】按钮完成沉头孔的镜像操作，结果如图 10-153 所示。

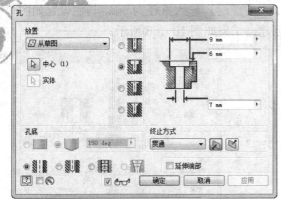

图10-147 【孔】对话框

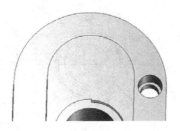

图10-148 创建沉头孔

图10-149 【环形阵列】对话框

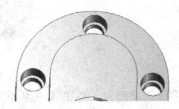

图10-150 阵列沉头孔

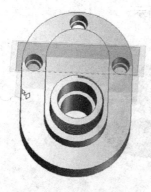

图10-151 创建工作平面

图10-152 【镜像】对话框

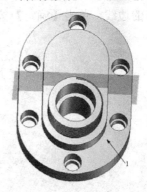

图10-153 镜像沉头孔

23 隐藏工作平面。在浏览器中选择"工作平面 1"，单击右键，在弹出的快捷菜单中选择【可见性】选项，使工作平面不可见。

24 创建草图。单击【三维模型】标签栏【草图】面板上的【开始创建二维草图】按钮，选择图 10-153 所示的面 1 为草图绘制面，单击【草图】标签栏【创建】面板上的【直线】按钮和【点】按钮，创建两点。单击【约束】面板中的【尺寸】按钮，标注尺寸，如图 10-154 所示。单击【草图】标签上的【完成草图】按钮，退出草图环境。

25 打孔。单击【三维模型】标签栏【修改】面板上的【孔】按钮 ，打开【孔】
对话框，设置孔的类型为直孔、终止方式为【贯通】，输入直径为 5mm，其他设置如图 10-155
所示。单击【确定】按钮完成销孔的创建，结果如图 10-156 所示。

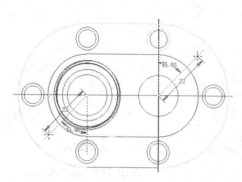

图10-154　绘制草图及标注尺寸

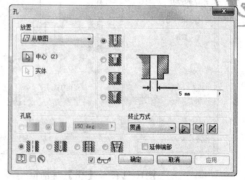

图10-155　【孔】对话框

图10-156　创建销孔

26 创建圆角。单击【三维模型】标签栏【修改】面板上的【圆角】按钮 ，打开
【圆角】对话框，如图 10-157 所示，输入半径为 1.5mm，在视图中选择如图 10-157 所示
的边线，单击【确定】按钮完成圆角的创建，结果如图 10-158 所示。

图10-157　【圆角】对话框及预览

图 10-158　创建圆角

10.1.10 基座

思路分析

本例绘制的基座如图 10-159 所示。首先绘制基座主体轮廓草图并拉伸实体，然后绘制内腔草图，切除拉伸实体，再创建进出油口螺纹孔，最后创建连接螺纹孔、销轴孔、基座固定孔等结构。

操作步骤

01 新建文件。运行 Autodesk Inventor，选择【快速入门】标签栏，选择【启动】面板上的【新建】选项，在打开的【新建文件】对话框中选择【Standard.ipt】选项，新建一个零件文件，命名为"基座.ipt"。

02 创建草图。单击【三维模型】标签栏【草图】面板上的【开始创建二维草图】按钮，选择 XY 平面为草图绘制面，进入草图绘制环境。单击【草图】标签栏【创建】面板中的【中心到中心】按钮，绘制草图。单击【约束】面板中的【尺寸】按钮，标注尺寸，如图 10-160 所示。单击【草图】标签上的【完成草图】按钮，退出草图环境。

图10-159 基座

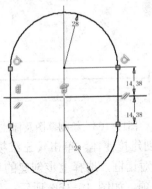

图10-160 绘制草图及标注尺寸

03 创建拉伸体。单击【三维模型】标签栏【创建】面板上的【拉伸】按钮，打开【拉伸】对话框，由于草图中只有图 10-160 所示的一个截面轮廓，所以自动被选取为拉伸截面轮廓，将拉伸距离设置为 24mm，选择拉伸方向为【对称】，如图 10-161 所示。单击【确定】按钮完成拉伸，创建的拉伸体如图 10-162 所示。

图10-161 【拉伸】对话框

图10-162 创建拉伸体

04 创建草图。单击【三维模型】标签栏【草图】面板上的【开始创建二维草图】按钮，在浏览器【原始坐标系】中选择 XY 平面为草图绘制面。单击【草图】标签栏【创建】面板中的【矩形】按钮，绘制矩形；单击【约束】面板中的【尺寸】按钮，标注尺寸，如图 10-163 所示。单击【草图】标签上的【完成草图】按钮，退出草图环境。

05 创建拉伸体。单击【三维模型】标签栏【创建】面板上的【拉伸】按钮，打开【拉伸】对话框，选择上步绘制的草图为拉伸截面，将拉伸距离设置为 16mm，选择拉伸方向为【对称】，单击【确定】按钮完成拉伸，创建的拉伸体如图 10-164 所示。

06 创建草图。在上步创建的拉伸体上表面单击右键，在弹出的快捷菜单中选择【新建草图】选项，进入草图绘制环境；单击【草图】标签栏【创建】面板上的【偏移】按钮，将外边线向内偏移。单击【约束】面板中的【尺寸】按钮，标注尺寸，如图 10-165 所示。单击【草图】标签上的【完成草图】按钮，退出草图环境。

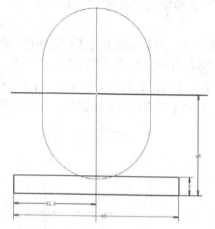

图10-163　绘制草图及标注尺寸

图10-164　创建拉伸体

07 创建拉伸体。单击【三维模型】标签栏【创建】面板上的【拉伸】按钮，打开【拉伸】对话框，选择上步创建的草图为拉伸截面轮廓，将拉伸范围设置为贯通，选择【求差】选项，如图 10-166 所示；单击【确定】按钮完成拉伸，创建的拉伸体结果如图 10-167 所示。

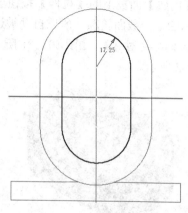

图10-165　绘制草图及标注尺寸

图10-166　【拉伸】对话框

08 创建草图。在基体的侧面单击鼠标右键，在弹出的快捷菜单中选择"新建草图"选项，进入草图绘制环境。单击【草图】标签栏【创建】面板中的【圆】按钮⊙，在中心绘制直径为 24mm 的圆。单击【约束】面板中的【尺寸】按钮├┤，标注尺寸，如图 10-168 所示。单击【草图】标签上的【完成草图】按钮✔，退出草图环境。

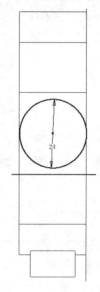

图10-167　创建拉伸体　　　　　　　　　　　图10-168　绘制草图及标注尺寸

09 创建拉伸体。单击【三维模型】标签栏【创建】面板上的【拉伸】按钮▣，打开【拉伸】对话框，选择上步创建的草图为拉伸截面轮廓，将拉伸距离设置为 7mm，如图 10-169 所示。单击【确定】按钮完成拉伸。

重复上述步骤，在基座的另一侧绘制相同的草图，拉伸创建实体，得到进出油口，如图 10-170 所示。

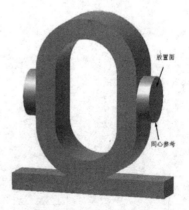

图10-169　【拉伸】对话框　　　　　　　　　图10-170　创建拉伸体

10 创建螺纹孔。单击【三维模型】标签栏【修改】面板上的【孔】按钮◉，打开【孔】对话框，在【放置】下拉列表中选择【同心】选项，创建螺纹孔，其他设置如图 10-171 所示。在视图中选择上步创建的拉伸体外表面为孔放置面，选择外圆作为同心参考，单击【确定】按钮完成螺纹孔的创建，结果如图 10-172 所示。

11 创建草图。在步骤 **07** 创建的拉伸体上表面单击鼠标右键，在弹出的快捷菜单中选择"新建草图"选项，进入草图绘制环境。单击【草图】标签栏【创建】面板上的【点】按钮┼，创建点。单击【约束】面板中的【尺寸】按钮▯，标注尺寸，如图 10-173 所示。单击【草图】标签上的【完成草图】按钮✔，退出草图环境。

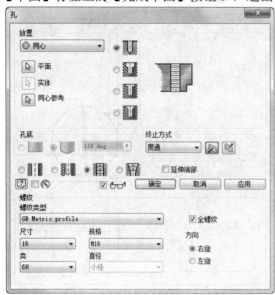

图10-171 【孔】对话框

图10-172 创建螺纹孔

12 创建销孔。单击【三维模型】标签栏【修改】面板上的【孔】按钮⊘，打开【孔】对话框，在【放置】下拉列表中选择【从草图】选项，创建销孔，其他设置如图 10-174 所示。单击【确定】按钮完成销孔的创建，结果如图 10-175 所示。

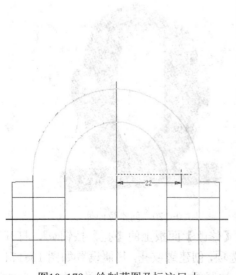

图10-173 绘制草图及标注尺寸

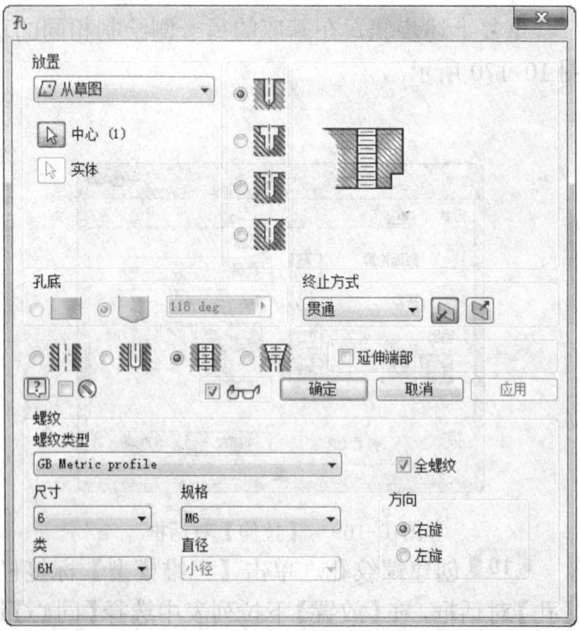

图10-174 【孔】对话框

13 环形阵列孔。单击【三维模型】标签栏【阵列】面板上的【环形阵列】按钮❖，打开【环形阵列】对话框，如图 10-176 所示。选择"阵列各个特征"类型，在视图中拾取上步创建的销孔特征为阵列特征，选择圆柱的外表面为旋转轴，输入阵列个数为 3、角度为180°，单击【确定】按钮完成孔的创建，结果如图 10-177 所示。

图10-175　创建销孔　　　　图10-176　【环形阵列】对话框　　　　图10-177　阵列孔

14 镜像孔。单击【三维模型】标签栏【阵列】面板上的【镜像】按钮 ，打开【镜像】对话框，如图 10-178 所示；选择上步创建的孔为镜像特征，选择 XZ 平面为镜像平面，单击【确定】按钮完成孔的镜像，结果如图 10-179 所示。

图10-178　【镜像】对话框　　　　图10-179　镜像孔

15 创建草图。单击【三维模型】标签栏【草图】面板上的【开始创建二维草图】按钮 ，选择图 10-179 所示的拉伸体上表面为草图绘制面。单击【草图】标签栏【创建】面板上的【点】按钮 +，创建点；单击【约束】面板中的【尺寸】按钮，标注尺寸，如图 10-180 所示。单击【草图】标签上的【完成草图】按钮 ✔，退出草图环境。

16 打孔。单击【三维模型】标签栏【修改】面板上的【孔】按钮，打开"孔"对话框，设置孔的类型为直孔、终止方式为【贯通】，输入直径为 5mm，其他设置如图 10-181 所示。单击【确定】按钮完成孔的创建，结果如图 10-182 所示。

17 创建草图。单击【三维模型】标签栏【草图】面板上的【开始创建二维草图】按钮，选择基座的下表面为草图绘制面。单击【草图】标签栏【创建】面板中的【圆】按钮，绘制两个圆；单击【约束】面板中的【尺寸】按钮，标注尺寸，如图 10-183 所示。单击【草图】标签上的【完成草图】按钮 ✔，退出草图环境。

18 创建拉伸体。单击【三维模型】标签栏【创建】面板上的【拉伸】按钮，打开"拉伸"对话框，选择上步创建的圆为拉伸截面轮廓，将拉伸距离设置为 10mm，选择【求差】选项，如图 10-184 所示。单击【确定】按钮完成拉伸，创建的孔如图 10-185 所示。

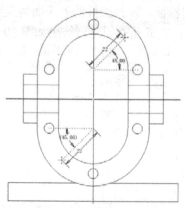

图10-180　绘制草图及标注尺寸

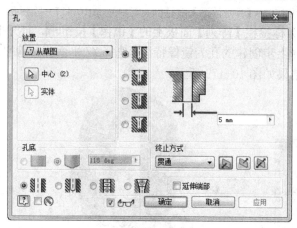

图10-181　【孔】对话框

图10-182　创建孔

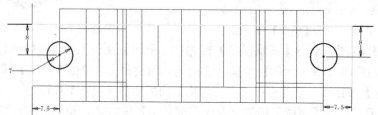

图10-183　绘制草图及标注尺寸

19 创建草图。单击【三维模型】标签栏【草图】面板上的【开始创建二维草图】按钮，选择基座的下表面为草图绘制面。单击【草图】标签栏【创建】面板中的【矩形】按钮，绘制减重槽。单击【约束】面板中的【尺寸】按钮，标注尺寸，如图 10-186 所示。单击【草图】标签上的【完成草图】按钮，退出草图环境。

20 创建拉伸体。单击【三维模型】标签栏【创建】面板上的【拉伸】按钮，打开【拉伸】对话框，选择上步创建的矩形为拉伸截面轮廓，将拉伸距离设置为 4mm，选择【求差】选项，单击【确定】按钮完成拉伸，结果如图 10-187 所示。

图10-184　"拉伸"对话框

图10-185　创建孔

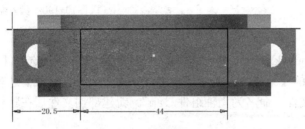

图10-186　绘制草图及标注尺寸

图10-187　创建减重槽

21 圆角处理。单击【三维模型】标签栏【修改】面板上的【圆角】按钮，打开【圆角】对话框，依次选择如图 10-188 所示的边线，设置圆角半径为 3mm，单击"确定"按钮。重复上述操作，选择如图 10-188 所示的边线进行圆角的创建，设置圆角半径为 5mm，最终结果如图 10-189 所示。

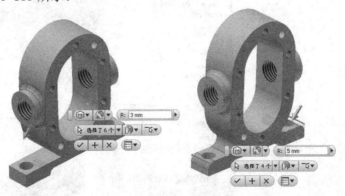

图10-188　选择圆角边

图 10-189　创建圆角

10.2　齿轮泵装配

本例创建的齿轮泵装配体如图 10-190 所示。零件之间的装配关系实际上就是零件之间的位置约束关系。可以把一个大型的零件装配模型看作是由多个子装配体组成的，因而在创建大型的装配模型时，可先创建各个子装配体，即组件装配，再将各个子装配体按照它们之间的相互位置关系进行装配。

10.2.1　轴组件装配

图10-190　齿轮泵装配体

操作步骤

01 新建文件。运行 Autodesk Inventor，选择【快速入门】标签栏，选择【启动】面板上的【新建】选项，在打开的【新建文件】对话框中选择【Standard.iam】选项，如图 10-191 所示，新建一个部件文件，命名为"轴组件.iam"。新建部件文件后在默认情况下，进入装配环境。

图10-191　【新建文件】对话框

02 装入支撑轴。单击【装配】标签栏【零部件】面板上的【放置】按钮，打开如图 10-192 所示的【装入零部件】对话框，选择"支撑轴"零件，单击【打开】按钮，装入支撑轴。单击右键，在弹出的如图 10-193 所示的快捷菜单中选择【在原点处固定放置】选项，系统默认此零件为固定零件，零件的坐标原点与部件的坐标原点重合。然后单击鼠标右键，在弹出的快捷菜单中选择【确定】选项，完成支撑轴的装配，结果如图 10-194 所示。

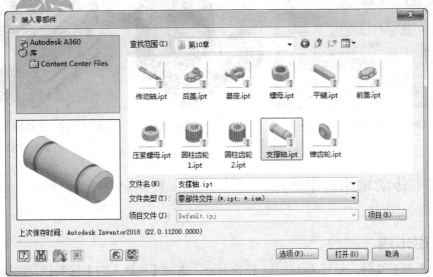

图10-192 【装入零部件】对话框

图10-193 快捷菜单

03 放置圆柱齿轮。单击【装配】标签栏【零部件】面板上的【放置】按钮 ，打开如图 10-192 所示的【装入零部件】对话框，选择"圆柱齿轮 2"零件，单击【打开】按钮，装入圆柱齿轮 2，将其放置到视图中适当位置。单击鼠标右键，在弹出的快捷菜单中选择【完毕】选项，完成圆柱齿轮 2 的放置，如图 10-195 所示。

图10-194 装入支撑轴

图10-195 放置圆柱齿轮2

04 支撑轴与圆柱齿轮的装配。单击【装配】标签栏【位置】面板上的【约束】按钮 ，打开【放置约束】对话框，选择"插入"类型，如图 10-196 所示；在视图中选取如图 10-197 所示的两个圆形边线，设置偏移量为 0，选择【对齐】选项，单击【确定】按钮完成支撑轴与圆柱齿轮的装配，结果如图 10-198 所示。

图10-196　【放置约束】对话框　　　图10-197　选择边线　　　图10-198　支撑轴与圆柱齿轮
的装配装配

10.2.2　传动轴组件装配

操作步骤

01　新建文件。运行 Autodesk Inventor，选择【快速入门】标签栏，选择【启动】
面板上的【新建】选项，在打开的【新建文件】对话框中选择【Standard.iam】选项，新
建一个部件文件，命名为"传动轴组件.iam"。新建部件文件后，在默认情况下进入装配
环境。

02　装入传动轴。单击【装配】标签栏【零部件】面板上的【放置】按钮，打开
【装入零部件】对话框，选择"传动轴"零件，单击【打开】按钮，装入传动轴。单击鼠
标右键，在弹出的快捷菜单中选择【在原点处固定放置】选项，系统默认此零件为固定零
件，零件的坐标原点与部件的坐标原点重合。然后单击右键，在弹出的快捷菜单中选择【确
定】选项，完成传动轴的装配，结果如图 10-199 所示。

03　放置平键。单击【装配】标签栏【零部件】面板上的【放置】按钮，打开如
图 10-192 所示的【装入零部件】对话框，选择"键 5×22"零件，单击【打开】按钮，装
入键 5×22，将其放置到视图中适当位置。单击鼠标右键，在弹出的快捷菜单中选择【确
定】选项，完成键 5×22 的放置，如图 10-200 所示。

图10-199　装入转动轴　　　　　　　　　　图10-200　放置平键

04　键与传动轴的装配。

❶单击【装配】标签栏【位置】面板上的【约束】按钮，打开【放置约束】对话框，
选择"配合"类型，如图 10-201 所示；在视图中选取如图 10-202 所示的两个面，设置偏

移量为0，选择【配合】选项，单击【应用】按钮。

图10-201　【放置约束】对话框　　　　　　　　图10-202　选择面

❷在【放置约束】对话框中选择"配合"类型，在视图中选取如图 10-203 所示的两个圆弧面的轴线，设置偏移量为 0，选择【配合】选项，单击【应用】按钮，采用相同的方法，对另一侧轴线添加配合约束，结果如图 10-204 所示。

05 放置圆柱齿轮 1。单击【装配】标签栏【零部件】面板上的【放置】按钮，打开如图 10-192 所示的【装入零部件】对话框，选择"圆柱齿轮 1"零件，单击【打开】按钮，装入圆柱齿轮 1，将其放置到视图中适当位置。单击右键，在弹出的快捷菜单中选择【确定】选项，完成圆柱齿轮 1 的放置，如图 10-205 所示。

图10-203　选择面

图 10-204　键与传动轴的装配　　　　　　图 10-205　放置圆柱齿轮 1

06 圆柱齿轮与传动轴的装配。

❶单击【装配】标签栏【位置】面板上的【约束】按钮，打开【放置约束】对话框，选择【角度】类型，如图 10-206 所示；在视图中选取如图 10-207 所示的两个面，设置角度为180°，选择【定向角度】选项，单击【应用】按钮。

图10-206 【放置约束】对话框

图10-207 选择面

❷在【放置约束】对话框中选择"插入"类型，在视图中选取如图 10-208 所示的两个圆边线，设置偏移量为 0，选择【对齐】选项，单击【确定】按钮，完成圆柱齿轮与转动轴的装配，结果如图 10-209 所示。

图10-208 选择边线

图10-209 圆柱齿轮与传动轴的装配

10.2.3 总体装配

操作步骤

01 新建文件。运行 Autodesk Inventor，选择【快速入门】标签栏，选择【启动】面板上的【新建】选项，在打开的【新建文件】对话框中选择【Standard.iam】选项，新建一个部件文件，命名为"齿轮泵.iam"。新建部件文件后，在默认情况下进入装配环境。

02 装入基座。单击【装配】标签栏【零部件】面板上的【放置】按钮，打开如图 10-192 所示的【装入零部件】对话框，选择"基座"零件，单击-【打开】按钮，装入基座。单击右键，在弹出的快捷菜单中选择【在原点处固定放置】选项，系统默认此零件为固定零件，零件的坐标原点与部件的坐标原点重合。然后单击右键，在弹出的快捷菜单中选择【确定】选项，完成基座的装配，如图 10-210 所示。

03 放置前盖。单击【装配】标签栏【零部件】面板上的【放置】按钮，打开如图 10-192 所示【装入零部件】对话框，选择"前盖"零件，单击【打开】按钮，装入前盖，将其放置到视图中适当位置。单击右键，在弹出的快捷菜单中选择【确定】选项，完成前盖的放置，如图 10-211 所示。

图10-210　装入基座　　　　　　　　　　　　图10-211　放置前盖

04 基座和前盖的装配。

❶单击【装配】标签栏【位置】面板上的【约束】按钮，打开【放置约束】对话框，选择【配合】类型，在视图中选取如图10-212所示的两个面，设置偏移量为0，选择【配合】选项，单击【应用】按钮。

❷在【放置约束】对话框中选择【配合】类型，在视图中选取如图10-213所示的两个面，设置偏移量为0，选择【配合】选项，单击【应用】按钮。

❸在【放置约束】对话框中选择【配合】类型，在浏览器中分别选取基座和前盖的YZ平面，如图10-214所示，设置偏移量为0，选择【对齐】选项，单击【确定】按钮，完成基座和前盖的装配，结果如图10-215所示。

图10-212　选择面　　　　　　　　　　　　图10 213　选择面

05 放置传动轴组件。单击【装配】标签栏【零部件】面板上的【放置】按钮，打开如图10-192所示的【装入零部件】对话框，选择【轴组件】部件，单击【打开】按钮，装入传动轴组件，将其放置到视图中适当位置。单击右键，在弹出的快捷菜单中选择【确定】选项，完成传动轴组件的放置，如图10-216所示。

图10-214　选择工作平面　　　图10-215　基座和前盖的装配　　　图10-216 放置传动轴

06 传动轴组件与前盖的装配。单击【装配】标签栏【位置】面板上的【约束】按钮![icon]，打开【放置约束】对话框，选择"插入"类型，在视图中选取如图 10-217 所示的两个圆弧边线，设置偏移量为 0，选择【反向】选项，单击【确定】按钮。完成传动轴组件与前盖的装配，结果如图 10-218 所示。

07 放置轴组件。单击【装配】标签栏【零部件】面板上的【放置】按钮![icon]，打开如图 10-192 所示的【装入零部件】对话框，选择"轴组件"部件，单击【打开】按钮，装入轴组件，将其放置到视图中适当位置。单击右键，在弹出的快捷菜单中选择【确定】选项，完成轴组件的放置，如图 10-219 所示。

08 轴组件与前盖的装配。单击【装配】标签栏【位置】面板上的【约束】按钮![icon]，打开【放置约束】对话框，选择"插入"类型，在视图中选取如图 10-220 所示的两个圆弧边线，设置偏移量为 0，选择【反向】选项，单击【确定】按钮，完成轴组件与前盖的装配。如果发现两个齿轮之间的啮合发生干涉，可以拖动轴组件转动，使齿轮啮合不干涉，如图 10-221 所示。

图10-217　选择边线　　图10-218　传动轴组件与前盖的装配　　图10-219　放置轴组件

09 放置后盖。单击【装配】标签栏【零部件】面板上的【放置】按钮![icon]，打开如图 10-192 所示的【装入零部件】对话框，选择"后盖"零件，单击【打开】按钮，装入后盖，将其放置到视图中适当位置。单击右键，在弹出的快捷菜单中选择【确定】选项，完成后盖的放置，如图 10-222 所示。

图10-220　选择边线　　图10-221　轴组件与前盖的装配　　图10-222　放置后盖

10 基座和后盖的装配。

❶单击【装配】标签栏【位置】面板上的【约束】按钮□，打开【放置约束】对话框，选择"配合"类型，在视图中选取如图 10-223 所示的两个面，设置偏移量为 0，选择【配合】选项，单击【应用】按钮。

❷在【放置约束】对话框中选择"配合"类型，在视图中选取如图 10-224 所示的两个面，设置偏移量为 0，选择【配合】选项，单击【应用】按钮。

❸在【放置约束】对话框中选择"配合"类型，在浏览器中分别选取基座和后盖的 YZ 平面，如图 10-225 所示，设置偏移量为 0，选择【对齐】选项，单击【确定】按钮，完成基座和后盖的装配，结果如图 10-226 所示。

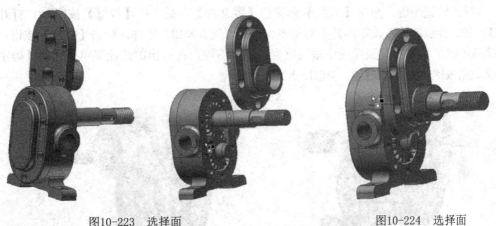

图10-223 选择面　　　　　　　　　　　　　　　图10-224 选择面

图10-225 选择工作平面　　　　　　图10-226 基座和后盖的装配

11 放置压紧螺母。单击【装配】标签栏【零部件】面板上的【放置】按钮，打开如图 10-192 所示的【装入零部件】对话框，选择"压紧螺母"部件，单击【打开】按钮，装入压紧螺母，将其放置到视图中适当位置。单击右键，在弹出的快捷菜单中选择【确定】选项，完成压紧螺母的放置，如图 10-227 所示。

12 压紧螺母与后盖的装配。

❶单击【装配】标签栏【位置】面板上的【约束】按钮□，打开【放置约束】对话框，选择"配合"类型，在视图中选取如图 10-228 所示的两个面，设置偏移量为 0，选择【配合】选项，单击【应用】按钮。

❷在【放置约束】对话框中选择"配合"类型，在视图中选取如图 10-229 所示的两个面，设置偏移量为 0，选择【配合】选项，单击【确定】按钮，完成压紧螺母与后盖的

装配，结果如图 10-230 所示。

图10-227　放置压紧螺母

图10-228　选择面

13 放置平键。单击【装配】标签栏【零部件】面板上的【放置】按钮🖳，打开如图 10-192 所示的【装入零部件】对话框，选择"键 5×12"零件，单击【打开】按钮，装入键 5×12，将其放置到视图中适当位置。单击右键，在弹出的快捷菜单中选择【确定】选项，完成键 5×11 的放置，如图 10-231 所示。

图10-229　选择面

图10-230　压紧螺母与后盖的装配

14 平键与传动轴的装配。

❶单击【装配】标签栏【位置】面板上的【约束】按钮🔲，打开【放置约束】对话框，选择"配合"类型，在视图中选取如图 10-232 所示的两个面，设置偏移量为 0，选择【配合】选项，单击【应用】按钮。

图10-231　放置平键

图 10-232　选择面

❷在【放置约束】对话框中选择"配合"类型，在视图中选取如图 10-233 所示的两个面，设置偏移量为 0，选择【配合】选项，单击【应用】按钮。

❸在【放置约束】对话框中选择"相切"类型，选择【内边框】选项，在视图中选取

如图 10-234 所示的两个面，设置偏移量为 0，单击【确定】按钮。完成平键与传动轴的装配，结果如图 10-235 所示。

15 放置锥齿轮。单击【装配】标签栏【零部件】面板上的【放置】按钮，打开如图 10-192 所示的【装入零部件】对话框，选择"锥齿轮"零件，单击【打开】按钮，装入锥齿轮，将其放置到视图中适当位置。单击右键，在弹出的快捷菜单中选择【确定】选项，完成锥齿轮的放置，如图 10-236 所示。

图10-233　选择面　　　　　图10-234　选择面　　　　　图10-235　平键与传动轴的装配

16 锥齿轮与传动轴的装配。

❶单击【装配】标签栏【位置】面板上的【约束】按钮，打开【放置约束】对话框，选择"角度"类型，在视图中选取如图 10-237 所示的两个面，设置角度为 180°，选择【定向角度】选项，单击【应用】按钮。

图10-236　放置锥齿轮　　　　　　　　图10-237　选择面

❷在【放置约束】对话框中选择"插入"类型，在视图中选取如图 10-238 所示的两圆边线，设置偏移量为 0，选择【反向】选项，单击【确定】按钮，完成锥齿轮与转动轴的装配，结果如图 10-239 所示。

图10-238　选择边线　　　　　　　图10-239　锥齿轮与转动轴的装配

17 放置垫圈。单击【装配】标签栏【零部件】面板上的【放置】按钮，打开如

图 10-192 所示的【装入零部件】对话框，选择"垫圈"零件，单击【打开】按钮，装入垫圈，将其放置到视图中适当位置。单击右键，在弹出的快捷菜单中选择【确定】选项，完成垫圈的放置，如图 10-240 所示。

18 垫圈与锥齿轮的装配。单击【装配】标签栏【位置】面板上的【约束】按钮□，打开【放置约束】对话框，选择"插入"类型，在视图中选取如图 10-241 所示的两个圆形边线，设置偏移量为 0，选择【对齐】选项，单击【确定】按钮，完成垫圈与锥齿轮的装配，结果如图 10-242 所示。

图10-240　放入垫圈　　　　　　　　　　　　图10-241　选择边线

19 放置螺母。单击【装配】标签栏【零部件】面板上的【放置】按钮，打开如图 10-192 所示的【装入零部件】对话框，选择"螺母"零件，单击【打开】按钮，装入螺母，将其放置到视图中适当位置。单击鼠标右键，在弹出的快捷菜单中选择【确定】选项，完成螺母的放置，如图 10-243 所示。

图10-242　垫圈与锥齿轮的装配　　　　　　　图10-243　放置螺母

20 垫圈与螺母的装配。单击【装配】标签栏【位置】面板上的【约束】按钮□，打开【放置约束】对话框，选择"插入"类型，在视图中选取如图 10-244 所示的两个圆形边线，设置偏移量为 0，选择【对齐】选项，单击【确定】按钮，完成垫圈与螺母的装配，结果如图 10-245 所示。

图10-244　选择边线　　　　　　　　　　　　图10-245　垫圈与螺母的装配

10.3 齿轮泵工程图

本节主要以前盖和齿轮泵为例介绍零件工程图和装配体工程图的创建。

10.3.1 前盖工程图

思路分析

本例绘制的前盖工程图如图 10-246 所示。首先创建前视图，然后创建旋转剖视图，再标注尺寸，最后填写技术要求。

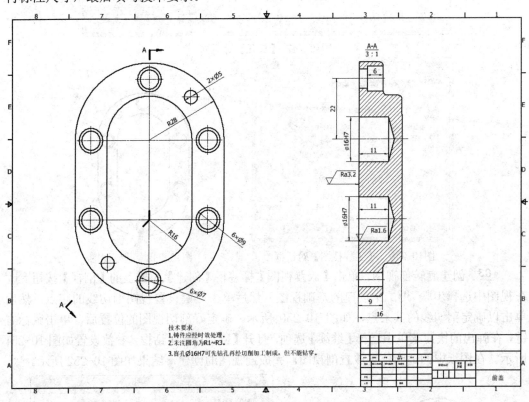

图10-246 前盖工程图

操作步骤

01 新建文件。运行 Autodesk Inventor，单击【快速入门】标签栏【启动】面板上的【新建】按钮，在打开的【新建文件】对话框中选择【Standard.idw】选项，然后单击【确定】按钮新建一个工程图文件。

02 创建基础视图。单击【放置视图】标签栏【创建】面板上的【基础视图】按钮，打开【工程视图】对话框，在对话框中单击【打开现有文件】按钮，打开如图 10-247 所示的【打开】对话框，选择"前盖"文件，单击【打开】按钮，打开"前盖"零件；选择"前视图"，输入比例为 3:1，选择显示方式为【不显示隐藏线】，如图 10-248 所示。

单击【确定】按钮，完成基础视图的创建，结果如图 10-249 所示。

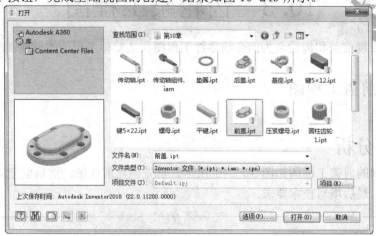

图10-247 【打开】对话框

图10-248 【工程视图】对话框

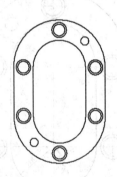

图10-249 基础视图

03 创建旋转剖视图。单击【放置视图】标签栏【创建】面板上的【剖视】按钮，在视图中选择步骤 **02** 中创建的基础视图，然后单击左键设置视图剖切线的起点，然后单击以确定剖切线的其余点，如图 10-250 所示。确定好剖切视图的位置后，单击鼠标右键，在弹出的快捷菜单中选择【继续】选项，打开【剖视图】对话框，参数设置如图 10-251 所示。在图纸中的适当位置放置剖视图，完成剖视图的创建，结果如图 10-252 所示。

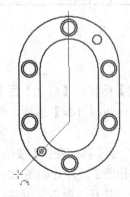

图 10-250 绘制剖切线

图 10-251 【剖视图】对话框

04 添加中心线。单击【标注】标签栏【符号】面板上的【中心标记】按钮 +，在视图中选择圆，为圆添加中心线。单击【标注】标签栏【符号】面板上的【对分中心线】按钮 ⫻，为孔添加中心线，如图 10-253 所示。

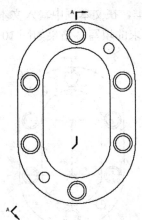
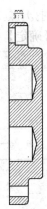

图 10-252　创建剖视图

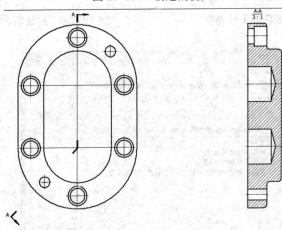

图 10-253　添加中心线

05 标注尺寸。单击【标注】标签栏【尺寸】面板中的【尺寸】按钮 ⊢⏄，在视图中选择要标注尺寸的边线，拖出尺寸线放置到适当位置，打开【编辑尺寸】对话框，单击【确定】按钮，完成一个尺寸的标注；同理标注其他尺寸，结果如图 10-254 所示。

06 标注表面粗糙度。单击【标注】标签栏【符号】面板上的【表面粗糙度】按钮 √，在视图中要标注表面粗糙度的表面上双击，打开【表面粗糙度】对话框，在对话框中选择"表面用去除材料的方法

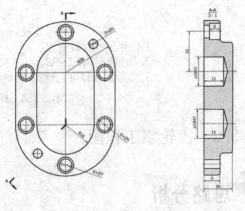

图 10-254　标注尺寸

获得"▽，输入表面粗糙度值为 Ra1.6，如图 10-255 所示。单击【确定】按钮完成表面粗糙度的标注，结果如图 10-256 所示。

07 填写技术要求。单击【标注】标签栏【文本】面板上的【文本】按钮**A**，在视图中指定一个区域，打开【文本格式】对话框，在文本框中输入文本，并设置参数，如图 10-257 所示。单击【确定】按钮完成技术要求的填写，结果如图 10-258 所示。

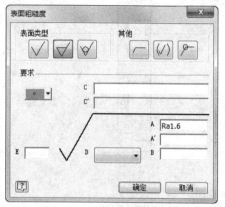

图 10-255　【表面粗糙度】对话框

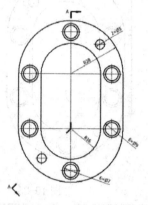

图 10-256　标注表面粗糙度

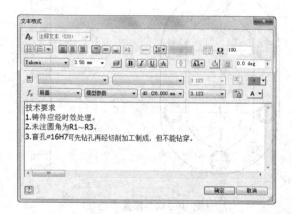

图10-257　【文本格式】对话框

技术要求
1.铸件应经时效处理。
2.未注圆角未R1~R3.
3.盲孔Ø16H7可先钻孔再经切削加工制成，但不能钻穿。

图10-258　标注技术要求

10.3.2　齿轮泵工程图

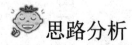**思路分析**

本例绘制的齿轮泵工程图如图 10-259 所示。首先创建视图，然后创建局部剖视图，再标注尺寸，最后创建序号和明细栏。

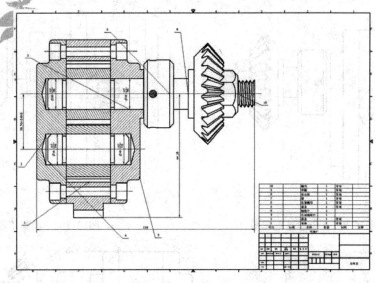

图10-259 齿轮泵工程图

操作步骤

01 新建文件。运行 Autodesk Inventor，单击【快速入门】标签栏【启动】面板上的【新建】按钮，在打开的【新建文件】对话框中选择【Standard.idw】选项，然后单击【确定】按钮新建一个工程图文件。

02 创建基础视图。单击【放置视图】标签栏【创建】面板上的【基础视图】按钮，打开【工程视图】对话框，如图 10-260 所示。在该对话框中单击【打开现有文件】按钮，打开【打开】对话框，选择"齿轮泵.iam"文件，单击【打开】按钮，打开"齿轮泵"装配体；在 ViewCube

图10-260 【工程视图】对话框

上单击"主视图"，将齿轮泵文件切换到主视图，单击"不显示隐藏线"按钮，设置比例为3:1，单击【确定】按钮，完成基础视图的创建，如图 10-261 所示。

03 创建局部剖视图。

❶在视图中选取主视图，单击【放置视图】标签栏【草图】面板中的【创建草图】按钮，进入草图绘制环境。单击【草图】标签栏【创建】面板中的【样条曲线（控制顶点）】按钮，绘制一个封闭轮廓，如图 10-262 所示。单击【草图】标签上的【完成草图】按钮，退出草图环境。

❷单击【放置视图】标签栏【创建】面板上的【局部剖视图】按钮，在视图中选取主视图，打开【局部剖视图】对话框，如图 10-263 所示，系统自动捕捉上步绘制的草图为截面轮廓，选择如图 10-264 所示的点为基础点，输入深度为 0，单击【确定】按钮，完成局部剖视图的创建，结果如图 10-265 所示。

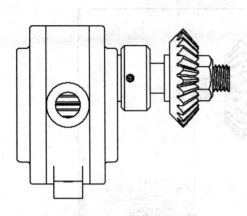

图10-261　创建基础视图

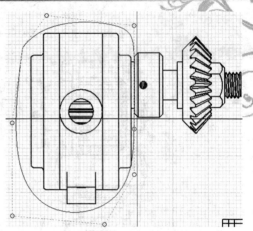

图10-262　绘制草图

图10-263　【局部剖视图】对话框

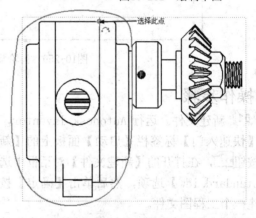

图10-264　选择基础点

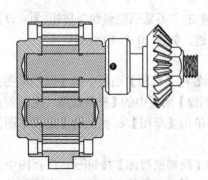

图10-265　创建局部剖视图

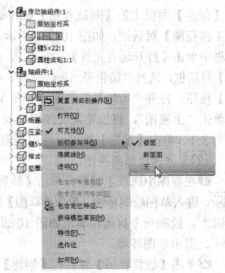

图10-266　快捷菜单

04 设置不剖切零件。在浏览器中选取传动轴和支撑轴零件，单击右键，在弹出的如图 10-266 所示的快捷菜单中选择【剖切参与件】→【无】选项，结果如图 10-267 所示。

05 添加中心线。单击【标注】标签栏【符号】面板上的【对分中心线】按钮，为孔和轴添加中心线，结果如图 10-268 所示。

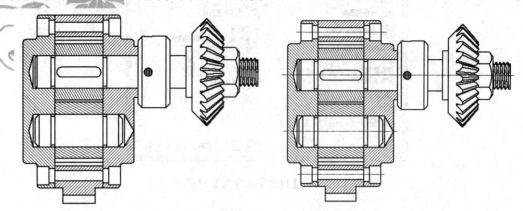

图10-267 不剖切零件　　　　　　　　　　图10-268 添加中心线

06 标注尺寸。单击【标注】标签栏【尺寸】面板中的【尺寸】按钮，在视图中选择要标注尺寸的边线，拖出尺寸线放置到适当位置，打开【编辑尺寸】对话框，单击【确定】按钮，完成一个尺寸的标注；同理标注其他尺寸，结果如图 10-269 所示。

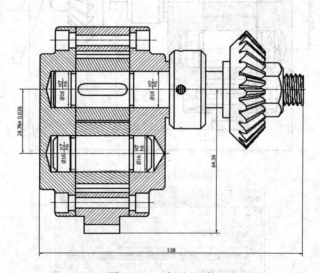

图10-269 标注尺寸

07 添加序号。单击【标注】标签栏【表格】面板上的【自动引出符号】按钮，打开如图 10-270 所示的【自动引出序号】对话框，在视图中选择主视图，然后添加视图中所有的零件，选择序号的放置方式为【环形】，将序号放置到视图中适当位置，单击【确定】按钮完成序号的添加，结果如图 10-271 所示。

08 添加明细栏。单击【标注】标签栏【表格】面板上的【明细栏】按钮，打开【明细栏】对话框，在视图中选择主视图，其他采用默认设置，如图 10-272 所示。单击【确定】按钮，生成明细栏，结果如图 10-273 所示。双击明细栏，打开【明细栏：总体装配】对话框，在对话框中填写零件名称等参数，如图 10-274 所示。单击【确定】按钮，完成明细栏的填写，结果如图 10-275 所示。

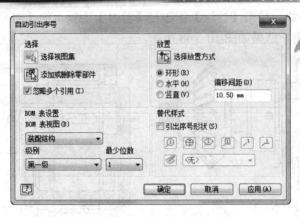

图10-270 【自动引出序号】对话框

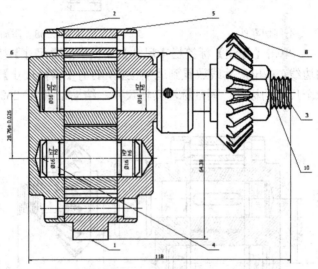

图10-271 添加序号

图10-272 【明细栏】对话框

10			1	常规	
9			1	常规	
8			1	常规	
7			1	常规	
6			1	常规	
5			1	常规	
4			1		
3			1		
2			1	常规	
1			1	常规	
项目	标准	名称	数量	材料	注释
		明细栏			

图10-273　生成明细栏

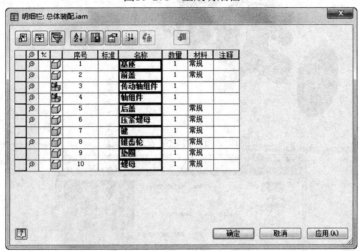

图10-274　【明细栏：总体装配】对话框

10		螺母	1	常规	
9		垫圈	1	常规	
8		锥齿轮	1	常规	
7		键	1	常规	
6		压紧螺母	1	常规	
5		前盖	1	常规	
4		轴组件	1		
3		传动轴组件	1		
2		前盖	1	常规	
1		基座	1	常规	
项目	标准	名称	数量	材料	注释
		明细栏			

图10-275　明细栏

10.4　齿轮泵表达视图

本例创建的齿轮泵表达视图如图 10-276 所示。首先自动创建表达视图，然后再手动调整零件位置。

操作步骤

01 新建文件。运行 Autodesk Inventor，选择【快速入门】标签栏，选择【启动】

面板上的【新建】选项，在打开的【新建文件】对话框中选择【Standard.ipn】选项，如图 10-277 所示，新建一个部件文件，命名为"齿轮泵表达视图.ipn"。新建文件后，在默认情况下进入表达视图环境。

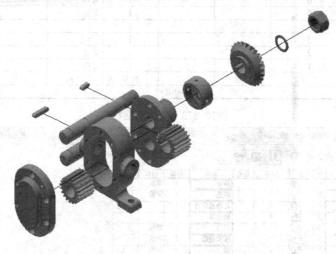

图10-276　齿轮泵表达视图

图10-277　【新建文件】对话框

02 创建视图。单击【表达视图】标签栏【模型】面板上的【插入模型】按钮，打开【插入】对话框，如图 10-278 所示。选择"总体装配 iam"文件，单击【打开】按钮，打开齿轮泵文件，再单击【确定】按钮，打开齿轮泵装配体文件，如图 10-279 所示。

03 调整螺母的位置。单击【表达视图】标签栏【创建】面板上的【调整零部件位置】按钮，打开【调整零部件位置】小工具栏。在视图中选择螺母，指定移动方向，输入距离为 250mm，单击 ✓ 按钮完成螺母的位置的调整，结果如图 10-280 所示。

04 依次选择垫圈、锥齿轮、压紧螺母和后盖，将其向前分别移动 200mm、150mm、100mm、50mm，结果如图 10-281 所示。

选择键 5×22 和键 5×12，将其向左移动 100mm，；选择传动轴和支撑轴，将其想做移动 50mm，结果如图 10-282 所示。

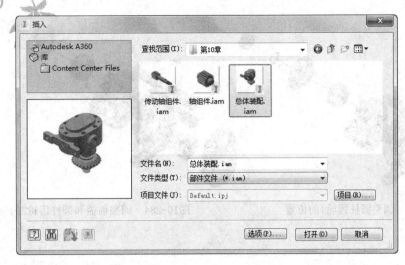

图10-278 【插入】对话框

图10-279 齿轮泵装配体   图10-280 调整螺母的位置

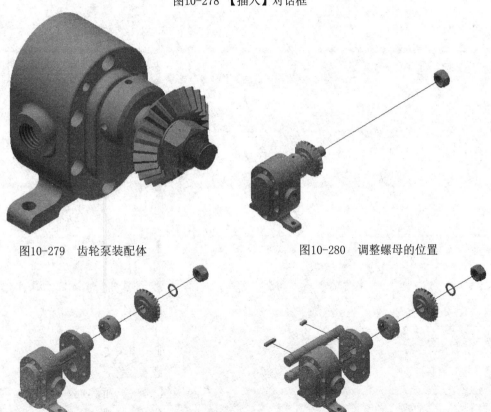

图10-281 调整垫圈、锥齿轮、压紧螺母和后盖垫圈的位置   图10-282 调整键和轴的位置

05 选择圆柱齿轮 1，将其向前移动 50mm，然后再向右移动 50mm，结果如图 10-283 所示。

06 依次选择前盖和圆柱齿轮 2，将其向后分别移动 100mm 和 50mm，结果如图 10-284 所示。

图10-283　调整圆柱齿轮1的位置　　　　　图10-284　调整前盖和圆柱齿轮2的位置